U0190226

科学与社会

包信和 主编

SCIENCE AND SOCIETY

中国科学技术大学出版社

内 容 简 介

“科学与社会”是中国科大为践行立德树人，培育学生“科学家精神”，提升学生综合素养，而开设的一门重要通识类课程，旨在引导学生既要关注科学，还要关注国家、关注社会。本书汇集了中国科大近三年为该课程邀请的部分知名科学家或企业家为学生所作报告的精彩内容，涉及能源、化学、新材料、量子通信、生命科学、医学、信息科学等领域，包括前沿科学发展趋势和科技进步在人类社会发展中的作用，以及专家的科学探索历程或人生感悟。本书可作为在校学生的通识类课程教材，以此激励广大青年学子投身科学事业，引导他们怀抱家国情怀、勇担社会责任、坚定文化自信、恪守科技伦理。

图书在版编目(CIP)数据

科学与社会/包信和主编．—合肥：中国科学技术大学出版社，2022.8(2024.7重印)
(中国科学技术大学一流规划教材)
ISBN 978-7-312-05507-2

Ⅰ.科…　Ⅱ.包…　Ⅲ.自然科学—文集　Ⅳ.N53

中国版本图书馆CIP数据核字(2022)第137860号

科学与社会

KEXUE YU SHEHUI

出版　中国科学技术大学出版社
安徽省合肥市金寨路96号，230026
http://press.ustc.edu.cn
https://zgkxjsdxcbs.tmall.com

印刷　安徽国文彩印有限公司

发行　中国科学技术大学出版社

开本　787 mm×1092 mm　1/16

印张　15.75

字数　265千

版次　2022年8月第1版

印次　2024年7月第4次印刷

定价　80.00元

纵观古今，科学技术对社会各方面的影响日益显著。科学技术革命推动人类生产方式、生活方式和思维方式的变革，促进人的全面发展，推动社会的进步，影响世界格局的走向。科技创新已成为我国重大发展战略，事关国家强盛、民族复兴的伟大事业。

中国科学技术大学自诞生之日起就与国家同呼吸共命运，六十多年的红色校史映照了一代代科大人红心向党、科教报国的光辉历程。因此，我们的学生不仅要关注科学，还要关注国家、关注社会。自2013年正式开设“科学与社会”这门课，就希望通过这门课程着力培育学生的“科学家精神”，注重对学生家国情怀、社会责任、文化自信、科技伦理等的思想引领和价值引导。

主题报告是“科学与社会”这门课程的重要教学环节，在本科生入学的第一学年度，学校邀请知名科学家或企业家为学生就前沿科学发展趋势和科技进步在人类社会发展中的作用等方面做主旨演讲，并分享其科学探索历程或人生感悟。近几年，为进一步引导同学们立大志、明大德、成大才、担大任，努力培养堪当民族复兴重任的时代新人，学校特别邀请了多位“大国重器”的总设计师或首席科学家来校作“科学与社会”之“国之大者”系列主旨报告。学生聆听这些名家大师的演讲并与之进行面对面的交流，丰富了他们的科技前沿知识，激发了他们的科学兴趣和创新思维，促其迸发出思想火花。名家大师们的科学追求精神、人格魅力和奉献祖国的情结深刻影响着科大学子，极大增强了科大学子肩负起国家富强、民族振兴的责任感和使命感。

未来属于青年，希望寄予青年。2016年4月26日，习近平总书记视察中国科大时，对广大青年学子提出了殷切期望："青年是国家的未来和民族的希望，年轻人在学校要心无旁骛，学成文武艺，报效祖国和人民，报效中华民族。"中国科大是为"两弹一星"事业而建立的大学，以"科教报国"为己任，始终坚守为党育人、为国育才的初心使命，紧跟时代、开放办学，培养了一大批各行各业领军人才。希望科大青年学子"传承红色基因、赓续科大精神"，苦练本领、勇担责任、胸怀国家，牢记习近平总书记嘱托，做有理想、有追求、有担当、有作为、有品质、有修养的"六有"大学生，在中华民族的伟大复兴之路上，擎旗奋进，努力做科技强国的先锋力量，把红旗插上科学的高峰。

为了紧跟科技前沿，追逐时代先锋，给读者带来更新、更丰富、更前沿的科技与思想盛宴，我们将近三年"科学与社会"课程的精彩报告内容整理成了《科学与社会》一书，以供校内外的读者学习参考。

本书的成功出版，离不开各位演讲嘉宾的支持。为了让学生获得准确、完整的科学知识与精神力量，从校稿到审图，他们事无巨细、认真完成，甚至在演讲内容的基础上又补充了一些最新科学进展，他们的赤诚之心和无私付出的精神值得我们学习，在此向他们致以深深谢意！另外，感谢具体负责本书出版的教务处和校出版社，正是在你们和与你们一样默默为科大的学生、科大的发展做贡献的各部门的无私劳作下，科大才一步步发展得更好、走得更稳！

本书由演讲报告整理而来，难免有些口语化，如有疏漏和不足之处，敬请广大读者批评指正！

包信和

2022年6月

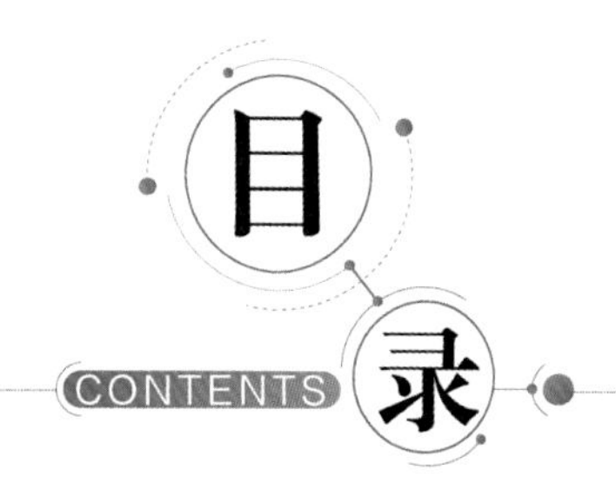

目录

CONTENTS

中国科

术大学

侯建国

中国科学院院长、院士
中国科学技术大学第八任校长

1959年10月生于福建省。1989年毕业于中国科学技术大学,获博士学位。2003年当选为中国科学院院士,2004年当选为发展中国家科学院院士。2008年9月至2015年3月担任中国科学技术大学校长,2015年任科学技术部副部长、党组成员,2016年任广西壮族自治区党委副书记,2017年任国家质量监督检验检疫总局党组书记、副局长。2018年3月任中国科学院党组副书记、副院长(正部长级),中国科学院党校校长。2020年12月起任中国科学院院长、党组书记。第十一届全国人大常委会委员、中国共产党第十九届中央委员会委员。

长期从事物理化学和纳米材料领域的研究工作,特别是在利用高分辨率扫描隧道显微镜研究单分子特征和操纵方面取得了一系列重大科研成果,曾获国家自然科学奖二等奖、中国科学院自然科学奖一等奖、中国科学院杰出科技成就奖、何梁何利基金"科学与技术进步奖"、陈嘉庚化学科学奖等多个重要科技奖项。

传承红色基因　赓续科大精神

作为1978级的学长，我非常高兴能与2021级的同学们见面。印象中这个研讨课是2011年开始的。2011年是“国际化学年”，当时我给同学们讲的题目是《科学与社会：从2011年的“国际化学年”谈起》，希望和大家交流科学与社会的一些问题，帮助同学们拓展眼界。

2021年是中国共产党建党100周年，习近平总书记在“七一”重要讲话中指出，“要用历史映照现实、远观未来……从而在新的征程上更加坚定、更加自觉地牢记初心使命、开创美好未来”。

自1958年以来，中国科学技术大学在党的领导下走过了60多年辉煌的历程，在国家科技事业发展中作出了重要贡献，为国家发展输送了大量的科技精英人才。所以今天的报告，我想以“传承红色基因　赓续科大精神”为主题，和大家一起回顾我们这所学校走过的发展历程，谈谈科大的精神和科大人的传统。

报告分成三个部分，第一部分先和大家谈一谈校史与传承，第二部分谈一谈形势与挑战，第三部分是使命与责任。

校史与传承

中国科大是伴随着新中国科技事业的起步和发展建立起来的。新中国刚刚成立

本文根据侯建国院士于2021年9月22日在中国科学技术大学“科学与社会”课程上的演讲内容整理。

的时候，科学基础非常薄弱，科技事业百废待兴。据统计，当时全国的科技人员不超过5万人，专门从事科研工作的人员才600人左右，专门的科学研究机构才30多个，几乎没有大型科研仪器设备。

（一）中国科学技术大学的创办

1956年，党中央向全党全国发出了“向科学进军”的号召，确立了“重点发展，迎头赶上”的科技发展方针。随后党中央制定了《1956—1967年科学技术发展远景规划》，策划组织了以“两弹一星”为代表的一批重大的科技工程。科大也是在这样的背景下应运而生的。

1958年5月，为适应国家重大任务需求，以钱学森、郭永怀等为代表的老一辈科学家提出要创办一所培养新兴、边缘、交叉学科尖端技术科技人才的新型大学，为全国的学术和科研中心补充优秀的后备力量。这份报告得到刘少奇、周恩来、邓小平、陈云、聂荣臻等多位中央领导同志的批示同意（图1）。

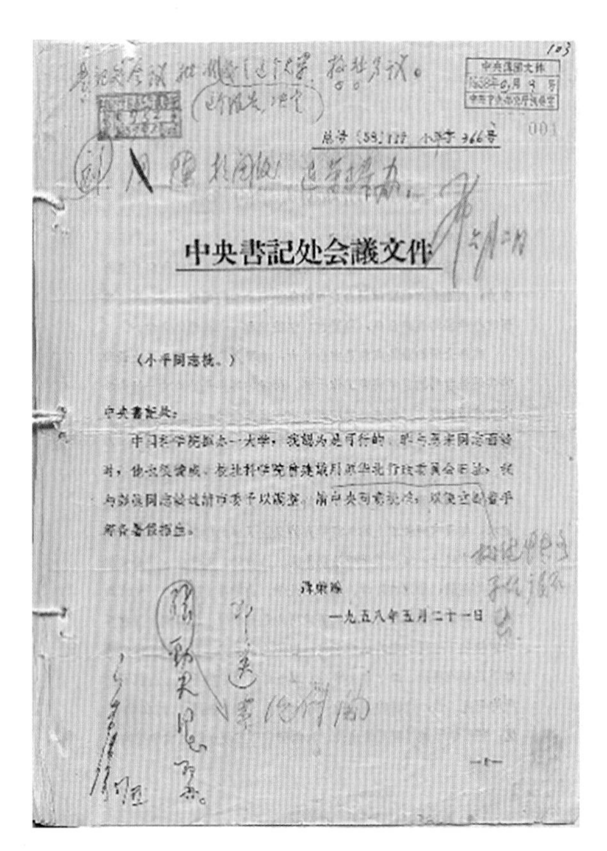

中央書記处会議文件

（小平同志批。）

中央書記处：

[illegible]

聶荣臻

一九五八年五月二十一日

图1　1958年6月中共中央批准中国科大成立

同年6月，中科院启动筹备工作，两个月内就解决了学校的校舍、招生、教学安排、后勤保障等一系列问题。9月20日，中国科大就以一种超常规的方式在北京正式成立了。开学典礼当天，聂荣臻副总理在讲话中明确指出，科大创办的目标非常明确而实际，就是为研制“两弹一星”培养尖端科技人才。

可以说，中国科大从诞生之日起就肩负着国家赋予的重任，中国科大的诞生被称为我国教育史和科学史上的一个重大的事件。

（二）中国科大“红”与“专”的基因

我们常说中国科大有红色的基因，红色的基因是怎么来的？

1. 抗大精神

我们首任校长郭沫若在中国科大成立大会上致辞的题目是《继承抗大的优秀传统前进》。同学们可能会问：“抗大是一所什么样的学校？为什么中国科大要继承抗大的优良传统？”抗大是抗日战争时期中国共产党在延安成立的一所培养军政领导干部的大学，全称是“中国人民抗日军事政治大学”。抗大的教育方针提到“坚定正确的政治方向，艰苦奋斗的工作作风”，抗大的校风是“团结、紧张、严肃、活泼”。为了使学校能够有声有色地继承抗大的优良传统，郭沫若校长亲自起草校歌《永恒的东风》的歌词，并请著名的音乐家、抗大校歌的作曲者吕骥先生为校歌谱曲。

2.“两弹一星”精神

中国科大是国家为满足“两弹一星”的重大科技需求培养人才而成立的一所国家重点大学。20世纪50年代末到60年代，在当时极其困难的艰苦环境中，“两弹一星”的研制者们隐姓埋名，默默奉献，克服了各种难以想象的艰难险阻，很多人甚至献出了宝贵的生命，终于在较短的时间内成功研制出了“两弹一星”，让中国人民挺直腰杆站了起来，真正成为一个世界大国。

1999年，国家召开表彰为研制“两弹一星”作出突出贡献的科技专家大会，大会将“两弹一星”精神概括为“热爱祖国、无私奉献、自力更生、艰苦奋斗、大力协同、勇于登攀”这24个字。中国科大是为“两弹一星”事业创办的大学，创校时的系主任有赵忠尧、施汝为、郭永怀、吴仲华、钱学森、杨承宗、贝时璋、赵九章等一批著名科学家，他们也都是“两弹一星”的领衔科学家，其中后来有3位（钱学森、赵九章、郭永怀）获得了“两弹一星”元勋的国家称号。

3. 一批科学家、一批老革命

大家可以看到，中国科大的成立，它的"红"与"专"的基因，来自我们创校的以严济慈、华罗庚、钱学森为代表的一批老一辈科学家和他们的科学精神；也来自郁文、刘达、钱志道等一批革命家和他们的革命精神。

在中国共产党百年精神谱系中，有两个重要的精神和科大相关，就是抗大精神与"两弹一星"精神，它们是中国科大精神的根源，也是我们红色基因的来源。

1958年建校，1970年学校南迁合肥，1978年我们这一代改革开放后的第一批大学生踏入这个校园学习，1995年学校成为首批"211工程"重点建设大学，1999年成为首批"985工程"重点建设大学，2017年入选首批"双一流"建设高校。如今学校在党的领导下，已经成为世界上享有盛誉的一流研究型大学。

（三）科大精神与科大传统

经过了60多年的洗礼，一些精神理念已经融入了科大人的血脉，积淀形成了我们的校训——"红专并进、理实交融"，以及反映了中国科大独有的一些精神和文化的特征，包括"追求卓越、敢争第一，执着严谨、不随大流，育人为本、学术优先"。

1. 红专并进、理实交融

科大校训是"红专并进、理实交融"。可能在很多人的眼里，这个校训甚至有一些"土"。因为很多人认为中国科大是一个高科技的殿堂，校训似乎也应该很"高大上"，但是实际上我们的校训"红专并进、理实交融"，非常朴实。虽然道理很浅显，但是它反映了这所学校的精神与灵魂。

"红专并进"教育我们如何做人。"红"是底色，"专"是使命和任务。我们学校的使命就是培养又红又专的革命事业接班人，培养具有爱国主义精神、德才兼备的尖端科技人才。一代又一代科大人的坚守和传承，让"红专并进"融入科大人的血液，成为科大人的精神内核，是最应珍视和坚守的传统。

"理实交融"指导我们如何做事。基础要"宽厚实"，突出理论与实践、科学与技术的紧密结合，要有做事的本领、解决问题的能力；专业要"精新活"，培养既具有扎实数理功底和科学思维方法，又具有实践动手能力的复合型科研人才。

1959年9月，钱学森先生在《人民日报》上发表了一篇文章，叫《中国科学技术大学里的基础课》。文章里写道："基础理论的比重在科技大学比一般工科学院要高，而基础技术的比重又比在一般理科专业要高。”这就为学校的课程设置和培养学生的知识传授体系的形成奠定了一个基础，奠定了我们科大独有的能够使得学生具有基础宽厚实和专业精新活的能力。

当时，严济慈先生为学生讲授普通物理课（图2）；华罗庚先生为学生讲授数学课，并为学生答疑（图3）；钱学森先生给学生讲授“火箭技术导论”（图4）……科大基础教学的一些传统也都是他们定下来的。

之后，学校通过不断夯实知识平台和学习基础，训练科学研究的思维和方法，逐步形成了科大独有的，包含基础课和通识课的特色课程体系。

图2 严济慈给学生讲课

图3 华罗庚为学生答疑

图4 钱学森主讲“火箭技术导论”

大概10年前，我们做过一个科大的数学和物理课时与加州理工学院的数学和物理课时的情况比较。当时的加州理工学院是美国所有的理工科大学里数学学时和物理学时最多的一所学校，在其1072个总课时里，数学类课程是180个课时，物理类课程也是180个课时；当时中国科大的数学类课程是320个课时，物理类课程也是320个课时。可以看到，我们的学生学习数学和物理比较多，而且我们是把数学和物理作为科学通识课程来进行教学的。

过去几十年，科大的毕业生中大部分人选择继续深造，读硕士、读博士，比例大概是70％。毕业且拿到学位以后，并不是所有人都能够从事他所学的本专业工作，但不管中国科大的同学毕业后从事什么样的工作，在社会上对他们都有一种普遍的评价，就是中国科大的学生后劲比较足，善于学习，善于接受新知识、迎接新挑战。我们科大的毕业生，得益于数理的基础打得比较扎实，如果转行到一些新兴的领域，比如说生物技术领域、人工智能领域，都是转得最快且做得最好的。其实前几年社会上对通识教育有一些看法，包括中学教育，当时的高考实行“3+1”考试，把物理变成一个选考课程。经过几年的实践以后，发现物理和数学一样，是自然科学的一个重要的基础，是不能仅仅作为一个选学课程的，而是要作为高考理、工、医类的一个必考课程。现阶段中国还是个制造业大国，我们需要培养具有扎实的人文通识和科学通识的年轻一代，科学通识就包括数学、物理、化学等。同时中国科大还有一个别的学校没有的优势，因为我们是中科院直属的大学，和中科院的研究所有着非常好的所系结合传统，大批中科院的科学家可以到校讲课，学校的学生也可以到中科院的研究所参与科学研究、从事科学实践，这也是中国科大“专业精新活”的一个很大的优势。另外，科大还有一个非常好的传统，“基础宽厚实”需要扎实的、刻苦的学习精神。当时我上科大的时候就有“不要命的上科大”的说法。那时候老师告诉我们，科大的学生就应该刻苦学习。所以科大发展初期就以功课的“重、紧、深”著名，学风好，学生学习拼命。当然这也和老师高标准、严要求有关系，比如钱学森先生在1961—1962年为近代力学系1958级、1959级学生主讲的“火箭技术导论”，这是中国科大历史上很有名的一门课。课程考试的形式是开卷考试，试题有两道，第一道题是30分的概念题，第二道题是“从地球上发射一枚火箭，绕过太阳再返回到地球上来，请列出方程求出解”。虽然就两道题，但考试从上午8:30开始，一直到中午都没有一个人交卷，钱先生只好就让考生们先吃饭，吃完饭后继续考，一直考到傍晚，考生们终于做好交卷。考试成绩出来以后，有95%的同学卷面成绩不及格。钱先生意识到学生们的数理基础还不够扎实，又让1958级的同学在学校多学了半年时间，补习课程。我在大学期间也很有幸，因为我的老师很多是建校初期的钱学森、华罗庚和郭永怀等先生的助教，他们教学严谨、考试严格。刚刚恢复高考进入大学的我们也都特别珍惜读书的时间，那时候学校里有通宵教室，允许学生晚上不回去睡觉，通宵看书。通宵教室经常是一座难求，如果要占座的话，天还没亮就得去，这样才能占得上座位。

现在学校条件非常好了，我刚到学校时，学校的条件非常艰苦。那时学校刚刚迁到安徽合肥，校址是原来的合肥师范学院，教学设施严重不足。后来中国科大克服了很多困难，在很短的时间内完成了再建校园、恢复教学科研的“二次创业”。

2. 追求卓越、敢争第一

除了“红专并进、理实交融”的校训之外，中国科大办学60多年还形成了自己独有的一些科大人的精神气质和校园文化。我想跟大家讲的第二点就是中国科大人“追求卓越、敢争第一”的精神。就像我们校歌唱的：“把红旗高举起来，插上科学的高峰……高峰要高到无穷，红旗要红过九重……”相对于别人都说要拿诺贝尔奖，科大校歌却说要把红旗插上科学高峰，我理解这只是表达方式不一样，意思是一样的，拿诺贝尔奖和把红旗插上科学的高峰，目的都是要在科学上为人类作出重大的贡献。

科大人历来有不怕苦、不怕累、争第一、不服输的精神。我在这里举两个例子。

20世纪80年代，科大的条件非常艰苦，但不意味着科大人会降低对自己的要求。在那种情况下,我们科大人始终坚持要做全国的第一,要走到世界科技的前沿。当时学校加速器专业只有23个人,大部分只是具有讲师职称的年轻教师,但是他们就敢于在国内提出要建中国第一个同步辐射大科学装置的构想。我们的基础非常薄弱,有很多同步辐射的核心部件和设备如果从美国买入的话价钱很高,我们买不起。在这样的情况下,就是靠一批中国科大非常年轻的讲师,他们敢于挑战、自力更生,最后在合肥,在中国科大建成了中国第一个同步辐射光源,而且同步辐射光源当时的水平就达到了国际同类装置的先进水平,95%的装备都是我们自己做的,实现了我国同步辐射从无到有的历史性跨越(图5)。这就是中国科大"敢争第一"的精神,不管面对什么样的条件,我们都要树立攀登科学高峰的目标。

第二个故事是合肥微尺度物质科学国家实验室的成立。在2000年前后,国家决定在原有国家重点实验室的基础上组建一批体量更大、水平更高的国家级综合实验室。当时组建国家级综合实验室提的要求是必须要有3~4个国家重点实验室,然后再在此基础上组建成一个更大规模的实验室。

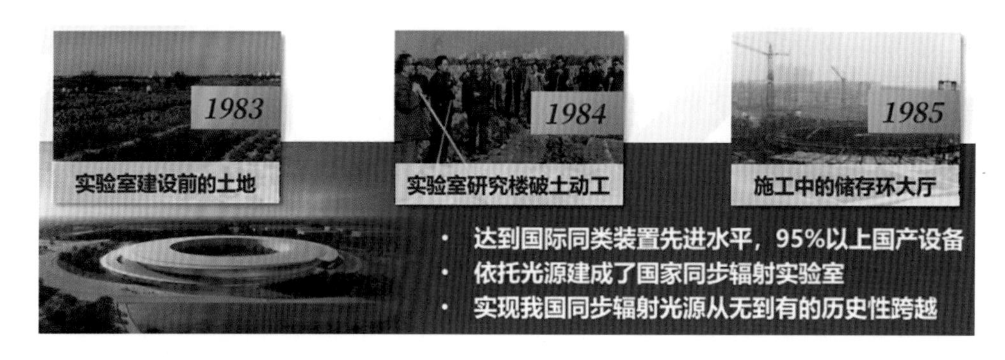

图5 建设国家同步辐射实验室

由于历史原因,中国科大成立的时间比较短,条件有限,在物质科学领域里面一个国家重点实验室都没有,理论上连申请的资格都没有。但是当时我们没有放弃努力,而是集聚校内最优秀的学者,特别是青年学者,组建了理化科学中心这一多学科交叉平台,在物质科学领域瞄准中国最高水平,瞄准世界最高水平,超前布局了量子信息、单分子科学、脑与认知科学等前沿研究。正是因为我们主动作为、不等不靠、前瞻布局,国家科技部认为虽然我们起步晚,但是我们的布局足够前瞻、足够前沿,代表了国家的最高水平,2003年就批准我们筹建合肥微尺度物质科学国家实验室,2017年批准我们组建微尺度物质科学国家研究中心，该中心也是首批的6个国家研究中心之一。经过这些年的不断发展，现在的微尺度物质科学国家研究中心已经成为我国乃至全球微尺度物质体系基础和应用基础研究方面的一支重要力量。

3. 执着严谨、不随大流

我想跟大家交流的第三点也是我们科大人的特有的精神文化，就是“执着严谨、不随大流”。我们学校是1958年成立的，当时全国成立了将近200所新的大学，中国科大一直坚持校名不变、校训不变、校歌不变。

发展至今，中国科学技术大学坚持按教学规律办学、求质量不求数量的办学理念没有变；坚持以人才培养为核心、以学生为本的教育本质没有变；坚持追求卓越、勇争第一没有变；坚持学术优先、教授治学没有变。在过去的几十年中，很多大学在不断地合并、更名，而中国科大始终坚守我们自己的办学初衷和办学理念。严济慈老校长在科大30周年校庆上曾经说过：“要把科大办成世界第一流大学……学校规模要小一点，在发展上不要求多求全，不要包办一切，要有自己的特色。”这句话反映的是什么呢？就是中国科大人做事首先是要强调质量，先把要做的事情做好，再说做多少。这种坚持和坚守看起来有点“认死理”，但也正是科大人这样一种实事求是的科学精神、严谨执着的态度，使中国科大建校60多年就已经成为一所世界一流的研究型大学。40年校庆的时候，我作为青年教师代表在校庆大会上发言；50年校庆的时候，我当时是学校的常务副校长，后来在校庆期间转任校长，筹备了校庆的整个过程。其实在40年、50年校庆的时候，也都有一些校友，包括社会上一些声音说：科大是不是把校训改一改，把校歌改一改？当时，我们也有过关于科大精神的大讨论。经过大家的讨论，还是认为校训不要改、校歌不要改，因为这些最能反映我们学校的文化，最能反映我们学校的特征。但同时科大人也都清楚，科大的不变不意味着科大人的僵化、固执，相反科大的变化是非常大的，甚至比很多学校的变化都要大。

我们的办学地点从首都北京到了安徽合肥，我们的办学形式和内容也在不断地调整与创新。我们1997年创办了全国第一个研究生院，1978年首创少年班，1980年率先实施学分制，1991年推行本硕博连读，1984年建设了高校唯一的大科学工程。同时，作为首批“211工程”“985工程”“双一流”的高校，中国科大不论在过去的办学过程中，还是在现在，都勇作教育教学改革创新的排头兵。可以看到，中国科大从最早以理为主，到后来根据需要发展为理工结合，再到现在兼有医学和特色人文学科，我们的办学内容和形式也在不断地丰富和变化，但是始终也有一些东西是不变的，就是我刚才所讲的“红专并进、理实交融”“追求卓越、敢争第一”。

4. 育人为本、学术优先

“育人为本、学术优先”也是一个很重要的科大文化。中国科大从成立的第一天起就始终把学生培养和教书育人的工作放在第一位，这是科大最优秀的传统，特别是把本科生的教学质量放在第一位，最好的资源一定是给学生的。不管是我在当学生，还是当老师或者当校长的时候，不管学校多困难，只要对提高教学质量有需要，对本科教育的需求从来都是有求必应的。

科大还有一个非常好的传统——爱护学生。学校始终把学生的需求放在第一位。从20世纪50年代开始，当时郭沫若校长给不回家过年的学生发压岁钱；到我在中国科大当学生的时候，享受了南方的学校里第一批装暖气的福利；2004年，我在学校负责信息化工作，启动了智慧校园建设，升级“一卡通”。“一卡通”的第一个升级应用，就是对因生活有困难的学生实行“隐形资助”体系，对每月就餐60次以上、消费总额在150元以下的学生，无须学生自己申请补助，自动按月存入150元或200元。2011年，我们又率先在学校给全部本科生的宿舍装空调。2012年，学校给所有的本科生宿舍通了24小时的热水。为了充分尊重学生的学习兴趣和发展志向，2002年开始，学校就开始探索推行本科生自主选择专业的创新举措。到2012年，学校正式出台教改政策，明确本科生入学后有三次自主选择专业的机会，实现了百分之百自主选专业。这一创举在当时的高等教育界和全社会引起了巨大的反响，《人民日报》有一篇文章，题目是《为什么是中国科技大学》，评价说这一举措创下了国内高校学生自选专业的最大尺度——百分之百满足。

中国科大相较于其他高校，地理位置不占优势，初期学校经济条件也不是特别好，但在我们的学校里，师生之间、老师之间平等交流、坦率质疑、自由探索，学校学术氛围浓厚，跨领域、跨学科之间的交流、合作顺畅。在中国科大的校园里集聚了一群耐得住寂寞的学者，老师们坐得住冷板凳，愿意踏踏实实地潜心科研、潜心育人。我觉得这是非常难得的一件事，而且我也受益于学校这样一个氛围。我和在座的你们不一样，我是从工厂考上中国科大的。进大学时的第一堂英语课，英语老师给每人发了一张试卷，让我们先把字母写全，再考察我们的英语词汇量。写完以后老师就开始分班，字母能够写全、没有错的，英语单词能够写5个以上没有错的，分到快班；如果英语字母都不会写的，像我这样英语单词一个不会写的，就分到慢班，从字母开始学起。可见我们那一代学生的基础是很差的。但是正是因为科大有一批爱生如子、永远把学生放在心上的教师，他们给了我们这一代学生当时最好的教育，也对我们提出了最严格的要求。

1983年，国家准备在第七个五年计划的时候，选择了7所大学作为国家重点建设的大学。当时邓小平同志在中国科大写的报告上批示："据我了解，科技大学办得较好，年轻人才较多，应予扶持。"确实，当时我们学校有一批非常优秀的年轻人才，最终我们也得到了国家"七五"重点建设的支持。到了2000年的时候，北京、上海、广东、深圳等地发展得很快，人才自西向东流失得非常快，且数量非常大，很多内地和西部高校中的优秀教授流失的比较多，但是中国科大依然保持了年轻人才较多的优势，我们一直有一批非常优秀的年轻骨干。2010年3月，美国物理学会的杂志*Physics Today*上刊登了一篇名为*Physics in China*的文章，主要讲述中国物理学的发展和研究。在比较了各个大学的研究和人才后，有一段评论写得很有意思："京沪大学打的是城市牌——它们往往以所在城市的财富、尺度与重要性吸引人才。不一样的是在合肥的中国科大，依靠的是大学的精致。"在市场充分发展的背景下，科大靠着自身的文化、对人才的尊重和爱护，仍然留住了一批优秀的老师。而只有留住足够优秀的老师，我们才能够提供一流的本科教育，才能够培养出一流的学生。

也正因为这样，据统计，科大累计培养了84位两院院士。6万余名本科毕业生中共产生了63位两院院士，16位发达国家的国家科学院院士，平均每1000个本科毕业生中就能产生1位院士，比例高居全国高校第一，获得了"千生一院士"的美誉。在过去几年的国家杰出青年基金获得者（45岁年龄段）以及国家优秀青年获得者（35岁年龄段）里，毕业于中国科大本科的校友比例都是排在国内前两名的，这是我们人才培养的优势。我看到去年最新的统计材料里，学校的两院院士等高层次人才不重复统计共有496人，青年人才占高层次人才的60％，高层次人才占固定教师总数比例达37％，在全国高校都是名列前茅的。

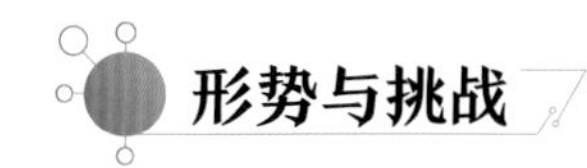

形势与挑战

第二部分我想和大家交流的是形势与挑战。了解科大的历史传承以后，我想从科技发展和经济社会进步的互动关系出发，和大家谈谈对当前科技发展态势和面临形势的看法，分析我国科技事业的发展机遇、挑战及目标任务，也帮大家更好地理解未来科技发展的方向。

当前新一轮科技革命和产业革命正在加速演进，大家都在谈科技革命。我们首先要明白什么是科技革命，以及科技革命到底会为我们的科技和经济社会发展带来什么样的影响。

一般认为自近代科学诞生以来，已经发生了5次科技革命，其中2次是科学革命，3次是技术革命。两次科学革命分别是以牛顿发表《自然哲学的数学原理》为标志的第一次科学革命和以相对论、量子力学建立为标志的第二次科学革命，两次科学革命让人类对客观世界的认知实现了质的飞跃，确立了现代科学的基本架构。另外的3次技术革命直接催生了3次产业革命。大家知道第一次技术革命开始于18世纪60年代，以珍妮纺纱机的发明和瓦特蒸汽机的发明为代表，实现了大机器生产取代手工生产，社会生产力得到极大的提高。第二次技术革命发生于19世纪60年代，主要以电力技术广泛应用和石油化工等重工业迅速发展为标志，推动人类进入“电气时代”。20世纪40年代以后，出现了以电子信息和网络技术发展为标志的第三次技术革命，人类进入信息化网络化时代。从历史上看，人类现代化本质上就是科技创新的进步史，能够把握科技革命趋势和规律的国家，才能在激烈的国际竞争中占得先机和主动权。第一次产业革命，英国成为世界强国；第二次产业革命，德国、法国和美国崛起；第三次产业革命，美国成为头号强国，同时日本、韩国也开始崛起。今天的人类社会又到了新一轮科技革命加速演进的关键历史时期，原创性的突破、颠覆性的成果持续不断地涌现，不断地开辟新的方向、创造新的产业，正在重塑经济形态，引发重大社会变革。准确地认识和把握新一轮科技革命的趋势和规律，对一个国家的发展至关重要。“科技革命的机会稍纵即逝，抓住了就是机遇，抓不住就是挑战”。现在普遍认为，这一轮的科技革命相比以往的几次革命有比较显著的区别，区别在于不是只在一个或少数几个主导性的学科领域产生突破，再逐步扩散到其他的领域方向，而是呈现出多点突破、突发性突破的态势。在基础科学、人工智能、生命科学、新能源、新材料等众多领域都孕育着革命性的重大突破，而且科学技术和经济社会发展的关系也日益紧密，从新理论、新技术到新应用、新产业的转化周期显著的缩短，大大加速了科技成果转化为先进生产力的速度。反过来，科技的发展又刺激各类创新主体加大对基础科学和前沿技术的投入，大大加速了科技革命的进程。关于这一点同学们也可以在课后了解更多的材料，我在这里就几个广泛关注的重点领域向同学们做个介绍。

基础研究是整个科学体系的源头，基础研究对物质结构、宇宙演化、生命起源、意识本质等基本规律的认识正在不断深入，基础研究的发展为技术进步和经济发展提供了更多新的基础理论的支撑。

比如说宇宙起源和演化，一直是人类自然科学的核心和前沿。实际上这个问题也和哲学问题有一定程度的关联。人们常问的"我们从哪里来?""我们又将到哪里去?"实际上就要从了解整个宇宙起源和演化开始。

15世纪，哥白尼创立日心说；17世纪，伽利略第一次用望远镜观察到月球和太阳黑子；18世纪，威廉·赫歇尔用自制望远镜发现天王星，开创了恒星天文学；20世纪20年代，爱德温·哈勃发现红移现象，认为宇宙正在膨胀，现在这一学说依然被广泛接受；20世纪60年代，彭齐亚斯和威尔逊发现宇宙微波背景辐射，开创了现代宇宙学新纪元。现在天文观测已经往多信使、广域，甚至更加精细的方向发展，过去用的是望远镜，现在用的是射电天文望远镜以及无线电阵列望远镜。

人类认识宇宙的伟大进程中有几项重要的成绩。一是2016年的引力波天文学。美国的激光干涉引力波天文台(LIGO)探测到引力波的信号，验证了100年前爱因斯坦广义相对论的预测，提供了黑洞存在的首个直接证据。二是在贵州的中国天眼。这是目前世界最大、最灵敏的单口径射电望远镜，也是仅有的一个大面积的射电望远镜。到目前，科学家利用这个望远镜已经发现了300多颗脉冲星，2020年还首次观察到银河系内的快速射电暴。现在世界各国的天文学家正在讨论，并且已经决定通过国际大科学合作的方式，在南非建设一个平方公里阵列射电望远镜，简称SKA。这是由3000多个碟形天线组成的、接收面积达到1平方千米的、人类有史以来最大的一个天文装置，它的建成将开辟人类认识宇宙的新纪元。

信息科技深刻地改变社会生活。我想同学们对这一点都有深切感受，你们小时候可能还会用到现金，现在大家来学校带一部手机就行了。计算机的发明与普及、互联网的广泛应用，极大提高了人类认识世界、改造世界的能力。人工智能、大数据、云计算、新一代通信技术为核心的信息技术加速发展，大幅提高了经济运行的效率，加快推动经济社会进入万物互联和智能的时代。据统计，2020年我国数字经济的规模达到39.2万亿元，占GDP比重为38.6%，这个是一个很大的发展。

在生命健康方面，人工智能也带来了科研方式的变革。在*Science*杂志创刊125周年公布的125个最具挑战性的科学问题中，46%属于生命科学领域。随着技术的快速革新和学科的日益交叉、融合，生命健康科技正朝着系统化、数字化、智能化、工程化加快发展，基因组学、合成生物学、脑科学、干细胞等领域不断取得突破性进展，推动人类对生命的研究和认知。

我们在生物课程中学过孟德尔的遗传定律，认识到DNA是最主要的遗传物质，但是如何利用遗传物质对疾病进行更精准的诊断、更合理的治疗和预防给科学家带来了极大的挑战。2003年，全球完成了首次人类基因组测序，历时13年，耗资27亿美元，而现在完成同样的工作只需要一个小时、几百美元就可以。获得2020年诺贝尔化学奖的基因编辑技术，能够实现对DNA序列精准的修剪、切断、替换或添加。随着这些新兴技术的不断进步，生物科学的革命正在到来。最近谷歌旗下DeepMind公司研制的AlphaFold2系统，根据基因序列精确测量出蛋白质的三维结构，预测的时间从数年缩短到几个小时，截至2021年7月，已经预测出35万种蛋白质的结构。2020年英国研发的AI机器人化学家，每天工作21.5个小时，能够在8天内完成688个实验，研发出全新的催化剂。由此可见，人工智能确实给科学领域带来了极大的机遇和挑战。

我前面说到“不要命的上科大”，我们那时候有通宵教室，还通宵做实验，但是如果说我们不在AI技术上有进步、在科技上有创新，我们就是天天通宵、天天不睡觉也跟不上科技的发展，所以关键还是要在科技上有进一步的发展。

随着芯片规模不断扩大，先进纳米制造工艺的复杂度不断攀升，设计周期不断缩短，现有的电子设计自动化系统（EDA）已经很难满足芯片设计和制造的要求。如何将深度强化学习方法用于芯片设计？芯片布局时间能不能从几周缩短到数小时？如何在功耗的关键指标上优化传统设计？芯片内部的工艺复杂程度已经接近物理的极限，其控制的精度已经达到纳米量级，下一步怎么走？这些都是极大的挑战。

过去传统药物的研发，先是有5000～10000个候选化合物，实验室从药物发现到临床前的研究中筛选出大概250个化合物需要4～5年的时间；接着到临床试验的一期、二期、三期，再遴选出5～10个化合物又需要5～7年时间；到最后上市，形成一个有市场价值的、有临床治疗效果的药物需要再花3～5年，整个周期是15年左右。人工智能研发药物将有可能使研发周期成本大大降低，能够使15年的周期缩短到1年完成。比如说传统的疫苗研发最快需要半年左右，但mRNA技术可以在一周内完成研发，一年内获批上市，这样就颠覆了我们传统的疫苗行业。

能源方面，如何向绿色低碳、清洁高效、智慧多元转型？中国已经向全世界庄严宣布“3060”目标，即2030年我们要实现碳达峰，2060年要实现碳中和。这意味着我国二氧化碳排放量在2030年达到极值，然后从2030年开始逐步降低，到2060年的时候，碳排放和碳吸收实现平衡。这是一个非常大的科学和技术的挑战。相对于欧美国家从碳达峰到碳中和需要50～70年的时间，我国从碳达峰到碳中和只有30年的时间，节能减排路径更加陡峭，面临的挑战前所未有，必将引发广泛而深刻的经济社会变革。

目前我国在化学氢能源、清洁能源的高效利用，天然气水合物的开发，可再生能源的开发利用，四代核裂变堆的研发及聚变实验堆的建设，大规模储能以及动力电池研发，多能融合综合能源系统的构建、智慧电网的搭建等方面，都取得了重要进展，但是还远远不够。预见未来最好的办法就是创造未来。可以预见这一轮科技革命将会持续几十年，同学们参与科研实践工作时，这一轮革命可能还处在科技成果大爆发的时期，所以我觉得同学们生逢其时，希望大家密切关注科技前沿的进展动态，选择自己感兴趣的科研方向；也希望同学们珍惜宝贵的学习机会，打牢基础，做好准备。

刚才讲的是全球科技创新竞争日趋激烈的形势，现在讲讲挑战。当今的世界正处于百年未有之大变局，世界政治经济格局正面临深度调整。新冠肺炎疫情爆发，全球经济遭遇20世纪30年代大萧条以来最严重的衰退，各国均把目光投向科技，把希望寄托于科技，科技创新成为全球竞争格局中的一个关键变量。发达国家希望继续保持并扩大它们在科技上的领先优势，通过制定发展战略、加大资源投入、吸引科技人才等途径，着力保持和不断扩大在科技上的领先优势。对于这一点，我们是没有意见的。各个国家都重视科技，但同时它们还采取了另外一个不太君子的措施——尽可能地限制和打压竞争对手，特别是对包括中国在内的新兴国家进行科技方面的限制和禁运。其实美国等西方国家对于我们中国科技的围堵、禁运并不是从今天才开始的。早在1952年，巴黎统筹委员会，俗称巴统，就将中国列入管制范围，限制出口军事武器装备、尖端技术产品和稀有物资等三大类上万种产品；1996年的《瓦森纳协定》规定了缔约国与被限制国，中国就是被限制的国家之一；美国对我国科技的封锁和遏制也在升级，对科技企业的管制和打压力度不断加大，对华裔科学家的管控也日趋严格。

与世界科技先进水平相比，我们确实还有比较大的差距。原始创新的能力还不够强，重大原创性、引领性的成果还比较少，战略高技术领域面临的关键核心技术制约还比较多，“卡脖子”问题突出。

2020年，我国进口原油总价是1763亿美元，进口芯片总价是3500亿美元，智能终端处理器70％依赖进口，高端专用的芯片90％以上依赖进口，高端制造检测设备95％依赖进口，用于科学研究的大型科学仪器的整体进口率约70％。对我们来说，科技创新不仅仅是一个发展的问题，更是关系到我们中华民族未来生存的问题。

客观认识我国科技发展的现状和水平，是希望我们更加努力地肩负起高水平科技自立自强的时代责任。我们要避免两种情绪：一种是只看总量的数据和指标位居世界前列，就盲目地乐观自信；另一种是看到我们现在进口产品很多，“卡脖子”的问题也很多，就盲目地自我否定。我们要系统全面地辩证分析，对我国科技水平有更加客观的认识，既不要妄自尊大，也不要妄自菲薄。

我们要有创新的自信。中华民族是具有伟大创造力的民族，古代时就在众多的科技领域取得过举世瞩目的成就(图6)，包括西汉的天文历法、西周时期数学中的勾股定理、新石器早期的水稻栽培术、战国时期的中医针灸技术以及明代的远洋航海技术。

图6　古代中国部分科技成就

在16世纪前的300项重要发明中，中国占了137项。英国著名的学者李约瑟在《中国科学技术史》中曾经有一个结论：“中国在公元3世纪到13世纪之间，保持了一个让西方望尘莫及的科学知识水平。”

当然我们也要看到我们确实在近代落后了，尤其在科技上，我们远远地落后了。但是新中国成立后，特别是以“两弹一星”等重大工程的成功为标志，我国的科技创新大踏步赶上了世界科技的步伐。

党的十八大以来，科技创新取得了历史性成就，2020年我国研发经费总支出达到了2.44万亿元，研发的强度达到2.4%。《中国科技人才发展报告(2020)》数据显示，我国研发人员全时当量是509.2万人年，连续多年位居世界第一。比较我国与主要发达国家研发支出规模的增长情况，我们现在仅次于美国。同时，我国发明专利的申请量、PCD国际发明的专利申请量均已经是世界的第一位。

SCI论文数量方面，我国进步也非常快。2001年的时候，美国位居第一，我们远远落后；到2019年的时候，我国SCI论文数量就世界排名第二了。高被引论文数量方面，2019年美国高被引论文数量是7600篇，中国是7150篇。

自然指数方面，2021年中国的世界排名是第二名。世界知识产权组织发布的《2021年全球创新指数报告》中，我们是第十二名，指标已经超过了日本。虽然我们的GDP已经超过日本很多年了，但是创新指数2021年才第一次超过日本。

近年来，我们国家在一些重要的前沿科技领域，也不断取得一些世界领先的科技成果。潘建伟教授带领的团队在量子通信方面构建了星地一体化广域量子通信网络，是全球现在最先进的；在量子计算机方面构建的量子计算原型机“九章”“祖冲之号”的性能指标也都名列国际前茅。在能源领域，碳排放对我们是个巨大的挑战，但是还有很多解决办法，如减排，我们可以减少化石能源的使用，提高化石能源的使用效率，包括使用太阳能、氢能源等；如果我们能够实现可控的核聚变，那么有可能比较彻底地解决这个问题，中科院合肥物质科学研究院的等离子体物理研究所，2021年已经成功地实现了可重复的1.2亿摄氏度101秒等离子体运行和1.6亿摄氏度20秒的等离子体运行，目前这个指标在全世界排在先进行列。这个彻底解决能源问题的方向是非常有发展前景的。

现在大家都非常关心新冠肺炎疫情。在抗击新冠肺炎疫情过程中，中国是全世界做得最好的国家，这不仅体现了我们制度的优势，也体现了我们科技创新的能力。比如，一旦有区域发现新冠肺炎疫情，我们可以迅速启动多轮的全员核酸检测，这些都是需要大量试剂、检测仪器的，都是我们科技支撑能力的表现。中科院在这个过程中也发挥了非常大的作用。

面对新一轮科技革命的历史机遇，面对国际竞争的严峻形势，面对国家发展的重大需求，我国科技事业正处在一个由大转强的关键历史时期，正如习近平总书记所强调的：“中华民族伟大复兴，绝不是轻轻松松、敲锣打鼓就能够实现的。全党必须准备付出更为艰巨、更为艰苦的努力。"科技界要实现高水平的科技自立自强，我们必须要付出更多的努力，怀抱更大的决心，大幅提高我们国家的原始创新能力，努力抢占未来科技和产业发展的制高点，这是国家赋予科技界光荣而艰巨的时代重任。

使命与责任

中国科大是我们党一手创办的大学，我们之所以能够发展成为世界一流的研究型大学，就是"中国共产党为什么能，中国特色社会主义为什么好"的生动体现。习近平总书记曾经三次视察中国科大。2016年视察科大时，总书记走出图书馆后和道路两侧的学生们逐个握手；2018年在科大建校60周年时，总书记对科大人提出期望："潜心立德树人，执着攻关创新。"中国科大作为"英才之摇篮、创新之重镇"，在"加快实现高水平科技自立自强"的伟大事业中责无旁贷，任重道远。同学们是未来建设科技强国的栋梁，初心如磐，使命在肩。作为2021级的新生，你们的人生就像一张白纸，未来有无限的可能，希望你们在这张人生的白纸上描绘出绚丽的色彩。

希望同学们继续保持"红专并进"的底色，增强科教报国的责任感、使命感。听说同学们今年入校的时候都收到了《百位著名科学家入党志愿书》一书，我认真看了这本书的每一篇，也强烈建议大家认真阅读，不少科学家的入党誓词已经跨越半个多世纪，但我们依然能从老一辈科学家朴素的语言中，感受到他们为国为民、不畏艰险的强大精神力量。

这里我想讲三个科大人的故事。

第一个是我的导师钱临照院士。在东区的图书馆前面，有一尊钱临照先生的雕像。为什么在钱先生逝世后，专门为他在校园里设立雕像？我觉得是因为钱先生的为人与做事体现了科大人的精神，为我们所有科大人所敬仰。钱临照先生人生有几次重大的选择。20世纪30年代初期，他在英国留学，当时他认为他的导师有非常强的歧视东方人的态度，为了国家和科学尊严，他毅然放弃了在这个导师实验室里获得博士学位的机会。1937年抗日战争全面爆发，钱临照先生携家眷从欧洲辗转回到中国。我曾经问过他："钱先生，1937年的时候兵荒马乱，您当时从欧洲回国要坐几个月的船，还带着家眷，为什么一定要回到中国呢？"他回答得很简单，他说："我是公派留学生，国家形势严峻，我必须和这个国家在一起，我才能心安。"我听了以后非常感动，一直记得这句话。还有一次选择就是中国科大在20世纪70年代的时候，由北京南迁合肥。当时北京的生活条件要比合肥好很多，但是钱临照先生还是义无反顾地把户口从北京迁到合肥，和所有科大的年轻教师一起共度艰难、重建校园。钱临照先生是中国科学院院士，在学术成就上水平非常高，他是我们国家位错理论和实验的创建者，也是电子显微学的创建者。钱临照先生在1980年5月写的入党志愿书里有一段话："我的年纪已过七十……我的年龄确实大了些，但还想以有生之年在党的领导下，接受党的教育，能为人民做些事，为人民尽忠是不限年龄的。"我觉得钱先生一生的为人与做事，他的每一句话都是他心情和行动的真实写照。

第二个是赵忠贤院士。他是科大1958年招收的学生，同时也是1963年的首批毕业生。赵忠贤院士是中国科大毕业生中第一位获得国家最高科学技术奖和两次自然科学一等奖的科学家，还是我们国家高温超导研究的主要奠基人。1964年大学毕业以后，他几十年如一日专注于超导研究，克服了重重困难。在20世纪80年代以前，高温超导研究处于非常困难的、低谷的状态，很少人能够坚持下来，但是赵忠贤院士始终坚持在这一领域，几十年如一日，最后取得了铁基超导这一领先于世界前沿的科技成果。

第三个想和大家分享的是钟扬教授的故事。他是中国科大1979级少年班的校友，复旦大学生命科学学院的教授。钟扬教授长期致力于生物多样性研究和保护，他的难能可贵之处在于他援藏16年，在西藏大学工作了16个年头，足迹踏遍西藏，率领团队在青藏高原累计收集了上千种植物、4000多万颗种子，真正做到了把论文"写"在祖国的大地上。2017年，他在工作途中因车祸不幸身亡。在他的科研生涯中，为西部少数民族地区的人才培养、学科建设、科学研究作出了重要的贡献。他还帮助西藏大学建立了第一个博士点，被中宣部评为"时代楷模"。

以上是给大家分享的三个科大人的故事，希望大家从他们的事迹中再一次体会"红专并进、理实交融"的校训。

科学的发展最根本的还要依靠人才。习近平总书记在2021年两院院士大会上说："我国教育是能够培养出大师来的，我们要有这个自信！"那么中国科学院、我们中国科学技术大学更是要有自信，也要把这个担子担起来。当然，有一部分的压力和担子也要放到同学们的肩上。你们作为新时代成长起来的一代新青年，视野更广、基础更好、起点也更高，也应当更有创新的自信。除了刚才我所介绍的那些校友以外，在当前备受关注的人工智能领域，也活跃着很多科大校友的身影。其实很多目前从事人工智能的校友,都是从学物理、学数学转到人工智能领域的。在人工智能领域里,科大建立了类脑智能技术及应用、语音及语言信息处理两个国家工程实验室。同时中国科大被称为是人工智能领域的“黄埔军校”,像科大讯飞、商汤、云从科技、华米、云知声,都是科大校友作为技术创新首席官创立的知名企业。另外,科大校友包括我们在校学生也都积极参与国家的科技攻关任务,我在这里再介绍一些:1975级的校友吴伟仁是探月工程的总设计师;常进是1984级的校友,是“悟空号”暗物质粒子探测卫星的首席科学家;陈云霁是1997级校友,是“寒武纪”人工智能芯片的主设计师;张璟鹤是2015级在校生,他参与抗疫,并提出了科大的治疗方案;等等。希望同学们能够践行脚踏实地的作风,为将来的科研道路打下坚实的基础。

用理论实践来践行“基础宽厚实、专业精新活”的科大精神和传统。习近平总书记对广大青年提出“要实学实干,脚踏实地,埋头苦干,孜孜不倦,如饥似渴,在攀登知识高峰中追求卓越,在肩负时代重任时行胜于言,在真刀真枪的实干中成就一番事业”。同学们都是同龄人中有科学理想的佼佼者,而科学研究更多的时候是进窄门、走远路、见微光,有的学科会迎来大突破、大变革,有的学科会缓慢地发展进步。马克思曾经说过:“在科学上没有平坦的大道,只有不畏劳苦、沿着陡峭山崖攀登的人,才有希望达到光辉的顶点。”或者像我们校歌里面唱的,最后把红旗“插上科学的高峰”。希望同学们能树立“长跑者”的思维。

在信息爆炸、价值多元的社会中,不为外部环境所扰,培养独立思考和批判思维能力,培养专注的态度和专业主义的精神,就显得尤为重要。希望大家打破分数的迷信,相信自己是最好的。考试成绩不是唯一的衡量标准,现在的成绩也不能决定未来的成败,成才与否和高考分数并无直接的关系。因为大家都是高考的佼佼者,分数都很高,我希望大家不要背这个包袱。

陈省身是著名的华裔数学家,曾获得沃尔夫奖,在给我们学校少年班题词时有这么一段话,我印象很深,也经常拿它来作和同学们交流时的名言:不要争第一,不要考100分。有的同学会说,你刚才说了中国科大人要有争第一的精神特质和追求,为什么现在又说不要争第一、不要考100分。我觉得这个不矛盾,“不要争第一,不要考100分”是指对待考试的态度,因为考试只是衡量你知识掌握的一个方面。当然,能考100分当然最好,但是不要过于执着于分数本身。

同学们在高中都是优秀的学生,我希望你们进入大学以后,要改变过去高中的学习方法、学习习惯,不要再以考分为目标,也不要靠死记硬背来学习,而是要以掌握知识为目标主动学习,学会发现问题、解决问题,提高逻辑思维能力,要多利用学校里的图书馆、实验室,多参加各种学术讲座、各种社团,因为很多的大学知识在课堂外,在与同学、与老师的交流之中。爱因斯坦曾经说过一句话:如果一个人忘掉了他在学校里所学到的每一样东西,那么留下来的就是教育。

同时,我也希望同学们能够宁静淡泊、平心静气地进行学习和研究。合肥是一座安静、祥和的城市,具有崇文重教、开放包容的文化传承。科大是一所宁静而淳朴的学校,远离社会的各种浮躁风气。大学是打基础的阶段,要"不驰于空想、不骛于虚声",一步一个脚印,踏踏实实学习。

同学们在大学4年的学习过程中,还要用好"所系结合"的优势,在教学与科研相长的实践中加快成长,成为一流的创新人才。

现在我们科大的科研条件很好。过去我在读书的时候,科大的实验室条件比较差,我们实习都是到研究所去的。我大学实习是在两个地方,一个是长春的物理所,一个是在北京的物理所,路程很远,也只有大学最后的半年时间可以去,而你们现在从大二开始就有机会进入学校一流的实验室,进行科研的锻炼和实践。希望同学们要抓住这样的机会,不要把时间都耗在书本的学习上。

1958年中国科大成立的时候,新中国科技事业才刚刚起步,60年来科大始终与祖国同行,一代代科大人把个人的发展与祖国科技事业紧紧联系在一起。2016年的"科技三会"上,习近平总书记提出我国建设世界科技强国"三步走"的发展目标,第一步是到2020年,我国进入创新型国家行列,这个时间节点你们桃李年华,进入科大;第二步是到2035年,我国要进入创新型国家前列,那时同学们30岁左右,风华正茂,而立之年;第三步是到2050年,我国要成为世界科技强国,同学们那时候50岁左右,正值当年。我希望同学们坚守创新科技、报国为民的初心使命,大力弘扬艰苦奋斗、无私奉献的优良传统,严谨治学、勇于开拓、不负时代、不负韶华,为加快实现高水平科技自立自强,努力贡献自己一份力量,努力在实现中华民族伟大复兴中国梦的生动实践中实现自己的人生理想,并为母校中国科大的光荣与梦想争光加彩!

谢谢大家!

包信和

中国科学院院士
中国科学技术大学校长

1959年8月生，江苏省扬中市人，物理化学家，中国科学技术大学校长，中国科学院院士，发展中国家科学院（TWAS）院士，英国皇家化学会荣誉会士（HonFRSC）。1987年10月于复旦大学化学专业毕业，获理学博士学位。曾先后担任中科院大连化学物理研究所所长、中科院沈阳分院院长、复旦大学常务副校长等职务。第九届、第十届、第十二届、第十三届全国人民代表大会代表，第十三届全国人民代表大会常务委员会委员。

主要从事能源高效转化相关的表面科学和催化化学基础研究，以及新型催化过程和新催化剂研制和开发工作。荣获1996—2000年度香港求是“杰出青年学者奖”；2012年获何梁何利科技进步奖；2015年获中国科学院杰出成就奖；2017年获德国化学工程和生物技术协会（DECHMA）和德国催化协会催化成就奖（Alwin Mittasch Prize 2017），所带领的“纳米和界面催化”团队获首届全国“创新争先奖牌”；2018年获陈嘉庚化学科学奖；2021年获国家自然科学一等奖。

科教报国　圆梦科大

国家富强、民族复兴的使命担当

今天下午我们在这里举行开学典礼，我看到大家真是特别地高兴。我的报告主题是《科教报国　圆梦科大》，这一直是我们的初心使命。

今天大家来到科大，就是圆了自己的一个梦；同时，我也希望大家肩负起国家富强、民族复兴的使命担当。今天我想从几个方面开展报告：首先，从我个人理解的角度向大家介绍科大；其次，向大家介绍科大人的初心和使命，比如科大到底具有什么风格、大家在学校到底应该做什么事情；最后，我将花一段比较长的时间来跟大家共同讨论：我们现在身处怎样的社会当中？为什么我们要学习科学知识？中国现在遇到哪些困难？在发展中我们有哪些值得自豪的方面？

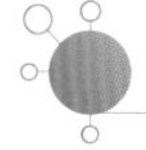

我们的新同学：2020年招生情况

首先，我向大家介绍科大本科教育教学改革以及相关措施。根据2020年的招生数据，科大今年总共招收了1899名新生，就是下午参加开学典礼的在座各位，包括40多名少年班学院的同学、200多名创新试点班的同学和160多名强基计划班的同学。不同于网上"科大今年疯狂扩招"的说法，今年真正扩招录取的人数可能仅为40人左

本文根据包信和院士于2020年9月20日在中国科学技术大学"科学与社会"课程上的演讲内容整理。

右。回顾2014—2020年本科生的录取情况,近几年科大招生的人数基本上稳定在1860人左右。

我国有个简称“C9”的高校联盟,此外,C9里还包括了“华五”(华东五校),即复旦、交大、浙大、南大,以及我们科大。不和全国2000多所高校进行比较,仅与C9、华五高校相比,考入科大本科的难度也是很大的。现在在C9高校当中,科大招到当年高考排名为全省第4名的省份有3个,招到第5名的省份有10个,招到第6名的省份有17个,也就是说在所有的C9高校当中,包括华五高校当中,科大的招生情况还是比较乐观的。相对来讲,合肥的地理位置跟北京、上海是有些差别的,但是大家能够选择科大,就表明真正意义上对科大办学理念的认可。

科大有一个极具优越性的红利:大家在一年级或二年级的时候,可以自由选专业。科大充分给予学生自由,大家认为自己应该学习什么知识,或者认为哪个专业比较具有发展前景,根据切身的考量,就可以自由选择这个专业。可以说,迄今为止,全国只有科大有这样的条件为大家提供自由转专业的机会。科大坚持“以学生为本”,学生可以“百分之百自主选择专业”,这种因材施教的培养方式充分尊重了学生个性、特长和潜能。

我们的大学:中国科学技术大学情况介绍

科大建校于1958年9月20日,1970年南迁至合肥,而今年正好是南迁50年,在这50年中,“科教报国,追求卓越”的理念从未中断。

科大在大学中一直有一个美誉,那就是“小而精”的高校,而且社会都认为科大是一所能够“稳得住”的大学。不同于当今的其他高校,科大几乎一直没有扩招,也没有建立分校,目前仅在上海和苏州建立了2个研究院。近些年来,科大每年的本科生招生人数为1800多人,以上学期的在校本科生为例,科大全部的在校本科生只有7300多人,这是一年级到四年级学生人数的总和,这只相当于其他一所大学一年的本科招生量,所以大家能够来到科大,应该感到非常自豪!

在研究生招生方面,科大今年研究生的招生人数已经达到9000余人,因此可以说科大是一所研究型大学,这对我们培养高端研究型人才来说是非常有好处的。科大设立了科教融合学院,研究生中大概1/3的学生来自不同的研究所,其余在校本部学习的硕、博士研究生大概有6000人。科大博士生一年的招生名额2000余人，这是很不容易的。科大研究生教育质量是不错的，在社会上也有良好的口碑。

在科大的招生宣传材料里有这样的说法："当你进入了科大，就等于拥有了整个中科院的资源。"最初建校的时候，中科院就确立了"全院办校、所系结合"的指导方针，科大和各科教融合研究所加强紧密联系，在科研合作、人才培养、学科建设等方面创新合作方式与合作方向，比如邀请某些研究所的所长来科大兼任系主任。我本人之前在中科院大连化物所工作，同时也在科大的3系（化学物理系）做了12年系主任，当时我也不知道自己将来会到科大来担任校长。

实际上，科大办学模式的内核还是比较小巧的。在研究生教育层面，科大积极探索了"科教融合，协同育人"的办学模式，以研究生培养为抓手，建立教授互聘机制，与科教融合研究所做到"形"和"神"的高度融合；优化课程培养体系，实现课程无缝衔接和学分互认，探索实行研究生在科大修学期间的合作导师制；鼓励和支持科大与科教融合研究所研究生导师的科技合作；支持融合研究所在当地的科学活动和成果转化。科大与中科院的关系是"全院办校、所系结合"。集全院之力，积极拓展所系结合，发挥融合学院的纽带的作用；在相关院所聘任兼职教授和博士生导师，合作指导研究生；在研究所建立所系结合单元和学生实训基地；与研究所共建"科技英才班"，合作进行人才培养。在中科院100多个研究所中，大家都可以找到适合自己的导师，如果你来到科大，实际上就是拥有了整个中科院的资源。科大一直深入推进"所系结合、科教融合"工作，以学科共建为核心，加强学校与相关研究院所的合作与交流，持续巩固科大优势学科的地位，促进潜力学科的提升，推动战略新兴学科的发展，形成科大发展的"星座"模式。

我们经常提到"长三角融合"这个概念，目前科大在长春、沈阳、广州、苏州、南京等城市都有科教融合的培养基地，而在长三角地区，科大布局在G60上海科技创新走廊开展科教融合，比如苏州、合肥、南京、芜湖、湖州等走廊沿线城市。在合肥，科学岛和高新区有很多优质的教育资源和尖端的创新企业，我们现在也在布局探索。可以说，科大的创新体系建设及未来布局是：深耕大合肥，布局长三角，服务全中国。

科大之所以能立足于全国，之所以能够成为C9高校、华五高校，之所以在国际高校中占据一席之地，关键就在于人才培养特色鲜明，这也是长期以来得到社会认可的。我们的少年班是比较具有代表性的，办学模式是成功的，培养的很多人才是经得起检验的，从1978年开办至今，全国还在办少年班的高校只有科大和西安交大。

科大一直有这样一个说法："千生一院士"，意思是平均每1000名本科毕业生中就会产生1位两院院士，这一比例位居我国高校首位。2019年中科院增选院士结果中，科大有4位校内教授当选，13位校友当选，而当年整个中科院的当选院士人数仅为64人，这也能说明科大的人才培养水平是非常之高的。人才培养的另一个方面就是卓越的教师队伍。两院院士、长江学者、国家杰青等高层次人才在科大的占比是很高的，走在科大校园里，大家基本每天都可以看到在学校工作的院士。科大长期重视师资队伍的建设，坚持教学科研并重，建立长效机制，提高教学能力，拥有一支师德高尚、业务精湛、锐意创新的教师队伍。

科大国际合作的体系是比较完善的，目前本科生毕业第一年出国深造的比例基本上在30%左右，后期我们也将持续设计出国培养方案，开辟短期、长期交流的渠道。科大最近成立了一个叫USTC Fellowship的项目，学生可以申请资金到国外访学，由学校支付这期间的费用，大家今后可以关注和尝试申请这个项目。

科大是我国拥有国家实验室、大科学装置最多的高校，我们的科学研究条件是非常优良的，全国第一个国家实验室——国家同步辐射实验室就是科大建立的，从1983年建立至今已经近40年了。科大在整个科研层面是引领着国家科研发展的，包括合肥微尺度物质科学国家研究中心（我国6个国家研究中心之一）、量子信息与量子科技创新研究院（图1）。我们现在正在申请"十四五"国家重大科技基础设施——合肥光源，这也是迄今为止我国唯一一个在校园内的重大设施，相信将来会

图1 国家实验室和大科学装置

成为全世界一流的光源。在习近平总书记的新年贺词、十九大报告当中，每一次都会提到科大卓越的研究成果，包括“墨子号”卫星、“悟空号”卫星、量子计算机、“京沪干线”、高水平的论文等。中科院实施《“率先行动”计划》之后，科大在量子信息等若干重要战略领域都实现了重大突破，在中科院评选出的50多个具有创新性的研究成果中，科大就有7个，是整个中科院内占比最高的。

大家来到科大以后要选择不同的学科、不同的专业、不同的方向，而科大是一所“小而精”的学校，26个本科专业获得国家级一流专业建设点认定，本科招生专业绝大部分在教育部学科评估中被评为A类或进入ESI学科排名全球前1%。在教育部第四轮学科评估中，7个学科被评为A+(数量名列全国高校第五)，2个学科被评为A，6个学科被评为A-。在世界一流大学和一流学科(简称“双一流”)建设高校及建设学科名单中，科大入选A类世界一流大学建设高校，11个学科入选“双一流”建设学科名单，“数理化天地生”6个基础学科全部被评为A或A+，目前在全国高校中唯一取得这样成绩的就是科大。

国际上对科大优良的办学声誉是非常认可的。在世界主流学术机构排名中，科大在学术方面基本上能排到全国高校的前5名，全球前100名。此外，还有一个非常重要的指标Nature Index，这是依托于全球顶级期刊(2014年11月开始选定68种，2018年6月改为82种)，统计各高校、科研院所(国家)在国际上最具影响力的研究型学术期刊上发表论文数量计算出的学术指数。在全世界所有的机构当中，科大排名第8；在全世界的高校当中，科大排名第4，仅次于哈佛大学、斯坦福大学和麻省理工学院；在国内高校中，科大的Nature Index近两年一直排在第一名。可以说，科大的基础学科和前瞻性研究在国内外都是得到认可的。

2016年习近平总书记到科大来以后跟科大的学生进行了交流，非常深情地说了这句话：“大家应该为能够成为一名科大的学生而感到自豪。”今天我把这句话也送给大家。今后我们将以习近平总书记关于中国科大系列重要指示精神作为办学发展的指南，不断增强“四个意识”、坚定“四个自信”、做到“两个维护”，围绕“潜心立德树人、执着攻关创新”两大核心任务，大力推进“双一流”建设，谋划“十四五”发展，努力办出中国特色、科大风格的世界一流大学。

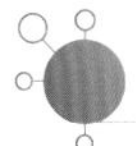

我们的校友:报效祖国,回馈母校

当4年大学生活结束以后,大家就会变成科大的校友。科大校友要为国家作贡献,这是我们首要的目标,也是我们的使命。希望大家要为科大争光,不忘初心,牢记使命,将来学业有成后回馈母校。

科大校友中有许多科技精英,包括两院院士、杰青、国家自然科学奖获得者、国家最高科学奖获得者,而且数量不在少数。科大校友在其他各个领域中也取得不斐成绩。科创板于2019年6月13日正式开板,截至2020年8月,共有上市公司160家,市值2.8万亿元;其中,科大校友创立的企业市值约3000亿元,占科创板总市值超10%。在独角兽企业方面,2019年初在全球创投研究机构CB Insights发布的32家全球AI独角兽公司名单中,有10家公司来自中国,其中4家公司的创始人都是科大人。在智能制造、半导体、芯片等领域中,每一个领域都有科大人的身影,在每个国家需要的时刻,我们科大人都能担起重任。

我要特别感谢科大人回馈母校的赤子之心,这些年中,1973级校友李希廷、1979级校友冯幸福、1990级校友刘庆峰、1992级校友黄汪等,都不断为科大进行捐赠,设立奖学金,提供各类创业项目。同时,大家也都在用不同的形式表达对科大的挚爱,比如有很多学生在毕业的时候将一卡通的余额捐赠给学校,可以说,一砖一瓦都是大家对母校的心意,这种科大精神代代相传。回馈母校并不等于一定要为学校捐款,大家可以以不同的形式表达自己对母校的感情,比如你的工作、你的服务、你对社会的贡献,这些都是回馈母校的方式。中文里能够使用“母”字的词汇是不多的,母校就是其中之一,一旦进入学校以后,你的人生就打上了学校的烙印,母校就是终身的,所以以后大家要千方百计、尽一切努力把母校发展起来。

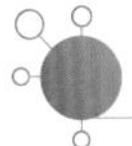

我们所处的当今世界:百年未遇之大变局

当今的社会是什么样的?大家为什么来到科大?人类正处于大发展、大变革、大调整时期,整个世界正在发生不可预料的变化,比如世界多极化、经济全球化、社会信息化、文化多样化、新一轮科技革命和产业革命等。大家现在在校学习是为了实现科教报国的目标,那么未来大家将会以什么方式来报效祖国、发展祖国呢?

第一次工业革命以机械化为主要特征，第二次工业革命以电力化为主要特征，第三次工业革命以信息化为主要特征。在这几次工业革命中，中国都参与其中，但是应该说都没有起到主导作用，中国经济的发展并没有通过这几次工业革命得到很大的发展。在第四次工业革命中，中国要抓住数字化、网络化、智能化的趋势和机遇，思考我们是继续充当局外人，还是要参与当中，甚至要引领第四次工业革命的整个走向。

这个世界在不断发生着变化，对于这种变化，每个人的想法不一样，希望大家通过读书和学习，积极思考和理解。

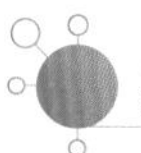

基础研究是重要推动力量：探索未知，预测未来

在世界的变化中，最重要的是科学技术发生的变化。大家都是青年学生，是科大的学生，未来将如何参与整个世界的变化?

科大的基础学科研究水平是非常之强的，习近平总书记在很多地方都说一定要加强基础研究，因为基础研究往往会改变人类发展，会产生颠覆性的成果。或许大家会想：宇宙的起源与演化跟我们的距离是不是太远了？实际上，大家从宇宙的演变过程当中，就可以了解很多的基本科学问题，包括引力波、爱因斯坦的相对论、暗物质等。通过对这些基本科学问题的研究，我们会思考人类从哪儿来？地球从哪儿来？宇宙从哪来?

基本科学问题之一是引力波探测。当今，引力波时代已经开启，国内国际都已展开引力波探测研究，科大也参与其中。

基本科学问题之二是暗物质、暗能量。大家可能经常听到的这样的说法：我们现在看到的世界万物只占整个宇宙物质的5％，而其余的95％都是暗物质、暗能量。暗物质、暗能量到底是什么呢？假如说我们能够把这95％的暗物质、暗能量找出来，这个世界到底会是什么模样？大家要充分发挥自己的想象力，因为一旦研究取得重大突破，这将是人类认识宇宙的又一次重大飞跃，可能导致新的物理学革命，目前世界主要科技大国都在积极支持暗物质、暗能量研究。

在微观世界的物质中，大家知道有分子、原子、夸克，但到底物质能细分到什么程度？细分到一定程度以后，物质到底是什么状态？当年人类在探索后发现了原子核，进而开发出了今天大家熟知的核电、核武器。因此，人类对基本粒子认识的不断深入，也大大推动了社会发展的进程。

另一科学问题就是量子科学中的量子调控，这是我们科大的长项和引以为豪的研究领域（图2）。量子是现代物理的重要概念，一个物理量如果存在最小的、不可分割的基本单位，那么称这个物理量是量子化的，量子化现象主要表现在微观物理世界中。随着相关理论的发展，产生了“量子调控”这一新的概念。量子调控就是指干预分子、原子等的运动规律，通过量子的手段调控物质的形态，从而更加深入、更彻底地认识微观世界，成为当今物质科学与信息技术等领域的重要前沿。我国在量子调控领域具备很强的理论和技术储备，通过开发新材料、构筑新结构、发现新物态等方法，对量子现象和规律实现调控和开发应用，取得一系列重大突破，比如国内的铁基高温超导体、多光子纠缠干涉度量学、量子反常霍尔效应都是和量子调控相关的、非常复杂的研究成果，并且都荣获国家自然科学一等奖。大家进入大学，就是要了解这些知识、思考这些科学问题，更要有所追求。

图2　量子调控

信息科学技术飞速发展：芯片、高速计算、人工智能、互联网

第四次工业革命的关键是信息技术，信息化的革命里有很多问题值得探索，信息是我们的未来，未来已来，信息无处不在。

信息、通信和计算都离不开芯片。随着芯片制造技术的发展和进步，芯片两极之间的间隔从最初的45纳米，到目前可量产的7纳米，未来是否可以达到5纳米、3纳米甚至更小呢？现在看来，谁制造出芯片就意味着谁赢在了起跑线上。目前大家知道华为在芯片方面是很厉害的，但它也会面临断供的问题。我们的一家校友企业——寒武纪是全球首个AI芯片独角兽公司，假如使用了寒武纪的芯片后再和英特尔的芯片比较起来，就会发现，发达国家的芯片运行速度确实是快了很多，芯片的制造技术依然掌握在别人手上。希望大家今后多看文献、多做研究，在芯片研制方面有所创新（图3）。

图3 碳基晶体管和DNA存储技术

当前，全球超算强国都在布局下一代E级超算（每秒可进行百亿亿次数学运算的超级计算机）。在2015年、2016年、2018年、2019年这些年份中，中国的超算运行速度是全世界最快的。新一代信息技术涉及量子计算，这也是科大一直在研究的领域。潘建伟老师给你们讲量子计算的时候，会介绍量子计算机每增加一个量子位，计算能力就会呈指数级增长，目前各国在量子计算机的研制竞争非常激烈，以后就是量子计算机的时代。

未来人工智能加速发展，能力更强，体积和外观更小、更灵巧的机器人被广泛应用，在工业、民用和军事领域应用前景广阔；到2030年，70％的公司会采用人工智能，人工智能新增经济规模将达到13万亿美元。所以说，人工智能一定是未来重要的研究方向。而对同学们来说，这需要大家了解云计算、网络、芯片，一定要把数理化和计算语言等基础学科知识学扎实。

大家现在还会经常讨论的概念是大数据和云计算。我认为大数据还是比较好理解的，假如说采样100次，大家就看到某个东西的某个样子，而当继续采集1000次，它慢慢就显现出另一个样子，如果采集1万次呢？大数据的数据量特别大，它把那些偶然的现象串联起来，经过算法计算以后，能够得到一些必然的规律。我举个简单的例子，假如要观察你的出行情况，把你一个月的行动轨迹统计出来，就能知道你某天具体在哪里、你的家住在哪里。这里的“大”是一个相对的概念，它代表反映真实世界的数据（碎片）数量已达到在一定程度上反映其真实面貌的程度，大数据非常之重要。

现在是人-机-物三元融合的万物互联时代，信息资源、数据资源成为经济社会发展的基础性战略资源，新网络形态、新应用不断拓展，推动社会经济各方面发生深刻变革，万物互联将会全面重塑整个世界和社会，使人类文明迈向新的智能时代。面临信息大爆炸、网络拥堵和网络安全问题，我们要加快建设“信息高铁”，建立高速信息中央指挥控制中心，开发相应软硬件，加强网络治理和相应法律法规建设。

如今，以“互联网+”“智能+”为代表的数字经济蓬勃发展，我们在生活中习惯了使用移动支付，手机成为了生活必需品。新技术、新业态、新模式不断涌现，平台经济、共享经济加速发展，推动产业转型升级，数字经济已经成为推动经济社会发展的主要产业形态。信息技术给我们的工作、学习和生活带来深刻改变，高科技产品走进我们的生活，推动了信息消费蓬勃发展，比如可穿戴设备、VR技术、水下无人机等。基于大数据的科学研究已成为科研的重要手段，被称为科研的“第四范式”。在此范式下，人们能发现传统研究方式下很难发现的新规律、新现象。

生命和健康科技方兴未艾：基因、脑科学、精准治疗、生物经济

习近平总书记在科学家座谈会上提出“四个面向”要求，因此在科学研究中，我们一定要坚持面向世界科技前沿、面向经济主战场、面向国家重大需求、面向人民生命健康。我们来大学学习，是应该具有情怀、有所追求的，不仅要追求自己的美好生活，更应谋求整个家庭、整个社会和整个世界的美好生活，所以我认为保证人民的生命与健康是一个终极性的追求。

基因组学是生命科学最前沿、影响最广的领域之一。从达尔文的物种进化到DNA的发现，科学家们发现物种的进化很多是由基因控制的，如果能够改变基因、控制基因，那么好多事物也都能够改变。基因测序效率大大提高，极大推动了基因组、疾病、药物、生物育种等领域的研究进展，科学家已经开始研究不同基因与转录调控元件间的相互作用，深入研究基因的结构和功能，分析基因变异和疾病的分子生物学机制。但是大家一定要注意生物工程中的伦理问题，科学研究一定要符合伦理，因为

科学有双重性，它一方面可以造福人类，另一方面还有可能会对人类造成负面影响。

脑科学被称为自然科学研究的“最后疆域”，未来有可能将信息存储到脑中的芯片里，信息通过芯片就直接传到计算机里。美国、欧盟、日本等国家和地区相继启动了脑科学研究计划，发起成立国际大脑联盟，我国将脑科学研究列入“科技创新2030重大项目”，科大也有一个很强的脑科学的研究团队，在类脑智能研究中，类脑计算芯片、类脑学习与决策等算法软件取得重要进展(图4)。大家对脑科学的风险有顾虑，也会进行调侃，但是未来到底会走到哪一步，谁知道呢？

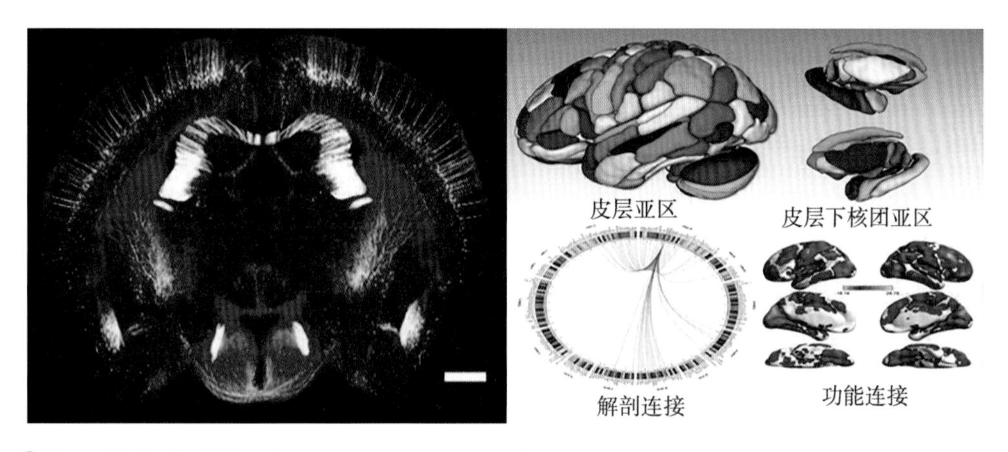

图4 脑认知与类脑智能

2015年，美国政府提出“精准医学计划”，引发全世界精准医学热潮，目前已在癌症等重大疾病预防和治疗方面取得了重大突破。精准医学就是指为每个人量身定制医疗保健，要把病人身体机能的各项参数都弄清楚，这样就知道疾病发生的位置和原因，从而对症下药。这是未来一定要发展的领域，而且我相信大家一定能够看到它的进展和成果。

徐晓玲教授团队研究和提出的“托珠单抗+常规治疗”免疫治疗方案，就是免疫治疗的一种方法。新冠肺炎疫情期间，中科院在科大成立了中科院临床研究医院应对疫情科技攻关联合指挥部，徐涛院士和我是指挥部的总指挥。举个简单的例子，当病毒进到人体肺部之后，它就相当于一个外来的物种，这时候人的免疫系统马上就会启动，跟外来物种进行“战斗”。假如过度免疫，招来的免疫因子太多了，战斗过于激烈，那么免疫因子也可能“牺牲”，遗留在肺里面，这样肺部就产生积水，导致人体不能呼吸。而免疫疗法就好像长城上的烽火台，它能够自行调节发现病情的狼烟量，依据战场的情况调度免疫因子。所以未来细胞免疫治疗是非常之重要的，很多的疾病都可以通过人类的免疫系统进行治疗。干细胞和再生医学引发了新一轮医学革命，干细胞自我复制能力强，可分化并替换损伤细胞，能够治疗心血管疾病、糖尿病、神经退行性疾病、严重烧伤，世界上首例干细胞技术治疗卵巢早衰的案例由中科院完成。合成生物学是第三次生物学革命，科学家已经能够设计多种基因控制模块，组装具有更复杂功能的生物系统，甚至创建出“新物种”合成珍贵药物，简单高效地生产生物燃料，引发相关领域的产业革命，对未来人类的社会生活产生深远影响。

深空深海深地成战略必争之地：航天、探月深空、深海大洋、深地探测

全球范围内新一轮空间探索热潮涌动，科大也参与了航天、探月深空、深海大洋、深地探测的工程（图5）。嫦娥四号的总设计师是科大1975级的校友吴伟仁院士，前段时间还有颗小行星以他的名字命名为“吴伟仁星”，这是非常了不起的成就。大家知道月球是不会转动的，电磁波在月球的背面无法转弯，为了解决登月中的通信问题，吴伟仁院士想了一个办法，他们在地球背面的拉格朗日点设置了一个中继星，这样月球上的信号就可以发到中继星上，进而发送到地球上，这样就解决了通信的问题。这是全世界第一次有人把中继星放到月球背面，美国等其他国家的研究人员都对这个方案表示称赞。

图5　深空、深海、深地探测

马斯克的SpaceX火箭成功回收，而我们国家的长征五号也取得了重大进展，火箭起飞推力超过1000吨，近地轨道运载能力达到25吨，核动力推进、激光推进、电推进等新型推进技术成为深空探测技术发展的重点。看完了深空，再看深海。现在深海探测进入万米时代，我们国家现在最深可以到达海下1万多米。大家有没有想过，如果在这个地球钻一个孔，那么到底能钻多深？对于地球深部的探测，目前最深能到达10千米，

因为深地的温度太高，钻头耐不住那样的温度。我国启动“智能导钻系统”先导专项，提出深层6000米油气资源开发的整体技术解决方案，有望大幅度提升油气产量。

相关的研究领域还有能源、材料、增材制造、减材制造等，从中大家可以仔细思考，人类的力量其实还是很渺小的，我们对于周围的很多事物都是不了解的，所以大家进入大学就得要认真学习，一点点地去了解这些知识。多少年来，整个世界的科学中心都在不停移动，很多颠覆性的技术不断诞生，在一些关键核心技术上，我们中国遇到了“卡脖子”难题，所以未来中国科学技术的发展就看你们了，就看你们这一代青年学生了！

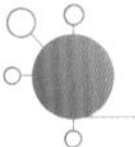

我们热爱的国家：百年未遇之大机遇和大挑战

大家可以在网上看到全球各国GDP的动态演化，每次看到这些数据，我都感觉到中国人真是不容易的。从20世纪60年代开始，我们中国的GDP水平是比较低的；从改革开放起，中国经济得到了发展；90年代以后，中国发展就很快了。

你们大概是2003年、2004年出生的，所以一定程度上参与了GDP的提升，也感受到了国力的强盛。GDP的总量虽然是中国科技发展的经济基础，但这还不是国家昌盛的全部，根本和关键在于民族的自信心、民众的凝聚力和科技的进步。

民族的自信心、民众的凝聚力是很重要的，此外，科技的进步和我们息息相关。我国科技创新世界排名稳步上升、发展迅速，一批重大原创成果处于世界并行领跑水平，例如铁基高温超导、量子纠缠、中微子振荡、分子育种、量子反常霍尔效应等；战略高技术方面实现一批重大突破，例如一系列载人航天与探月工程推动我国从航天大国加速向航天强国发展，载人深潜创造世界同类作业型潜水器最大下潜深度纪录，我国成为继日本、美国之后第三个拥有万米级无人潜水器的国家，北斗导航系统是继美国GPS系统、俄罗斯格洛纳斯卫星导航系统之后第三个成熟的卫星导航系统，大型客机、国产航母等重大工程标志着中国制造向着高水平迈进；拥有一批世界先进水平的重大科技基础设施，已建设并运行的国家重大科技基础设施29个，中科院有18个，占全国的60%以上。这些科研成果都增强了中国的国力，让中国在世界上有力地占据一席之地，站在事关全局和长远发展的科技战略制高点上，掌握了发展的主动权（图6）。

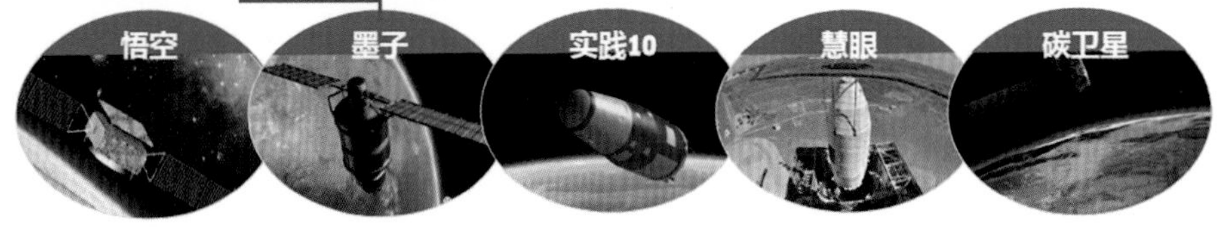

图6 战略高技术方面实现重大突破

但是要看到，我们还有很多不足的地方，比如和发达国家相比，我们的科研经费累计持续投入不足，基础研究与发达国家仍有差距，战略高技术方面短板明显。例如苹果iPhone的利润分配，尽管机器在中国制造，但是真正国内的加工制造厂商只能拿到1.8％的利润，而苹果公司能够得到58.5％的利润。这是因为这些厂商在价值链中没有核心技术可言，尽管付出强劳动力，但最终获得的却是最底层的、少之又少的微薄利润。

接下来我跟大家讲几个“卡脖子”的问题。第一个问题是高端制药，假如生病拿药，我们会发现很多药的说明是英文或者翻译而来的，我国90％以上的药企生产仿制药，重大疾病如肿瘤药物等高端药物以及高端医疗器械基本依赖进口。第二个问题是高端传感器，传感器被认为是信息技术的三大支柱之一，我国也可以制造传感器，但都是比较低端的，我国90％以上的精密传感器来自国外。第三个问题是高端轴承，轴承被称为现代工业的关节，我国高速铁路路程是现在德国、日本、法国总和的3倍，但高铁轴承全部依赖进口。第四个问题是高端科研仪器，大家进到实验室会发现，高端的实验仪器基本都是国外进口的。第五个问题是航空发动机，航空发动机称为“工业皇冠上的钻石”，也是一个国家航空工业水平的显著标志，我国在“科技创新2030重大项目”中已经安排航空发动机项目，并专门组建航发集团。第六个问题是芯片，大家都知道芯片目前是最大的“卡脖子”问题，我国芯片进口总额连续多年位列全球第一，2016年进口额达到2270.26亿美元，是同期原油进口额的2倍。从制造原理来看，芯片的制造是不复杂的，但问题在于单晶硅的纯度无法达到要求、切割单晶硅的机器全靠进口、没有自主芯片设计软件、光刻胶依赖进口、高精密和高效光刻机完全依赖进口(全世界仅一家，即荷兰ASML)、离子注入设备基本依赖进口，虽然说“最简单”的方法是花钱购买国外的芯片，但是可以看到，我国进口芯片每年要花费2000多亿美元，这比购买石油的钱要多得多。

习近平总书记说："科学技术从来没有像今天这样深刻影响着国家前途命运，从来没有像今天这样深刻影响着人民生活福祉……我们比历史上任何时期都更接近中华民族伟大复兴的目标……我们比历史上任何时期都更需要建设世界科技强国！"这些话是总书记基于中国情况、世界情况的总结，大家一定要为把我国建设为世界科技强国而努力、奋斗！

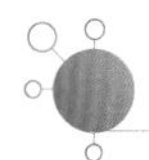

我们科大办学的核心任务：潜心立德树人，执着攻关创新

习近平总书记对科大提出谆谆嘱托，特别提出"潜心立德树人，执着攻关创新"：中国科大要全面贯彻党的教育方针，坚持社会主义办学方向，传承科教报国、追求卓越的精神，瞄准世界科技前沿，立足国内重大需求，潜心立德树人，执着攻关创新，在基础性、战略性工作上多下功夫，努力办出中国特色世界一流大学，为培养德智体美劳全面发展的社会主义建设者和接班人，为建设创新型国家、建设世界科技强国作出新的更大的贡献。

习近平总书记希望我们要建世界一流大学，这也是科大的目标，我们要努力办出具有中国特色、科大风格的世界一流大学，突破"卡脖子"问题，实现基础性、战略性科技创新，努力成为人才培养高地、国家科教中心创新文化殿堂、学术交流圣地、基础研究和原始创新的重要承载者和策源地。根据科大提出的创建世界一流大学的"三步走"战略，到2020年，部分优势学科进入世界前列，跻身世界一流大学行列；到2030年，主要学科达到世界前列水平，进入世界一流大学前列；到2050年，成为中国基础研究和原始创新的重要承载者和策源地，整体水平稳居世界一流大学前列。这都要看在座的各位同学们，希望大家不断努力，为实现这样的目标而不懈奋斗！

科大培养人才的目标是以学生发展为中心，德智体美劳全面发展。"以学生发展为中心"，就是要按照学生的特点设计人生的发展规划，掌握人生的主导权；"德智体美劳全面发展"，就是说除了学习好数理化这样的基础学科，还要多方面发展自己的特长，实现全面发展，符合社会的需要。科大科学研究的目标是创造一流的科学和技术，服务人类美好生活，融合科技创造与人们价值观和人类的未来，也就是说大家的学习、科学研究要符合整个人类的价值观，要为人类的未来着想。

为了实现这样的办学理念和目标，科大构建了面向潜心立德树人的人才培养体系，包括本科生院、研究生院、国际学院和科教融合研究所。中国特色、世界水平的一流本科教育应该坚持立德树人，培养学生的社会责任感、家国情怀、创新意识和实践能力。本科生院里包括体育、艺术、外语、通识教育等培养层面，下设创新创业学院、教师教学发展中心、招生就业处、教务处等机构。目前，由我担任本科生院的院长，我们下定决心一定要根据以学生发展为中心的理念，来满足大家的需求。

科大本科教育的基础可以总结为：两段式、三结合、长周期、个性化和国际化。"两段式"指学生第一阶段在科大学习基础课，接受通识教育，第二阶段学习专业课，参加科研活动；"三结合"指科教结合、理实结合、所系结合；"长周期"指本科、硕士、博士的长周期培养；"个性化"指因材施教，突破"流水线式"人才培养模式；"国际化"指积极开展暑期研究交流、学期交换等交流项目，如未来科学家夏令营、国际课程。在这样的基础上，我们提出了"提升计划"，在数学和物理两大基础学科之外，增加了计算思维的新方向，为的就是实现"基础宽厚实、专业精新活"。"基础宽厚实"指2+X的大类教育和专业培养，"2"代表2年科大理念的大类培养，一、二年级大家在书院接受通识教育和基础教育，"X"代表X年丰富的发展选择可能，大家在2年的大类培养后可以根据自己的特长和想法选择适合自己的专业。"专业精新活"主要指灵活自主的课程选择，大家可以在完成通修课程的基础上，自由选择专业和选修课程，自由度比较高。同时，科大还有完善的实验实践教学体系，成立了创新创业学院，这样在未来无论大家想做什么，都会游刃有余。

少年班是科大人才培养的另一块金字招牌。在制度优势方面，少年班有完善的选才制度和灵活优化的培养方案，充分尊重学生选择权；在学科优势方面，少年班专业水平高、一流科学家多、科研机会好、科研队伍强，能够永续科大少年班辉煌；创立科大少年班学子公益基金，加大支持力度；依托少年班学院，创立"英才教育研究所"；强化共同体内部精神与文化认同感；全方位育人，养成全面、积极的生活方式，提供多样追求示范与学习门径；在同辈中构建才智旗鼓相当、志同道合的共同体，激活学生的学术热情。

科大目前设置四个书院，面向本科生统一推行书院制管理，分别为"冲之书院""守敬书院""时珍书院"和"光启-仲英书院"四大书院。书院跟学院是什么关系？到底怎么来定义书院？举个简单的例子，假如大家进入社会工作后，白天在公司，处理工作上的事物，晚上回到家里，可以看电影、吃饭、聊天，享受生活；类似的，在学习专业知识时，大家就按照学院的要求认真学习，而在课外活动、日常生活中，书院是兼具住宿、自习、研讨、课外活动和交流等多种功能的学生社区，就是大家的家园。希望以后每个书院有各自的特点，比如文艺、体育等，这样以后学校就可以更多地开展活动，书院的特色更加鲜明，大家也能更自由地按照自己的喜好选择书院。

在建设率先一流的基础科学之外，科大还跨越式地提出了新工科、新医学和特色人文，从而优化学科布局，构建一流学科生态。我先来给大家讲讲“新医学”，现在我们国家医学生的培养过程基本是将大学生招到医学院志攻医学，经过许多年的医学课程和实践，将学生培养成医生。而科大的新医学将理工医交叉融合，医教研协同创新，生命科学与医学一体化发展，共同研究生命科学、临床医学、医学物理、医学工程、核医学、大数据、人工智能、智能医疗等。科大新医学培养出来的医学生的不同在于，他们在科大学习了非常扎实的数理化生基础知识，有着比较深厚的科学的基础，能够理解各项检测指标的数学含义，明白光谱的分析原理，等等。

新工科同样如此。传统工科是在制造飞机、轮船、铁路的需求上建立的，而现在随着量子科学的发展，科学家们发现了量子纠缠、量子“测不准原理”等，而这些都可以应用到通信上，随之发展出量子通信。所以说，传统的工科由于需求而产生，新工科是因为科学的发展而产生的，这是未来非常重要的发展领域。为了构建良好的学科生态，科大构建前沿交叉基础科学研究体系，面向世界科技前沿、聚焦重大科学问题，实现物质科学前沿基础交叉研究的原创和引领，支撑洁净能源、新型材料、人类健康等新技术发展。

大家一般认为科大没有文科，也会问科大的文科在哪里？一直以来，科大的文科更偏向通识教育，比如外语、体育、艺术等。其实人文社科的发展是很重要的，所以我们进行了比较大的改革，把人文社科的课程设置到本科生院，让人文社科独立发展。科大的人文社科发展以“科”字当头，科学技术史专业入选“双一流”建设学科名单。科技是怎么发展的？未来科技怎么发展？关于科技历史的研究还只有科大能做。此外，科大还针对以“科”为基础的人文学科设定了几个发展方向，第一是科技哲学与科技伦理，科技哲学是一个大的学科，我们要思考科技到底往哪里发展，这既需要哲学，也需要伦理。第二是心理与认知科学，国外的心理学研究主要用理科的方法来研究文科的认知方面，这是文科与理科的交叉科学。第三是语言科学，语言科学不同于语言文学，中国人有句古话叫“听话听音”，现在所有的翻译系统智能做到“听话”，但它不能“听音”，而且也不能从这个音里面判断对方的心理活动，未来像讯飞这样专注智能语音、人工智能的企业，就需要将科学和语言相结合，研究探讨更多的问题。第四是科学艺术，比如目前的3D、4D、微观世界等，用科学的方法去看这个世界或者创造艺术，实际上是很有意思的事情。第五是科技传播和科技教育，主要是研究如何让大众接受和理解科学，获得科学教育。以上这些研究领域除了我们科大，还有哪所高校更适合呢?

关于科大人文学科建设的构想，我们主要分为科学文化、应用文科和文化传承三个方面。科学文化强调科大以“科”为基础的人文学科的传统和特色，聚焦科技史和科技考古、科技传播和科技教育、科技哲学和逻辑学。应用文科主要针对科大理工医发展的需要培养交叉学科人才，包括语言科学、心理和认知科学、科学艺术。文化传承主要以“一带一路”丝路科学文化传播和具有中华文明重要特色的徽文化入手。现在中国有三大显性文化，一是藏文化，二是敦煌文化，还有一个是徽文化。徽文化是一个很重要的文化，并且科大在安徽，所以我们义不容辞地要好好研究徽文化，从科学史、发展史的角度做研究，这也是文化传承的一个重要的部分。

我曾经在黄山做了一件事，在一家墨厂里，厂长介绍了墨的不同原料和工艺，后来我用显微镜观察，给他分析几种不同的造墨方法，告诉他墨造出来的粒子是什么样的，表面的亲水性和疏水性如何，这位厂长很感激，他说这解决了很多制造上的难题。大家有没有思考过我们中国的笔、墨、纸、砚里的科学原理? 假如说我们仔细从科学的角度去研究，科学与文化的结合不就体现出来了吗? 最近教育部批准在科大建设中国文房四宝工艺传承基地，从中可以看出，笔、墨、纸、砚中的点点滴滴都值得我们用科学去探讨。

寄语和共勉

2005年，时任国务院总理温家宝看望钱学森先生，钱先生发问:“为什么我们的学校总是培养不出杰出的人才?”这就是著名的“钱学森之问”。对于这个问题，社会各界有很多种解答。钱老自我的解答是:“……培养具有创新能力的人才问题。一个有科学创新能力的人不但要有科学知识，还要有文化艺术修养。没有这些是不行的。小时候，我父亲就是这样对我进行教育和培养的，他让我学理科，同时又送我去学绘画和音乐。就是把科学和文化艺术结合起来。我觉得艺术上的修养对我后来的科学工作很重要，它开拓科学创新思维。现在，我要宣传这个观点。”

大家有没有想过，但凡是大科学家，基本在艺术方面都有所爱好。我现在慢慢理解艺术，它一定要有想象力，一定要有好奇心。假如没有想象力，可能圆的就是圆的，方的就是方的，失去了发展的空间。我认为科学和艺术在好多方面是互通的，都需要我们发挥好奇心和想象力，如果大家想要把科学研究做好，一定要德智体美劳全面发展，专注自身的发展。

英国学者李约瑟在其编著的《中国科学技术史》中提出："为什么科学和工业革命没有在近代的中国发生？"这就是大家熟知的"李约瑟难题"。明朝之前，中国在各方面的实力都是非常强劲的，而到了清末民初时，国力则大幅度衰退。这是什么原因呢？第一，科学与思维方式密切相关，因而它具有鲜明的文化特色，而技术则不然，它以经验为基础；以经验为基础的经验技术与以科学为基础的科学技术存在着重大差异，比如思维方式、理解能力等。第二是因为当时的中国一方面闭关自守，另一方面又过于迷信西方，缺乏民族自信心。第三是因为中国近代的科举教育强调伦理与知识，终极目标是培养"君子"，而鲜有数理精神之长。

思考这个问题很重要，要充分认识自己，不要好高骛远，也不要妄自称大，但是也千万不要妄自菲薄，希望大家增强信心，破除迷信，认识自己，做自己的主人，大家终有一天能够破解这道"李约瑟难题"。

中国有一个民族复兴的中国梦，党和国家提出了"三步走"发展战略。今年是2020年，到中华人民共和国成立100周年还有30年。大家今年基本是17～19岁，30年后也还不到50岁，这段时间是大家极具创造性的人生阶段，所以国家的富强、民族的振兴、科技的腾飞，就看你们这一代了，希望你们勇于肩负国家富强、民族复兴的使命担当！

对于科大人来说，我们有一个愿景，希望将科大率先建成具有中国特色、科大风格的世界一流大学。大家进入了科大，就是科大人了，就被赋予了独特的科大风格。希望大家"求大同、存小异"，既要跟社会融在一起，又要保持自己的特色。

最后，再一次欢迎我们的新同学，祝大家在科大学习愉快，万事如意！

薛其坤

中国科学院院士

南方科技大学校长、党委副书记

1962年12月生，山东省蒙阴县人。1984年毕业于山东大学光学系激光专业，1994年在中国科学院物理研究所获得博士学位。1992—1999年先后在日本东北大学金属材料研究所和美国北卡莱罗纳州立大学物理系学习和工作。1999—2005年任中国科学院物理研究所研究员，1999—2005年任表面物理国家重点实验室主任。2005年起任清华大学物理系教授，同年11月当选为中国科学院院士。2010—2013年任清华大学理学院院长、物理系主任，2013年5月起任清华大学副校长，2017年12月起任北京量子信息科学研究院院长。2020年11月，任南方科技大学校长。目前是中国物理学会副理事长，美国物理学会会士，是国际著名期刊 *Surface Science Reports*、*Nano Lett.* *Applied Physics Letters*、*Journal of Applied Physics* 和 *AIP Advances* 等的编委，*National Science Review* 的副主编和 *Surface Review & Letters* 主编。

主要研究方向为扫描隧道显微学、表面物理、自旋电子学、拓扑绝缘量子态和高温超导电性等。发表文章400余篇，被引用超过21000余次，在国际会议上应邀做大会/主题/特邀报告150余次。曾获何梁何利科学与技术进步奖(2006)、国家自然科学二等奖(2005、2011)、第三世界科学院物理奖(2010)、求是杰出科技成就集体奖(2011)、陈嘉庚科学奖(2012)、求是杰出科学家奖(2014)、何梁何利科学与技术成就奖(2014)、未来科学大奖物质科学奖(2016)、国家自然科学一等奖(2018)和菲列兹·伦敦纪念奖(2020)等奖励与荣誉。

胸怀祖国，放眼世界，做一个新时代科技创新的奋进者

科大的各位同学们，大家好，尽管我到科大来开会、做交流有很多次了，但这是第一次面对这么多的大一新生做报告，我也非常激动。今天我想和在座的入学不久的同学们进行一次交流，交流的题目就是《胸怀祖国，放眼世界，做一个新时代科技创新的奋进者》。

今天这个报告分为两个部分：第一个部分，是从一个科学和教育工作者的角度和在座的同学谈谈国内的一些形势，关于形势的介绍虽然可能很片面，但是和在座的同学未来的发展可能有着非常密切的关系。第二个部分，和在座的同学们分享一下我个人成长的经历，探讨如何抓住新时代的重大机遇学习好、发展好，做一个优秀的中华儿女。

国内外形势简析

在2017年10月党的十九大上，习近平总书记有一个非常重大的论断，这个论断在十九大报告中出现得非常频繁，它背后的内涵是非常深刻的。这个论断就是：经过长期努力，中国特色社会主义进入了新时代，这是我们中国发展的新的历史方位。就在这样一个新的历史方位开始不久的时候，在座的同学们结束了自己紧张的高中生

本文根据薛其坤院士于2019年11月11日在中国科学技术大学“科学与社会”课程上的演讲内容整理。

活，来到了著名的科大，开始了大学生活。那么我们如何去理解这样一个新的发展历史方位呢？特别是你们这群风华正茂的大学生，在人生一个非常关键的阶段开始的时候，如何去认识这个历史方位，做好你们以后的发展规划呢？

首先我们看一下大家都非常熟悉的世界地图。相信同学们看到世界地图一定知道子午线在什么地方，也知道赤道在什么地方，当然你们也一定知道我们伟大祖国的首都的位置在什么地方。北京的经度和纬度是多少，大家知道吗？假设大家都知道。

世界上发达国家的方位在什么地方，他们的空间分布如何？如果你做一个简单分析的话，全世界经济、科技比较发达的强国，基本上分布在三个地区。如果地区发达程度可以简单地用晚上的亮度来表示，那么当然，第一个平均亮度最高的地区就是北美地区，这一地区是世界上经济、科技都比较强大的一个区域。第二个区域就是在子午线附近的欧洲地区，这一区域构成了世界第二个亮度比较高且集中的地区。大家都知道欧洲共同体——欧盟，就处在这个地区。还有一个区域就是离我国不远的日本，以及从20世纪90年代快速发展起来的韩国，他们的平均亮度要比我们中国的亮度高。我国在地图上也有局部地区显示得非常亮，但是由于我国地区经济发展不平衡，我们的平均亮度还远远低于他们，我们的经济、科技水平与上述那几个地区差别还比较大。这是从空间上考察我国在世界上可能处于一个什么方位。

在过去的250至260年间，我们人类社会经历了三次工业革命。在座的同学们都非常清楚，第一次发生在18世纪，可以说是由于经典物理学、机械技术的发展，人类迎来了第一次工业革命。当然这次工业革命主要发生在英国，由于其科学的发达，再加上这次工业革命的机会，使英国一跃成为世界强国。第二次工业革命发生在19世纪，这个时候古典科学得到了全面的发展，如电磁学，科学由原来的纯粹科学探索开始转变成技术应用。电在此期间也被发明了，人类开始使用电，也造就了第二次工业革命。除了英国以外，这次工业革命波及整个欧洲地区，像潮水般跨过了大西洋，波及到北美地区，特别是美国。所以欧洲的大部分国家，还有美国抓住了这次工业革命的机会，一跃成为世界强国。到了20世纪，由于量子力学、相对论、DNA的发现，这三个重大的科学突破，人类迎来了现在我们正在经历的信息革命——第三次工业革命。在这次工业革命中，美国保持着非常强大的优势，仍处于世界强国的地位，而且强大程度是越来越突出。日本在20世纪第二次世界大战以后，即20世纪六七十年代，可以说抓住了这次信息革命的机遇，而韩国在90年代抓住了信息革命的尾巴，他们均成为了世界的科技强国、经济强国。过去的250年左右，以100年为一个周期发生革命造就的这种格局，就是形成目前晚间世界地图中亮度较高地区的原因。

作为一名年轻的大学生，不仅要从时间上学会思考，而且要从空间上学会思考，把自己融入到一个国家、一个世界的发展洪流中去找清自己的发展方向和道路。这对于一个大学生来讲，特别是像科大的这么优秀的大学生来讲，是非常重要的。它可能和你每天的学习成长不一定有特别密切的关系，但是，经过10年甚至20年再返回头看的话，它一定会让你受益，所以要学会这种思考。

那么，对这些发达国家再进行仔细考察，会发现这些发达国家主要出现在北纬30°到60°之间。在赤道至北纬30°的范围之内，没有科学的强国，技术的强国也不多，经济的强国也非常的少，这是一个很值得我们深思的现象。在地球的南半球也没有出现一个世界强国，澳大利亚比较发达，我想很大程度上有赖于他以前是英国的殖民地，而且国土面积很大、资源非常丰富，人口也只有两三千万人。但总而言之，我们说的世界强国总体就分布在我们地球上北纬30°至60°这个相对限定的区域。北京的纬度是北纬40°左右，也就是说，我们国家也处在这样一个重要的地理带上。所以考察了空间上强国的分布、科学发展的地区，再从历史上返回去看看这些发展过程的话，我们不禁要问一个问题：下一个世界强国怎么出现？是因为什么出现的？我想大家可能知道这个答案：一定是因为科学和技术的革命造成了生产力的巨大提高，造就了这个世界强国。他会出现在什么地方？什么时间出现呢？我想他也应该处在北纬30°至60°之间，这个世界强国应该是在这个地区。因为工业革命的出现周期都在半个世纪到一个世纪，上次工业革命的起点大约在1950年，那么下一个世界强国出现的时间应该是在2050年左右。

大家想想这个强国应该是谁？那就是我们中国，这是我对我们党的十九大做出的我们中国处在一个中华民族伟大复兴最重要的战略机遇期的一个原因的分析。咱们中国有句话“三十年河东，三十年河西”，经过这种仔细的考察以后，现在应该到了我们中华民族伟大复兴的时代了！所以党中央抓住这样一个机遇，及时在十九大上部署了两个百年的奋斗目标，而且第二个百年的奋斗目标分为两步走，

2035年左右，也就是在座的各位30多岁、刚刚成家立业的时候，我们中国基本上实现现代化。再过上一段时间，2050年在座的各位和我差不多年龄的时候，我们中国会变成一个现代化的强国，那个时候你们的奋斗将会带来我们中华民族真正的伟大复兴。

在座的同学是幸运的一代、是面对很多机遇的一代，伴随着我们中华民族伟大复兴的重大机遇，你们来到了著名的中国科学技术大学学习，当然，我们有重大的机遇，但是同样也存在着巨大的挑战。我们用一个简单的指标去衡量什么叫基本现代化。假设在2035年我们基本上实现了现代化，那么它的基本标准是什么呢？在这里同学们要有这个概念。大家知道韩国现在的人均GDP是3万美元，我们中国差不多是1万美元，如果在2035年我们基本上实现了现代化，假设我们对标的是韩国，那就是说我们中国在2035年的GDP总量将会超过40亿万美元，即使美国的人均GDP是现在的两倍还多，但由于他的人口只有3亿多，所以在2035年的时候，我们的GDP总量一定会成为世界第一。

如果在座的各位同学们不努力，你们这一代表现得不好，我国人均GDP 3万美元的目标将推迟到2050年实现，即在座的各位在50多岁的时候，所以这对我们来讲仍然是一个巨大的挑战。也就是说，再过15年或者再过35年，我们的人均GDP要达到现在的3倍是一个巨大的任务。你可能会问：改革开放40多年来，我们中国的GDP总量、人均GDP是几十倍、上百倍的增长，那么后面的15年，再不济30多年，我们GDP增加2倍，实现3倍增长不是非常容易的事情吗？实际上这就是党的十九大习总书记那句话背后隐含的另一层意思，就是改革开放40多年以后，尽管我们的经济发生了巨大的变化，我们中国的GDP总量现在位居世界第二，但是后面的发展面临的挑战是前所未有的。

在座的各位同学，我们这一代，包括你的父母这一代，通过改革开放40多年的努力，使我们国家发展到今天，过上了可以说在40多年前我们上大学的时候不可想象的生活，但是后面的发展非常艰难，为什么？改革开放40多年以后，特别是考察了最近这个世界的复杂形势以后，你会知道我们中国有新的问题出现。

首先，在我们中国，效率式、成本式的发展难以继续。20年前，我们人工的成本非常低，我们可以通过效率创新大大地提升GDP。在过去的40多年，我们中国人均GDP的年增长量是9%左右，但是现在很难再维持下去了。我们改革开放40多年，可以说所有的现代技术是通过引进、开发、再创新实现的。笔记本电脑、电灯、冰箱等，我们所有用到的现代技术几乎全部是外国发明的，我们引进再创新使我们有了这些东西，但后面再继续就很难了，因为没太多利润空间了。另外，我国在过去的改革开放40多年，资源围绕经济发展，我们很多资源被过度开采消费，这些年在环境等多方面，已经给我们造成了非常大的压力，我们光有好的GDP，没有青山、没有绿水，我们在一个污染非常严重的环境下生活，那根本不叫幸福的生活。所以那种资源式的发展受限，受到了环境承载能力的限制，很难再进行下去了。在座的各位很清楚，我们离真正的高新技术始终差着一步，我们自主创新这条路还没有完全走通，这就是改革开放40多年以后的形势。

如何解决这些问题，从历史发展的角度去看，任务自然而然地就落到了在座的同学们身上，你们这一代人的肩上。我们这一代、你们父母这一代给你们创造了一个非常好的平台，在这个平台上如何发展，这就看你们的表现了。我们是社会主义国家，要有强大的国防，但是国防方面的核心技术我们也欠缺很多。美国有一个非常有名的叫HowMuch的网站，经常公布一些世界上各种各样的统计数据，它曾列出了2018年排名世界前20的武器供应商名单，其中美国有13个，没有我们中国的。大家都熟悉的飞机、战斗机制造公司——洛克希德·马丁公司，它每年的财政收入单在武器上就是400亿美元。我们如果真正成为一个社会主义强国，在2035年的时候、在2050年的时候，我们中国能有多少著名的武器供应商列在这个前20的名单里面，有多少同学开创的武器制造公司会列到这个名单里面？这就看你们的了。

2016年，在我们号称的“三会”——全国科技创新大会、两院院士大会和中国科协第九届全国代表大会上，习总书记面对这种形势做出了以下著名的论断：那些抓住科技革命机遇走向现代化的国家，都是科学基础雄厚的国家。刚才我讲的那些在地图上相对平均亮度比较高的地区，这些国家基本上都属于这些地区。那些抓住科技革命机遇成为世界强国的国家，都是在重要的科技领域处于领先行列的国家。是在重要的科技领域，即不是那种一般水平的科技领域，而是在关键的科技领域。对于我们社会主义的中国来讲，关键核心技术是要不来、买不来、讨不来的。改革开放40年后，我们不但进入中国特色社会主义建设新时代，我们的科技创新也进入全新的时代，这个时代具有非常鲜明的特色和特点。也就是说，改革开放40年间，我们中国基本完成了对主要通用技术——二流、三流现代技术的引进、消化吸收和再创新工作，但是最尖端的核心技术仍然受制于人,形成“卡脖子”问题。

从在座的同学上大学开始,我国科技创新的模式将会发生比较大的变化。我用了“本质性”的变化来表述,即不能靠引进消化吸收,不能靠效率,不能靠资源,要靠真正的创新。在未来的15年间,我们必须要啃掉一些“硬骨头”,解决“卡脖子”问题,而且我衷心地希望通过在座同学们的学习和努力,在若干年以后,我们能发展出若干反制技术来“卡”别人的“脖子”,大家互相“卡”的时候,世界就和平了。

实现从原始创新发现到颠覆性技术、高技术发展的完全自主创新之路,这就是未来15年、20年、30年我们中国要做的事。那么做这些事的主要力量是谁呢?我想就不用再讲了。30多岁是干活的主力军,50多岁在各领域内都是属于关键人物,你们都卡在了这个点上,所以你们是幸运的一代,也是带着历史责任的一代。

总而言之,40年以后我们中国科技创新的使命,我用了几个非常夸张的形容词描述:使命极其重大,任务极其艰巨。那么怎么做好科技创新呢?我就拿大家熟悉的信息时代的关键技术做一个例子,告诉同学们我们怎么做好这些关键技术的创新,做好高质量的科技创新。信息时代我们可以称为量子第一时代,信息时代的关键技术可以分为5大类:信息处理、信息存储、信息显示、信息传输以及信息的精密探测(图1)。

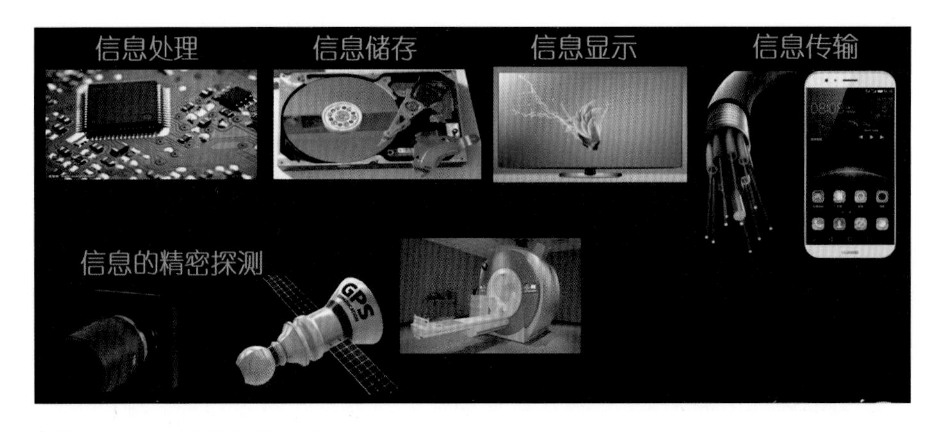

图1　信息时代的关键技术

大家可能很清楚,如果我列与这些技术相关的诺贝尔奖的话,你就知道来自于15个在物理方面的重大发现造就了我们今天新时代的关键技术,造就了两个属于第一时代的信息技术。在这15个重大科学发现中真正发挥作用的人不到30个,如果没有这些人,我们就没有晶体管,就没有计算机,当然也谈不上互联网;如果没有这些人,我们也不可能有现在的硬盘、U盘，可以用这么小的空间存储如此大量的信息。所以人才，尤其是关键人才在这种重大创新中非常重要！另外一个大家熟悉的可能就是计算机领域的图灵奖，被誉为“计算机界的诺贝尔奖”，它在1966年才设立，到目前为止不到70个人获奖，如果你看看这些获奖者毕业的大学的话，就会发现他们都是毕业于世界非常有名的大学。

亚洲除以色列以外，其他国家的获奖者寥寥无几，有一位就是中国的姚期智，他从台湾大学毕业以后到了美国攻读博士学位，先取得了物理学博士学位，之后又花了3年时间获得了计算机博士学位，后来就获得了图灵奖，现在他在清华大学工作。也就是说，这67个人造就了我们今天计算机这个时代。如果你再去看看这些获奖的前10名，我请我们学校计算机系的老师把图灵奖比较重要的前4个奖项进行了筛选和分析，尽管图灵奖是奖给在计算机理论、软件上面作出重大贡献的人，但是在做出前10的成就的科学家中，有5位是学数学的，有5位是学物理的，只有3位是干本行的。这说明什么呢？越基础的越是高技术的。

所以经过上面的分析得出结论，我们要想做好科技创新，就必须要培养好人才。刚才这个分析给我们一个什么启示呢？第一就是，决定时代走向的科学发现，“决定时代走向”这句话用得非常重，社会经济发展走向的科学发现和重大技术，主要由少数杰出人才造就。这些杰出人才主要来自少数杰出的大学和杰出的学科，如果在中国的话，我想咱们科大一定是少不了的。刚才已经说了，越基础的往往是越简单和更具有颠覆性意义的，而且它走的也是越远的。

那我们中国的人才情况是什么样的？大家都知道两院院士，现在如果我们把中国科学院和中国工程院院士暂且看成是中国的杰出人才的话，这个数字让我们感到有点震撼。我们在世的中国科学院院士不到800人，平均年龄73岁。同学们，在你们眼中73岁是什么样子？是爷爷辈的、奶奶辈的，应该安度晚年，是吗？但是我们中国还要把他们放在科研第一线干活，否则就没人呀，因为60岁以下的院士就200多人，而我们有13亿的人口，所以从这个数字可以看到，我们杰出人才，就是刚才我们谈到的这种重大创新领域的杰出人才是有欠缺的。当然我们国家为了搞好科技创新，也出台了各种各样的杰出人才计划，这些人加起来总共不到2万人，再加上两院院士，做一个我们中国总的人才分析的话，这种杰出人才全国加起来还不到2万人。

美国是什么情况？2017年QS大学排名前20的高校中，美国有11所，大家熟悉的名校都在里面，这些大学的教师大概有2.7万人。如果假设我们的人才总的平均水平和美国这些前11的大学的教师平均水平相当，我们全国的人才加起来不如美国的11所大学的人才，这就是我们面临的这么一个形势。

所以习总书记说当今世界各国之间激烈的经济竞争和科技竞争，归根到底是教育的竞争、人才的竞争，我们中国特色社会主义建设，对杰出人才的需求从来也没有这么迫切，对杰出大学的需求从来也没有这么迫切。如果我们仅仅是靠引进、消化吸收，很多资本主义国家就靠这个发展，那么我们不存在这个问题，但是我们是社会主义国家。所以在重大的历史机遇期，经过简单的分析以后，我们对人才的需求非常迫切。要想培养高水平的杰出人才，我们需要建设真正一流的大学，而且在一流大学中要有很多一流的学科。所以，国家在2016年提出了推进"双一流"大学建设的方案，在2018年国务院首次推出了加强基础研究的意见。这些举措针对的都是在重大机遇期的关键问题的关键方面。科大是我们中国的一所非常优秀的大学，在座的同学们表现得非常优秀，才能到这样一所优秀大学来学习。如果看到这样一个历史背景，看到我们民族复兴需求，我想，对你以后的学习一定会产生深刻的影响。作为一名新时代的青年，新时代的中华儿女，能不能利用科大创造的条件，好好地学习，掌握真正的本领，成为世界上最有竞争力的人才，在未来的15～30年的世界科技竞争中，像我们中国的乒乓球一样，站在世界最强的行列中。这就是对目前形势分析以后，我想和在座年轻的同学们分享的。

在这样一个新的时代，我想问一个新时代人才之问，或者叫科技之问。大家都知道20世纪影响人类文明的十大发明，有原子弹、飞机、因特网、电视还有医药，等等。在2035年、2050年的时候，如果全世界有10项重大技术发明，这些重大技术发明就像手机、电视一样改变了人的生活，就像原子弹一样改变了一个国家的国防，那么有多少项来自中国？如果有10项重大科学发现，有多少来自我们中国？如果有10个思想家、科学家、发明家，有多少来自中国？有1/6来自中国吗？是你们吗？如果是你们，在座的同学们准备好了吗？

作为进入新时代的青年们，你们是2050年前后中国社会主义建设和民族复兴的主力军，到2040年、2050年的时候，你们将是行业的翘楚，所以大家一定要牢记自己处在这个时代，作为新时代的青年人，你一定想追求美好的生活，你一定是一个有理想的青年，但是一定要把你个人理想及追求和我们祖国的建设、和我们民族的复兴融为一体。如果这个国家是战乱的、不稳定的，我们这么一个有着13亿人口，而且资源相对贫瘠的国家，在那种情况下，你有可能去追求美好的生活和理想吗？所以，处在这样一个伟大的时代，作为一个有志的青年，首先一定要把国家放在心中，有了国家，有了大家，才有你，才有你更大的追求理想的空间，只有你们，也正是你们，才有可能最好地回答刚才我提出来的新时代人才之问。希望同学们永远记住这一点，你可能一次考试不顺利，也可能在人生中碰到这样、那样的困难，但是只要你永远记住你所处的历史方位、你的责任，我想你一定会坚强地走下去，会走得更远。你走得越远，你的理想实现的程度就会越高，你对一个民族复兴的贡献将会越大。这就是新时代的你们！

个人成长体会

经过前面我做了这种分析以后，我想让你们更加清楚地认识一下你们所处的时代，你们应有的责任和使命。下面我就把我个人成长的一些情况讲一讲，更加接地气，跟你们分享一下我对成长的体会，不一定适合每一位同学，但是只要对你有一点启示的话，今天我这个报告就没有白做。

在这之前我想让大家看一个2013年，当时的各位可能正在上小学六年级时候《新闻联播》的一个节目，现在看算是一个旧闻了，是和我的工作有关的一则新闻。

由清华大学、中国科学院物理所联合组成的研究团队今天上午在北京宣布，我国科学家首次从实验中观测到“量子反常霍尔效应”，这项重大基础物理学成果被诺贝尔物理奖获得者杨振宁称为“中国实验室里发表的第一次诺贝尔奖级的物理学论文”。

电子在导体中的运动并没有明确的方向和轨迹，在流动的过程中还会使导体发热、产生能量损耗。130多年前，美国物理学家霍尔发现，如果对通电的导体加上垂直于电流方向的磁场，电子的运动轨迹将产生偏转，这个电磁现象就是“霍尔效应”。1980年，德国物理学家发现在强磁场下会出现“量子霍尔效应”，使电子运动没有能量损耗。但物理学家认为“量子霍尔效应家族”中应该存在“量子反常霍尔效应”，不需要强磁场也能使电子运动，没有能量损耗，但如何在试验上观测到是难题。

清华大学薛其坤院士率领的团队，耗时4年，试验了上千个样品，终于找到一种叫作“磁性拓扑绝缘体薄膜”的特殊材料，并从实验中观测到“量子反常霍尔效应”。

清华大学教授、中科院院士薛其坤：处在这种量子反常霍尔态的这些电子，它们就像在高速公路上运动的汽车一样，是按照一定的规则进行运动的，意味着电子在传输的过程中，会减少碰撞和减少发热。

“量子反常霍尔效应”可在未来电子器件中发挥特殊作用，比如研制出低能耗的高速电子器件与芯片等。

中国科学院物理研究所教授戴希：以后我们的电脑可以变得更快，可能不会发热，也可以做得更小，这个手机的储存现在是几个G，以后可以到几个T。

“量子反常霍尔效应”是整个凝聚态物理中重要、基本的量子效应之一，此次我国科学家在世界上率先找到了实现这一特殊量子效应的材料体系和具体物理途径。

清华大学教授、诺贝尔奖获得者杨振宁：这一次的成功，是从中国的实验室里头所发表的第一次诺贝尔奖级的物理学论文。

刚才播放了以前的《新闻联播》，给大家科普了一下我做的工作。我是研究电子运动中的量子行为的，咱们科大也有很多在研究量子方面有建树的老师，像潘建伟院士就是研究光的量子行为的，包括杜江峰院士和我有点类似，是研究电子的。

我想用这个例子说明，经过改革开放40年，中国由于经济发展，我们科学家有了条件做世界上非常具有挑战性的科研工作，在很多方面我们中国的科学研究、科技创新也开始走向世界舞台的中央。我们发现量子霍尔效应有深刻的背景，像刚才《新闻联播》介绍的一样，在19世纪末1879年的时候，霍尔先生发现了一个非常著名的电磁现象，就在一个通电导体中，有电场了，电都在流动，又加上一个磁场，在这种电磁相互作用下产生了一个效应，叫霍尔效应。当然他把样品从一个非磁性材料换成一个磁性材料，发现了不需要外加的磁场，磁性材料本身的磁场也会导致一个效应，这个就是反常霍尔效应。这是当时约翰斯·霍普金斯大学的一个物理系的博士生，在他攻读博士学位期间，一两年内实现的两个非常重大的发现(图2)。

当然量子反常霍尔效应现在非常有用，比如，信用卡怎么读？怎么证明这个信用卡是你的？每个人的信用卡都有一套磁条的编码，这个小磁条的磁长怎么读出来呢？靠霍尔效应。我们开车的速度怎么显示？靠霍尔效应。电流钳怎样测量一个正在工作的导线？它的电流的大小测量就可以用霍尔效应。只要有电产生磁场，有磁场产生电，我们就可以把它变成一个探测工具，做现代性的应用，所以它有广泛的应用。

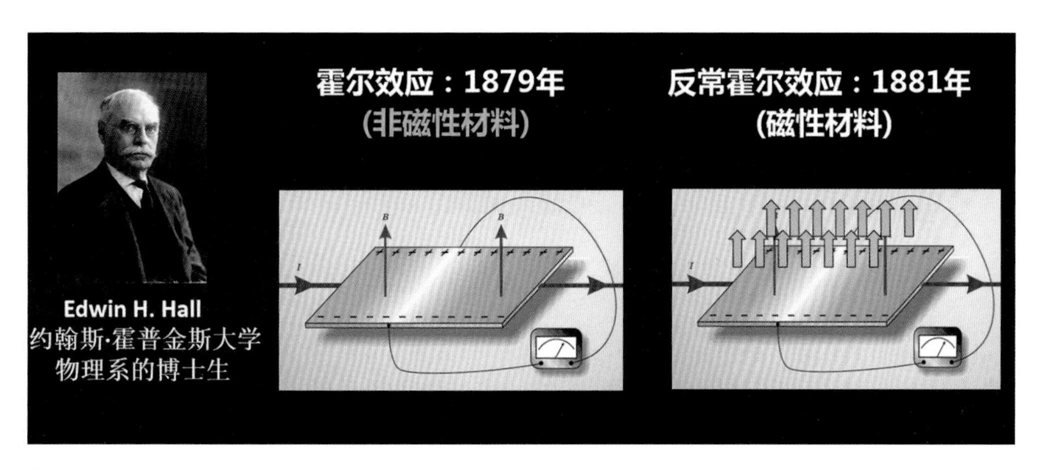

图2 霍尔效应与反常霍尔效应

像《新闻联播》介绍的，1980年信息时代已经来到了，我们的半导体工业已经发展得非常好了。半导体的一个基础材料就是硅，沙子的主要成分是二氧化硅，保证二氧化硅的氧排掉，它炼成的单晶，就是我们现在每一个人用的笔记本电脑或者是计算机里头的一个晶体管所用的材料。

在100年以后，一个德国的科学家把霍尔先生用作样品的导体材料换成了一种与硅相关的二极管材料，重复了这个实验，结果他发现了量子版本的霍尔效应，叫量子霍尔效应，而且是整数化的。5年以后，因为这是一个重大的科学突破，K.Von Klitzing先生获得诺贝尔物理学奖。在1982年，有两位科学家包括我们华人物理学家崔琦先生又把这个样品从硅换成了发光的半导体材料——砷化镓，我们激光笔、发光二极管用的材料就是与砷化镓相关的，他用砷化镓场效晶体管作为样品，重复了100年前的实验，结果发现了另一个量子版本的量子霍尔效应，叫分数量子霍尔效应。这两位实验物理学家和解释它的理论物理学家在1998年获得了诺贝尔物理学奖。

到了21世纪，大家一定知道石墨烯，石墨烯是一层碳原子组成的材料，我们平常铅笔写的字就是一摞石墨烯。如果石墨烯是一页A4纸的话，你铅笔写字写下来的字迹是一摞A4纸。两个英国物理学家，把这一页A4纸分离出来，又重复了100年前的霍尔效应实验，结果发现了第3个版本的量子霍尔效应，叫半整数量子霍尔效应。该效应于2005年被发现，相关研究于2010年获得诺贝尔物理学奖。到了2016年有3位理论物理学家解释了整数量子霍尔效应，发展了拓扑理论，他们也获得了诺贝尔物理学奖。在19世纪末，霍尔先生发现了霍尔效应，随着现代技术的发展、材料的进步不断地造就新的科学发现。所以这是我们物理学上一个长久不衰的重要研究方向，是一个可以控制微观世界的电子在量子层次上运动的重要的研究方向。

在量子霍尔效应这种状态下，电子就像在高速公路上的汽车一样，它只朝前走不走回头路，各自走各自的道，不换道。如果有一条高速公路只有一道，那就是正整数等于1，如果有两道就正整数等于2，有3道就正整数等于3。所以通过量子化性的研究，我们可以精确地控制微观世界电子的运动。如果电子像高速公路上的汽车排着队各行其道，不互相“打架”的话，那么我们的电子器件、晶体管将会消耗很少的能量。

大家都知道我们的笔记本电脑是要发热浪费电的，大约1/5的电都在互相“打架”、走回头路中浪费掉了，如果能用上量子霍尔效应，显然我们可以使每个笔记本电脑都省1/5的电。大家可以想象这将会是一个非常重要的进展，但是要真正实现量子霍尔效应，需要磁场，而且是非常强的磁场，大部分情况下需要10特斯拉，10特斯拉是一个非常强的磁场，咱们合肥有一个国家的强磁场中心，我们实验室要造就一个10特斯拉的磁场，需要一个几吨重、比我还高、花费300万元人民币以上的设备才能达到。所以为了让笔记本电脑省电，你需要一个几吨重、花费几百万的磁场，显然是不合算的。

强磁场条件限制了量子霍尔效应的应用，如果再看看这个图（图3），再回想回想

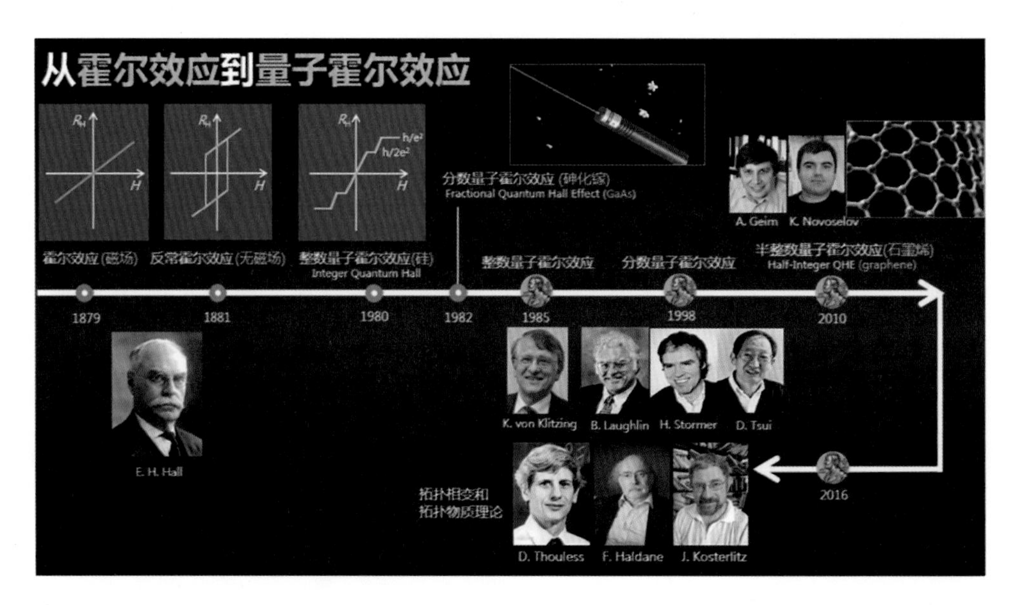

图3 从霍尔效应到量子霍尔效应

100年前反常霍尔效应的发现，你马上就会问一个问题：既然反常霍尔效应不需要任何外加磁场，靠材料本身的磁性就可以产生霍尔效应，那么为什么我们不把反常霍尔效应量子化？能不能实现量子化的反常霍尔效应呢？

刚才看了《新闻联播》以后，大家都知道在2013年我带领团队集体合作，最后终于在反常霍尔效应发现130多年以后，我们中国人实现了它的量子化。在霍尔先生发现霍尔效应和反常霍尔效应的时候，我们中国正处在一个殖民地、半殖民地时代，我们没有现代化的科学研究，所以即使我们有这样的人才，我们也没有条件发现霍尔效应和反常霍尔效应。在1980年的时候，我国刚刚开始改革开放，像科大这样的大学，实验室也没有办法花几百万元人民币买一个强磁场设备去做量子霍尔效应实验，所以我们也不可能赶上这样的发现，即使你足够聪明，有这种想法，但是我们的经济条件达不到。但是今天的中国，在座的同学们所处的时代不一样了，经过这40多年的努力，我们国家的GDP总量不但达到了世界第二，而且我们现在的大学，据我所知中国科学技术大学就有很多这样的实验室能做这样的实验，挑战世界最重要的科学难题，所以国家的强大非常重要！同学们要永远记住这一点！（图4）

图4　中国的发展与科技的进步

我们这个工作也获得了国际最高权威机构之一——诺贝尔评奖委员会的赞赏。2016年获得未来科学大奖物质科学奖，我们更加自豪的是我们这个团队获得了2018年唯一的国家自然科学一等奖，2019年的1月8日在人民大会堂，我从习总书记手里接过了一等奖的证书，当时的感觉还是非常震撼的。

国家的强大、国家的发展，给我们科学家创造了冲击世界科学难题的条件。我这个团队也在不断努力，也取得了重要的成绩。下面我话题转一下，让大家了解一下取得了自然科学一等奖的这么一个团队，包括我是什么样的人生。这是我人生的一个总结：我考研究生考了3次才考上，我想现身说法告诉在座的同学们，你们只要努力，每个人都不会像我一样差到考3次才考上研究生，我就是这样的一个人。

我小时候出生在农村，出生在山东的沂蒙山区，家里非常贫穷，一年就一身衣服，我就这么走过来了。读研究生，我们的同学大多都用5年、顶多6年时间，我读了7年，经过两次考研失败的挫折，7年读研的坎坷以后，我才逐渐走上了所谓顺利的一个过程。所以其实像大家看到的能获得一等奖的这样一个人起点并不高，而且我人生的前半段是非常的坎坷的。想告诉同学们什么呢？当你碰到困难的时候，当你碰到挫折的时候，一定要静下心来好好思考一下，找一个坐标去对照一下，能渡过这个难关吗？怎么渡过这个难关？这就是今天我最想和在座的各位年轻的同学们分享的一个方面。要树立积极乐观的人生观，把每一次的挫折、每次的失败、每次的不顺利看成人生给你的一次锻炼机会，而且不被这一次的困难坎坷打倒，做一个真正内心强大的年轻人。所以通过我的人生经历，我想和大家分享这么几点：

第一，你们一定要树立不负使命、舍我其谁的这种理想。第二，要敢于创新，敢于科技创新，但要实事求是。第三，是我自己比较推崇的一点，就是工作、学习要精益求精、追求极致。我有一句自己的名言：一个人的能力是有限的，但是他的奋斗努力可以是无限的。第四，就是一定要有乐观向上、不畏艰难困苦的人生态度，也希望同学们互相帮助，以善待人。

我讲几个例子，我是怎么做到精益求精、追求极致、克服自己的一些缺点的。在1992年的时候，我即将要到日本去留学，我当时在中国科学院物理所的导师让我接待我未来的导师在北京游玩三天。我陪着未来的导师逛了长城，看了天坛。当然我们是用英语交流了三天，我一句话都没听懂，我用了我所能说的两个单词——Yes和No，用满腔的热忱对付了三天。这就是当时我的英语水平，我的口语水平。结果到日本他的实验室留学，每天过的生活叫“seven-eleven”，7点之前一定要到实验室，11点以后才能离开，一个星期要工作6天，有时候是6天半。干了两年以后，也就是在我将要博士毕业第七年的时候，做出了一个很重要的科研工作，也是导师在他所在的东北大学这30年期间，这个实验室出的最重要的成果。导师就奖赏我到美国去开会，做一个15分钟的英文报告。刚才大家也知道我当时的口语水平，尽管在国外待了两年，但是对我来说做一个英文报告，而且还是一个比较专业的学术成果的英文报告，不但要让听众听懂，还要听得非常清楚、容易理解，这对当时的我来讲是一个不可想象的挑战。

为了做好这个报告，提高我这个英语口语水平，正式练习完花了80遍，练到第70遍到75遍的时候，基本上当我讲完报告最后一个句话“thank you”时，我都能大体感觉到报告时间还剩下是3秒还是5秒。我就是用这种追求极致的精神，才把我自己英语口语的短板补上去的。所以每个人都有自己的弱点，当然也有自己的强项，如何发挥自己的强项是一个问题，如何克服自己的短板，也是一个非常重要的问题。

所以如果你碰到类似的情况，你能不能找到一种类似追求极致的方法，把这个短板接上去。希望我这个经历对你有所启发。我就是用这种态度掌握了我做科学研究的仪器，因为你做实验物理研究要有强大的仪器，你要有足够的经费买一个世界一流的仪器，但是这个仪器用好用不好，把它的每一个点、每一个方面、每一个步骤都能用到极致的话，才能最大效能地发挥它的作用。我就是用这种练英语的态度把我们的实验仪器掌握和使用好的，所以追求极致、精益求精在做科学研究上是非常重要的。我们这个团队一直擅长发扬这种精神，用于对精密实验技术的掌握上，而且把它用到极致，这成了我们实现科学发展、发现的非常重要的基础。第二点，我希望大家还是要敢于创新，要有理想。在2005年，我调到清华大学以后，当时的学生条件比较好，实验室的条件比较好，我们当时制定一个目标就是关于刚才我谈到的从霍尔效应到量子霍尔效应发展路径中一个非常重要的问题，那个时候我们这个研究领域正好又创造了这个机会，所以我们就制定了这样一个目标。这个目标非常伟大，但是做起实验来非常难，我形容它是一个具有巨大挑战的实验。要做这个实验，先从材料角度来说，我们要做出一个磁性的、拓扑的、绝缘的，我们叫“三不像”的材料。

磁性、拓扑、绝缘，材料的这三种性质在很多情况下是矛盾的，大家都知道这个杯子是陶瓷的、是绝缘的，我们用的铁、钴、镍是有磁性的，我想做出一个有磁性的绝缘体，就要把铁、钴、镍掺到我这个绝缘的陶瓷里，掺少了它不导电，没有磁性；掺多了它就不绝缘了。再加上一个拓扑性质，所以要做一个“三不像”，性质互相矛盾的材料，这是当时遇到的巨大的挑战之一。做这个材料就相当于要求一个人，要像姚明打篮球打得那么好，还像博尔特跑那么快，还要像羽生结弦一样那么灵活，这样的运动员很少。我们就是用了这种追求极致的态度，把我们高精尖的实验仪器掌握到极致，我们可以在原子尺度上控制材料，最后实现了这个目标。

我想和在座的同学们进一步分享一下追求极致的一些优点，只有在精益求精、追求极致的过程中，你才能逐渐养成严谨求实的科学作风。可能有人做假或者诸如此类的，但如果你秉持追求极致的态度，就绝对不会想到这种事，你会自动地把这个避免掉，你会把自己培养成一个非常实事求是、求真求实的人。只有在这种情况下得到的数据，才能经受起别人和竞争者的检验，包括历史的考验，尤其是你探索重大科学发现的时候。只有追求极致，你才能得到最漂亮的数据，只有最漂亮的数据才能给你最大的鼓励，让你享受科研的乐趣。如果你得到的那个数据大家看都不想看，你就享受不到科研的乐趣。所以追求极致以获取最漂亮的数据，可以让你忘我地融入科学研究中去。

大家看一下这张图（图5），就知道我们是怎样慢慢地追求极致，怎样不怕挫折的。如果我们实现了反常霍尔效应的量子化，我们应该得到这样一个电阻，这个电阻等于h除以e的平方。h是一个普朗克常数，一个物理学的常数，e也是一个物理学常数，几个电子带的电量。

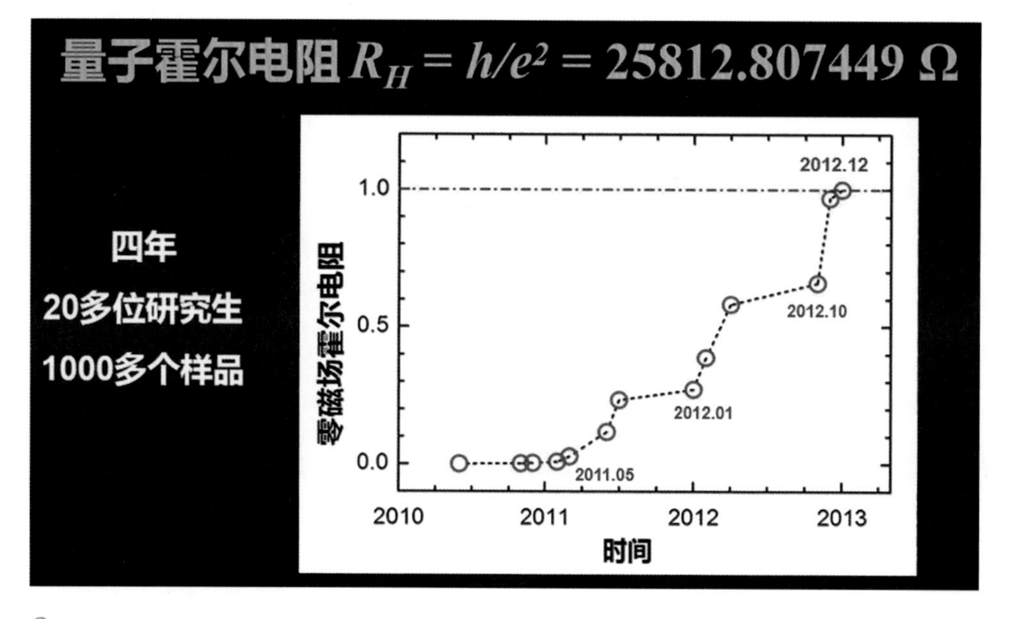

图5 量子霍尔电阻

大家都知道这个对应的数据是25812.807449 Ω，如果达到了这么一个电阻，而且是在没有磁场的情况下，靠这个材料本身的磁性就能得到这样一个值的话，那就意味着我们实现了正整数等于1的量子化——量子反常霍尔效应。

2010年我们已经干了两年多了，我们的水平在国际上已经是最高的了。但从2010年的下半年到2011年初，过年期间，你们猜我们得到了什么结果？每天都做实验，一天没停过，学生轮流着上，将近一年的时间，电阻几乎就等于0，离25812欧姆差得远，每天重复一个实验你能坚持下去吗？最后终于发现了问题，发现了问题又解决了问题，电阻提升了一下，然后又是几个月，没有任何的进展。我们还得坚持，我们的学生在坚持，老师在坚持，学生鼓励老师，老师又鼓励学生，最后终于又发现了一个问题，解决了这个问题以后，电阻进一步提升。终于在2012年的12月份才实现了反常滑行，而且当时我们不知道这个理论是不是正确的，所以在科学的探索过程中还要有坚持的精神，你只要认为这是科学的、是可以实现的，就不应该因为一年的实验未达到目标就停下来了。所以这种挑战性的课题与艰难的探索过程锻炼了我们同学分析问题、解决问题的能力，培养了我们同学精益求精、追求极致的作风，这种追求极致的精神就传到了下一代，当然也培养了我们同学的协作精神、互相帮助的精神。

我们有4个团队，20多个研究生参与，大家做不同的实验，但是要互相交流、不窝工，还要大家把自己最深刻的体会交流起来，这也是一个非常好的锻炼的过程。所以我们这种实验就培养了非常好的人才。我们这篇报道量子反常霍尔效应文章的前三名作者，第一作者在美国当了教授，还拿到了美国的“杰青”——Sloan Research Fellow奖。第二、第三作者在斯坦福大学做了3年博士后以后，又回到了清华，而且入选了中国的青年人才计划。所以在这4年多的探索过程中，不管是在实验技术上，还是在科学知识掌握上，我们真正把学生培养到了他的智力所达到的最好水平。这就是我希望以后培养学生的方式，另外给我们的一个启示是，真正有挑战性的研究课题对优秀人才的培养十分关键。

所以将来如果你走上科研之路的话，希望你的导师出一个难度大、时间跨度长的问题，你不要问科学上有多难，你只要问导师：我这个课题一年能做完吗？老师说你这个课题这一部分需要一年，整个课题需要6～7年。这种课题值得做。如果老师说一个实验俩月就能干完了，这一定不是一个非常好的实验。所以当你在以后甄别科学问题的时候，针对一些科学问题，简单问一下这个问题有多难？花多长时间？它就可以给你一个很强的信号，这是一个非常重要的课题。

我们中国将来做的就是花5～6年才能完成一个博士论文的课题，而不是每一年都能完成一个课题，都能发表两篇文章，我们不需要那么多文章，我们需要在这样的一个这么多人探索的基础上，产生几个像刚才我举例的那些造就重大科学发现的科学家，这些人的发现、技术发明会主导一个时代，决定一个时代的走向，决定一个技术、一个领域的走向。所以要选难度大、花费时间长的课题。当然你不能造假，这我就不讲了。

最后我和大家分享一张图片(图6)。真正的科学发现是让你感到睡不着觉的，是感到非常幸福的。左边是量子霍尔效应的图，右边是我们反常霍尔效应的图。看到这样一幅图，你就感觉到这些数据曲线像艺术家画的一样，让你感觉到科学的探索是非常有意思的。

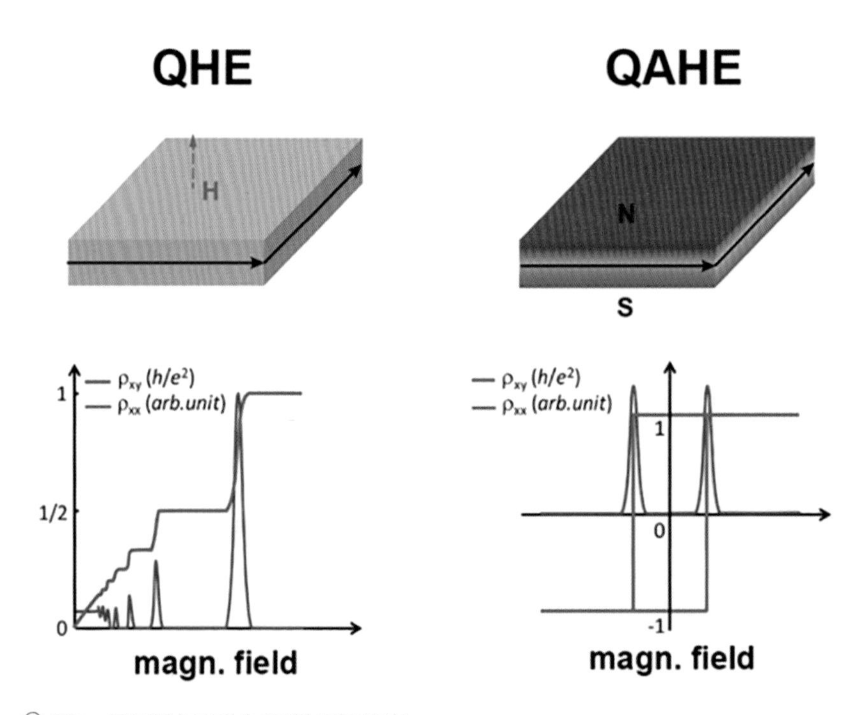

图6　量子霍尔效应与反常霍尔效应

我用一句话结束我们今天的报告：在座的同学们能有天分来到中国最优秀的大学之一——中国科学技术大学学习的话，我觉得你们又走到了人生一个非常重要的阶段，希望你们勇敢肩负起时代赋予你们的使命和责任，坚决勇做新时代科技创新的奋进者，在为我们祖国强大、中华民族伟大复兴和人类文明进步的奋斗历程中谱写你们人生绚丽的华章，希望你们每天看一遍中国地图，每天看一遍世界地图，通过你们的努力，在2035年的时候、在2050年的时候使我们国家真正强大起来，让我们的五星红旗永远高高飘扬在世界的东方！

谢谢大家！

杨　卫

中国科学院院士

国家自然科学基金委主任

1954年2月生于北京市。1976年本科毕业于西北工业大学锻压专业，1981年获清华大学工程力学系工学硕士学位，1985年获美国Brown大学工学院博士学位。2003年当选为中国科学院院士，发展中国家科学院院士。2004—2006年任国务院学位委员会办公室主任、教育部学位管理与研究生教育司司长。2006—2013年担任浙江大学校长。2013—2018年担任国家自然科学基金委员会主任、当选第十二届全国人大常委会委员。2018年当选为第十三届全国政协常委会委员，增选为美国工程院外籍院士。2019年担任世界科学院司库。

研究方向包括宏微观破坏力学、结构完整性评价、材料的增强与增韧、微小型航天器研制等。多次获得国内外科技奖励和荣誉奖，包括国家自然科学二等奖1项、三等奖1项(均为第一完成人)，国家教委科技进步一等奖2项、二等奖1项，中国青年科学家奖，何梁何利基金“科学与技术进步奖”，中国青年科技奖，周培源力学奖，浙江大学“竺可桢奖”，Brown Engineering Alumni Medal，国际工程科学学会的Eric Reissner Medal，美国ASME的Warner T. Koiter Medal、Calvin W. Rice Lecture Award。

力之大道——作用于有形与无迹之间

各位同学好，今天很荣幸能在这里给大家作报告。今天早些时间，我去科大西区校园走了走，看到了钱学森先生的雕像。钱学森先生是著名的力学家，和科大有深厚的渊源，是科大近代力学系的首任系主任。同时钱先生还是更早的清华大学力学班的首任班主任。钱先生是1956年办的力学班，到1958年成立了工程力学系。我曾经在1994—2004年担任清华大学工程力学系的系主任。

25年以前，有10位清华大学工程力学系的博士生联名给钱先生写了一封信，信中表达了他们对工程力学的未来发展的迷惑。钱先生在回信中说："研究工程力学一定要结合国家的重大需求，结合重大工程、复杂系统，这些重大的工程问题千变万化，如何能够把握它？以我自己个人的经历来说，一定要以马克思主义哲学来引导我们分析和解决复杂工程问题。"

《中国大百科全书·力学》卷中是怎么解释力学的呢？书中关于力学的定义是："力学是关于力运动及其关系的科学……力学是研究介质的运动、变形、流动的宏微观行为，揭示力学过程及其与物理、化学、生物学过程的相互作用规律。"应该说力学的这个定义是一个比较新的定义。如果时间倒退20年，那个时候《中国大百科全书》上的定义是"力学是研究机械过程关系科学规律的学科"。显而易见，现在力学的含义比以前有了更进一步的拓展。

本文根据杨卫院士于2019年12月11日在中国科学技术大学"科学与社会"课程上的演讲内容整理。

2018年，中国科学院召开院士大会的时候，习近平总书记提到《墨经》中写“力，形之所以奋也”，就是说动力是使物体运动的原因。总书记还说无论做什么事情都要有动力，这样才会有所前进。

所以我今天报告的题目为“力之大道：作用于有形与无迹之间”，我想分三部分跟大家进行交流：第一部分是“力——形之所以奋也”，引自墨子的话；第二部分是“力——万物之作用也”；第三部分是“力——意之所以奋也”。

力——形之所以奋也

“力——形之所以奋也”，这个概念的提出，可以说从墨子到亚里士多德，再到牛顿，经历了一个非常漫长的过程。

墨子（前476年—前390年）在《墨经》中对力是这样描述的：“力，形之所以奋也。”也有版本是“力，刑之所以奋也”。据考证，在古代，“刑”通“形”，词义相通。那这句话是什么意思呢？

首先“形”指形体，指具有形体实在内容，也就是质量的物质；其次“奋”代表它状态的变化，这个状态的变化就是加速度。“力，形之所以奋也”，意指力就是质量乘以加速度，所以有学者认为墨子对力的定义是牛顿第二定律的雏形。

文科的很多著名的学者对墨子推崇备至。比如哲学家胡适在《中国哲学史大纲》中讲到，《墨辩》（即《墨经》）是“中国古代第一奇书”、科学的百科全书，它包括了八种科学的门类：算学、几何学、光学、力学、心理学、人生哲学、政治学、经济学。著名的史学家冯友兰，在其著作《三松堂学术文集》中讲道：“依我看来，如果中国人遵循墨子的善即有用的思想，那很可能早就产生了科学。”冯友兰有一篇著名的文章叫《为什么中国没有科学》，这是当时为李约瑟之问所专门撰写的文章。冯友兰认为如果墨子的思想能够被传承下来，并不断地付诸实践，那么中国早就产生了科学。

墨子以后，在古希腊出现了一位非常重要的学者叫亚里士多德（Aristotle，前384年—前322年）。亚里士多德是百科全书式的学者，他所创建的学派就叫百科全书学派。

为什么称亚里士多德是一位百科全书式的学者？他擅长多学科，如哲学、逻辑学、心理学、自然科学、历史学、政治学、伦理学、美学等，而且在这些学科上都具有奠基性的贡献。他觉得所有的学科可以分成两大类，一类是Meta-Physics，即形而上学，还有一类是Natural Philosophy，就叫自然哲学。自然哲学中，他又论述了其中的物理学、气象学、论生灭等。亚里士多德所陈述的自然哲学是现代自然科学的奠基，主要阐述人对于自然界的哲学问题，包括自然界和人的相互关系、人造自然和原生自然的关系、自然界的基本规律。

2017年的时候，我有幸去了位于希腊塞萨洛尼基的亚里士多德大学（Aristotle university of Thessaloniki）。该校位于希腊第二大的城市塞萨洛尼基（Thessaloniki）。当年亚历山大征服了这座城市后，便把其命名为与他同父异母的妹妹的名字Thessaloniki，以此来纪念他的妹妹。亚历山大的老师就是亚里士多德，于是他又在这座城市里建立了一所大学叫亚里士多德大学。我去访问亚里士多德大学的时候，该校授予我自然哲学的名誉博士（图1）。

图1　亚里士多德大学授予杨卫（右二）自然哲学名誉博士

我在亚里士多德大学里给他们做过一次讲演。他们的大礼堂跟中国科大的差不多，比这稍微窄一点，两侧都有雕塑，都是举世闻名的学者。我环顾看了一遍，其中的中国人只有孔子一位。

亚里士多德是如何阐述力学的？他解释杠杆理论说："距支点较远的力更易移动重物，因为它画出一个比较大的圆。"他关于落体的运动的观点是："体积相等的两个物体，较重的下落得比较快。"现在大家都知道这个说法是错误的。伽利略通过比萨斜塔试验纠正了这个错误。但因为亚里士多德太有名了，这个错误统治了全世界的学术界1000多年，对后世的影响也比较大。

亚里士多德还认为:凡是运动的事物必然都有推动者在推着它运动。但是一个事物推动另一个事物是无法无限地追溯的,因而“必然存在第一推动者”,即存在超自然的神力。这样就陷入了一个叫作无穷追溯、无穷循环的哲学问题:你动是因为有人推动你,但那个人为何会推动你呢?是因为有另外一个人在推动他,以此循环往复,没有终点。这个无究追溯的问题应该说现在也还没有解决。

又过了1000多年,到了1564年,伽利略·伽利雷(G. Galilei,1564—1642)在意大利出生了,之后成为了意大利著名的物理学家、天文学家和哲学家,近代实验科学的先驱者。他的成就包括改进望远镜和对天文的观测,以及支持哥白尼的日心说。人们传颂“哥伦布发现了新大陆,伽利略发现了新宇宙”。斯蒂芬·霍金(S. W. Hawking)说:“自然科学的诞生要归功于伽利略,他在这方面的功劳大概无人能及。”

伽利略最著名的书是《关于两门新科学的对话》(*Dialogue Concerning Two New Sciences*)。该书的封面是一堵墙,墙中间砌了一个梁,梁上吊挂着一个重物(图2)。材料力学中称这个为悬臂梁,悬臂梁上因为吊了重物而变弯了,如何去算梁的应力与变形,就是材料力学要研究的一个问题。

图2 《关于两门新科学的对话》一书封面

当时伽利略是怎么说的呢?他说梁弯曲的时候,所有的横截面都绕着它的下支点形成了一个倾斜的平面。应该说伽利略大部分的学说都是正确且伟大的,只有这一条“绕着下支点转动”稍微有些问题。不是绕着下支点转动,而应该是绕着这个梁的中性轴而转动。后来欧拉-伯努利梁的理论纠正了这一点。所以我们说伽利略非常之伟大,但如果说稍微有点瑕疵,就是这一点。

在伽利略之后,最伟大的力学家就是牛顿了。

艾萨克·牛顿(I. Newton,1642—1726),是人类历史上出现过的最伟大、最有影响的科学家,没有之一。他兼具物理学家、数学家和哲学家为一身,但晚年醉心于炼金术和神学。他在1687年7月5日发表的不朽著作《自然哲学的数学原理》里阐明了宇宙中最基本的法则——万有引力定律和三大运动定律。这四条定律构成了一个统一的体系,被认为是“人类智慧史上最伟大的一项成就”,由此奠定了之后接近3个世纪的物理界的科学观点,并成为现代工程学的基础。

牛顿的学识渊博程度比前面讲的亚里士多德还稍微差一点。他没有涉猎伦理学。他懂什么呢?他懂物理学、自然哲学、炼金术、神学、数学、天文学、经济学等,并都有重大的贡献。

大家知道牛顿曾经担任过英国皇家协会的会长。在他前面一任的会长是罗伯特·胡克(R. Hooke,1635—1703),也是力学家中很著名的一个,作出了如胡克定律等一批学术贡献。他发现了弹性关系,我们称他是弹性力学的奠基人。胡克还有一项重要的发明是显微镜,通过显微镜可以观察到细胞,所以现在还认为他是显微学和细胞学的奠基人。胡克和牛顿曾经有点生死对头的劲头,比如牛顿研究光的色散,把光分解成7种颜色,但胡克说这是牛顿剽窃他的,因为胡克对光学也很有研究,如显微镜、细胞学等;牛顿说万有引力,胡克说我也有这个想法,而且更早。

如何描述牛顿的伟大?我引用几段话。牛顿在他的著作《自然哲学的数学原理》中说“现在我要演示世界体系的构架”。在座诸位有谁要是写一篇论文、写一本书就说“本书要演示世界体系的构架”,别人可能会说你精神是不是有点不正常。但是牛顿的这本书确实是演示世界体系的构架。后来著名的力学家、数学家拉格朗日说:“牛顿是最杰出的天才,同时也是最幸运的,因为我们不可能再找到另外一次机遇去建立世界的体系。”他的意思就是说建立世界体系的机会已经没有了,被牛顿给用了,他已经建立好了,你再想建立也来不及了。爱因斯坦(A. Einstein)怎么评价牛顿呢?爱因斯坦说:“幸运的牛顿,幸福的科学童年!……他融实验者、理论家、机械师(力学概念)为一体,同时又是阐释的艺术家。他以坚强、自信和孤独的姿态屹立在我们面前。”爱因斯坦也很羡慕他。

在牛顿的体系里，牛顿认为物体自己不产生力，力都是通过别的东西去施加的。这就和亚里士多德当年的观点——运动是因为别人往其身上施加力一样。无穷追溯的问题，别人往你这施加力，谁往他那施加力，最后转转转，就转出了一个第一推动力。牛顿去研究神学后，提出第一推动力来源于上帝。

牛顿去世以后，他的墓廓得以进入了威斯敏斯特教堂(Westminster Abbey)。该墓上部雕塑了一座牛顿的像，底下有一段墓志铭。这个墓志铭是请了当时非常著名的文学家亚历山大·蒲柏(A. Pope)写就的。蒲柏写道："Nature and Nature's Laws Lay Hid in Night；God Said 'Let Newton Be' and All Was Light."大家如果对《圣经》等稍微有点了解，会知道里面有“上帝说要有光，就有了光”的观点，而这句墓志铭的意思就是“自然与自然法则沉浸在夜幕之中；上帝说‘牛顿出现’，于是便处处光明”。刻在牛顿的墓志铭上的这个评价是非常高的。

5年前，我有幸率领了一个代表团访问英国皇家学会。英国皇家学会和我们签署了一个协议，协议内容是英国皇家协会有一项牛顿奖学金(Newton Fellowship)，它是专门用来支持非常出色的，包括初露锋芒的和比较年轻的研究者。我当时在国家自然科学基金委员会工作，他们就问我们能不能共同支持这项奖学金，我们欣然接受，并签订了合约(图3)。

图3　协议签署现场

在牛顿之后，又有一位非常重要的科学家，就是拉格朗日（J-L. Lagrange，1736—1813），他创立了分析力学，包含了力学的对称美，在其他领域也有应用，比如天体力学里有拉格朗日点等概念。

拉格朗日当时在法国的巴黎综合理工学院（Ecole Polytechnique）当老师，这所学校是拿破仑建立的。拿破仑当时评价拉格朗日是"数学科学高耸的金字塔"。拉格朗日的后人中有一位叫威廉·哈密顿（W. R. Hamiton，1805—1865）的科学家，也是力学家。他评论道："拉格朗日展现出一个惊世骇俗的公式，描述了系统运动万变的结果；拉格朗日方法的美在于它完全容纳了其结果的尊严，以至于他的伟大工作仿佛像一首科学的诗篇。"这些评价都是非常到位的。

随着力学的基本原理和表达方式的逐步建立，怎么将其应用于万物呢？这是我想给大家介绍的第二部分内容。

力——万物之作用也

把承载于质点的牛顿力学用到固体或者流体的基本理论在18世纪上半叶开始形成，其中包括纳维尔（C-L. Navier）、柯西（Cauchy）、泊松（S. D. Poisson）、圣维南（St.Venant）、斯托克斯（G. G. Stokes）等的贡献。对于固体来讲，我们要遵循纳维尔方程；对于流体来讲，有纳维尔-斯托克斯方程（Navier-Stokes equation，简称N-S方程），该方程不仅是流体力学方面的一个核心问题，还是数学上的一个重要问题。21世纪初，提出了新千禧年的七大数学问题，其中就有N-S方程的光滑性与唯一性问题，这个问题目前还没有被解决。几年前，好莱坞拍了一个电影叫*Gifted*，现在翻译成《天才少女》，是说有个小女孩和她的母亲，以及她母亲的母亲，三代人都在研究N-S方程，都是眼看就要解决了，却突然进行不下去了，最后也还没说怎么能够解决。

我们前面讲到了哈密顿，他讲过拉格朗日怎么好，拉格朗日也讲过牛顿怎么好，那么谁去讲哈密顿怎么好呢？物理学家薛定谔（E. Schrödinger，1887—1961）说："现代物理学的发展让哈密顿声誉日隆，他著名的力学-光学类比实际上催生了波动力学，波动力学本身对哈密顿众多的科学思想并没有多大的拓展……现代物理学所有理论的核心概念就是哈密顿量。所以,哈密顿是一位非常伟大的科学家。”薛定谔这里所讲的波动力学就是量子力学。

维也纳大学里摆放着一尊薛定谔雕像(图4),雕像下方刻了一个公式:

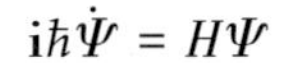

$$i\hbar\dot{\Psi} = H\Psi$$

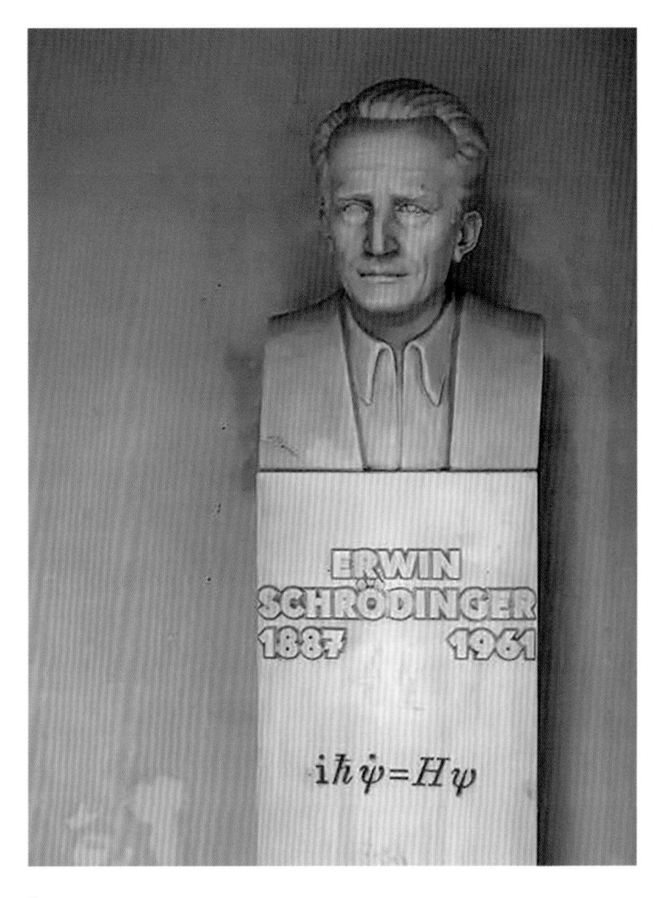

图4　薛定谔雕像

该公式就是薛定谔方程。这个方程左边的$\hbar$是普朗克数,是个常数,右边的H就是哈密顿量,方程中所有的关键都蕴含在哈密顿量里。所以,薛定谔说现代物理学所有理论的核心概念就是哈密顿量。

在这以后,力学的发展,包括物理学的发展,就走向两条发展路线了:一条发展路线叫理论力学,就是我们讲的四大力学——量子力学、相对论力学、电动力学、统计力学,这些构成了现代物理中的理论的内容;另一条发展路线叫应用力学,就是刚才讲的流体力学、固体力学、连续介质力学,然后再往下发展,就是工程科学、技术科学。

中国科大的工程科学学院，就是沿这条道路发展的。

这两条发展路线中的应用力学的路线，导致了应用力学的兴起。其中比较重要的人物有路德维希·普朗特(L. Prandtl)、铁木辛柯(S. P. Timoshenko)、冯·卡门(T. Von Kármán)等。冯·卡门的学生和助手，就是我们中国学者的骄傲——钱学森先生和钱伟长先生。他们还有一个类似师兄弟的人物，是物理学的重要人物海森堡(W. Heisenberg)。他的博士论文是关于力学的，后来转去研究物理，再之后在量子物理方面作出了巨大的贡献，还是德国二战后期负责V2飞弹的首席科学家。

在发展路线分成理论力学和应用力学后，力学家们就成立了一个联合会，称为国际理论与应用力学联合会(International Union of Theoretical and Applied Mechanics，IUTAM)，我曾于2012—2016年担任IUTAM的8位执行局成员之一。

创建这个联合会的就是冯·卡门和一位叫泰勒(G. I. Taylor)的英国学者，后者是在流体力学和材料科学中非常著名的学者。IUTAM成立时的第一次会议只有不到100人参加。现在开个力学会有多少人参加呢？我们2019年8月在杭州开了一次中国力学大会，那时候就有4800人参加了。在应用力学的发展中，就出现了工程科学。冯·卡门有一段著名的话：“Scientists discover the world that exists；engineers create the world that never was.”就是科学家从现有的事物中发现其科学原理，对科学来说都是发现(Discovery)，就是已经存在的，你给它“刨”出来，而工程师则要创造(Create)未来的世界。然后他接着说：“Mechanics is at the most exciting stage and we can do both！”是说力学既可以发现现存的世界，又可以创造未来的世界。这是冯·卡门的想法。

作为冯·卡门的学生，也是应用力学学派的钱学森先生说过：“工程科学主要是研究人工自然的一般规律，是理论研究和应用研究的结合，主要探索基础理论的应用问题。”

以上给大家大致介绍了力学的发展。随着物理学的继续发展，包括力学本身，人们又开始对牛顿的力学观点提出了质疑与批判。

1. 牛顿力学的批判——狭义相对论力学

大家都知道狭义相对论是爱因斯坦的重要的贡献，狭义相对论认为真空光速是恒定的，接近光速前有相对论的效应，且质量随着光速而变化，能量等于质量乘以光速的平方($E=mc^2$)。为什么真空光速是定值呢？经常有人报道说做了个实验超过光速了，但是后来又发现实验有些问题，所以物理学家们还在不断地探讨这一科学命题。

2. 牛顿力学的批判——确定性与混沌

牛顿说所有的体系都可以用牛顿的第二定律算出来，所以当时有一派力学家叫理性力学。理性力学就提了一个叫作确定性公理，即只要知道过去和现在的全部信息，你就可以预测未来。相对于这个原理，海森堡后来提出了一个不确定性原理(Uncertainty Principle)，之后诞生了统计力学。但爱因斯坦对此表示不认同，提出了“上帝不是掷骰子的”的观点。在牛顿的《自然哲学的数学原理》问世300周年之际，剑桥大学的应用数学与理论物理系(Department of Applied Mathematics and Theoretical Physics，DAMTP)举办了一个《自然哲学的数学原理》300周年的纪念会。该系力学家们表示：“很抱歉，在过去的300年里，我们科学界的同仁们产生了这么一个误解——牛顿力学只能带来确定性和秩序。现在随着我们的进一步研究，由于有非线性的存在以及有分叉和混沌等现象，牛顿力学不再隐含确定性了。所以我们抛弃牛顿力学带来确定性的这一结论，科学界的同仁们也赶快跟着我们一起改正吧。”由此可见，牛顿力学尽管本身相当于一个动力系统，但这个动力系统并不见得非要隐含确定性。再有就是像“薛定谔的猫”这类事件的发生也有不确定性。

3. 牛顿力学的批判——量子化

光量子具有量子性，其轨道是跃迁的，不是连续变化的，因此也产生了一个哲学命题——连续与离散。另外能量是可以量子化的；而由泡利不相容原理可知，空间也可以量子化。那么时间能不能量子化呢？这个暂时还不知道。

4. 牛顿力学的批判——广义相对论力学

主要是三个方面：首先，我们的空间度量与质量有关系；其次，广义相对论提出时空弯曲，也就是说运动和物质实际上是关联的；最后，爱因斯坦提出了引力波的公式：

$$R_{\mu\nu} - \frac{1}{2} g_{\mu\nu} R = \frac{8\pi G}{c^4} T_{\mu\nu}$$

5. 牛顿力学的批判——质量的溯源

我曾经问过一位物理学家，按照爱因斯坦公式——能量等于质量乘以光速的平方，即如果把质量全释放出来，再乘上光速的平方就是能量，那能量能不能变成质量？他说不一定，因为能量能不能完全转化成质量还是一个开放性的问题。有些东西是没有质量的，是完全自由的。没有质量就没有力，且是完全不受约束的，因为质量是由约束所产生的。比如Yang-Mills量子场论、希格斯的质量赋予机制、南部阳一郎的自发对称性破缺机制等，在质量对称性、自由等方面有许多有意思的内容，这也是在牛顿力学里远远达不到的。

6. 牛顿力学的批判——跨尺度力学

如多项交互、深度学习等不同尺度之间的学习过程，这些也是突破牛顿力学的一些新的过程。

以上是我想给大家介绍的第二部分，即万物之间的作用的内容。其实牛顿力学，包括更广义的力学，已经应用到了各种领域，那我们新的力学应该再去研究一些什么呢？除了对物质有作用以外，对精神有没有作用呢？

力——意之所以奋也

毛主席讲过物质变精神，精神变物质，要有主观能动性。那么这些和我们的力有没有关系？很多事情的动力是精神层面的，而这些怎么去探讨，就是第三部分的内容。

1. 三元世界

现在我们的生活与三个空间（世界）相联系（图5），这是信息科学家的说法。意指我们有一个物理空间，物理空间里有物理力，比如引力、强作用力、电磁力、弱作用力，该空间里的物理规律有牛顿力学、四大力学、应用力学。而物理空间和我们人所存在的生命空间之间是有交互的。你去认识物理空间，即认识自然，属于科学；你若想去改造自然，属于工程。一个是科学，一个是工程；一个认识自然，一个改造自然。人可以用各种方法去认识自然、改造自然，包括分析、实验、计算，等等，那么物理空间也可能改变人或者改变生物和生命，比如物种的进化是可以通过潜移默化的方式或者是比较突然的方式去改变的。

同时物理空间和赛博空间也有交互的作用。赛博空间有信息力，包括传播力、置信力、信息能、信息熵等；也有信息规律，这个规律应该是信息力学；它能通过互联网、知识产生、知识传播等，以数据的方式去驱动这个物理空间和生命空间。

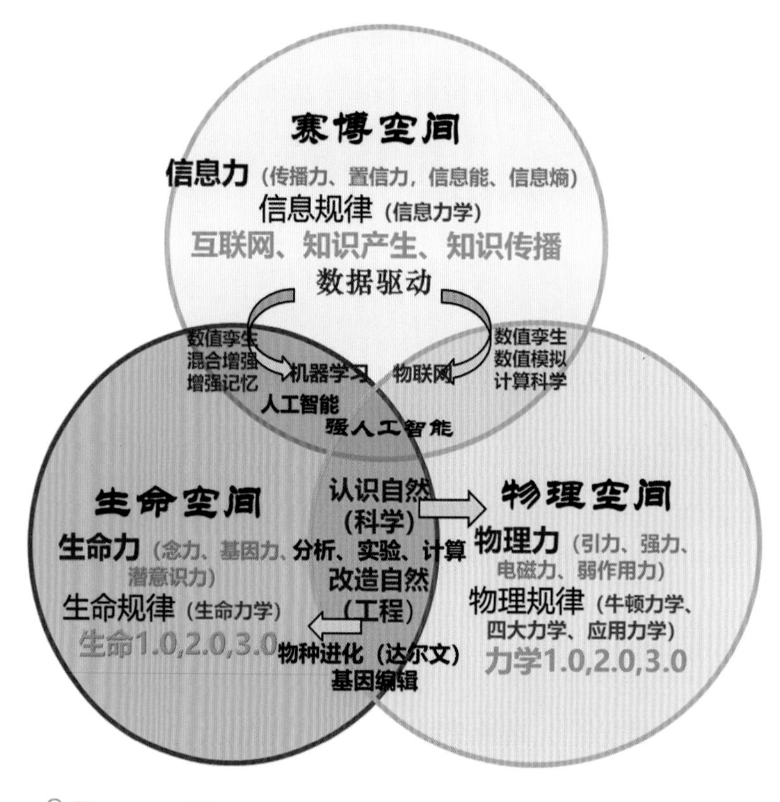

图5　三元世界

对物理空间的驱动，可以通过物联网的形式，包括数值孪生、数值模拟、计算科学等方式。对生命空间的驱动，可以通过混合增强、增强记忆、人工智能、机器学习等方式。

这三个空间的交汇点叫“强人工智能”或者“通用的人工智能”，但还得有一段时间才能实现。

2. 新的力学

我有一个学生，有一天他放了一本书叫《生命3.0》在我的桌上，写了一个纸条说：“杨老师：我觉得您读读这本书会有好处的。”

该书将什么称为“生命1.0”呢？就是生命体的硬件和软件都不能主动地变化，只能通过达尔文的方式来演化。什么叫“生命2.0”呢？就是指硬件随着达尔文的方式变化，而软件可以通过学习的方式主动地升级。我们现在都是以学习的方式更新知识，所以人目前处于“生命2.0”的阶段。什么是“生命3.0”呢？就是硬件和软件都可以进行更新，可以进行基因编辑等各式各样的操作，所以到生命3.0的时候，硬件和软件都可以有一定的变化。

对应到力学上，这个过程就是反过来的了：“力学1.0”对应于形之力；“力学2.0”对应于融之力，即和不同的学科进行交叉融合等；“力学3.0”对应于意之力，就是形意融通。可以说，从宇宙之大到基本粒子之小，从物质到精神，力无所不在。

那么这个时候就可能出现一些新的力学，比如生命力学、人工智能、信息力学等。

关于生命力学，有这样几种说法：一是力源生造就生命，如分子马达就是产生力的，这项研究还获得了诺贝尔化学奖，等于是把能量换成力；二是力作用改变传承，对基因进行剪切、接续都是力学行为，可以改变生命的传承；三是意念力塑造回路，生命科学的科学家发现，如果你聚精会神地去想一件事儿，这时候你的神经元上会长一个大约达到零点几毫米尺度的凸起，这个凸起如果和另外一根神经搭住了，就形成了一个新的脑回路，产生创新思想；四是力汇聚重塑哲学，浙江大学曾有两位姓罗的副校长，一位是研究哲学和社会科学的罗卫东，一位是研究生命科学的罗建红，他们共同写过这方面的文章，就是说从目前的很多科学依据来看，物质和精神有的时候并不完全的是二元的，有的时候两者融为一体，共同起作用。所以说，在某种程度上有可能发生“物质变精神、精神变物质”的转换。

生命力学里的生命力包含生理、心理、信息等方面的内容。其中还包括意念力与执行力、信息传递力、信息传承力、生命系统的组成力和协调力等。类比物理的四种力，可将其分别称为：万有念力、电化学力、基因力、弱作用力。

除了生命力学还有信息力学。信息力学就是信息空间的万有引力和牛顿的三大定律。之前参加过一次华为的学术报告会，会上他们讲到数字世界和物理世界的关系："数字世界消耗物质能量，转换成热量损耗并给物理世界提供高价值信息，帮助物理世界实现物质和能量的优化，产生熵减。"我尚没有研究过这个过程。现在研究信息的人很热衷于该过程，其对应的有数据动力学、人工智能等，对应的哲学命题是：数据何时具有思想？何时出现强人工智能？

牛顿的万有引力定律说：两个物体之间的万有引力等于两物质的质量之积，乘上一个万有引力常数，再除以一个距离的平方。那么如果我们考虑信息之间的互相影响，对两个信息的网点或者是网址，其产生的信息量设为I_1、I_2，其信息作用力应该与它们在语义空间中的距离负相关。也就是说：两个网点的热门话题的语义差距越大，相互间的影响就越小，反之亦然。该方式和牛顿的万有引力公式非常像。对牛顿力学的第一定律、第二定律、第三定律都可以有对应的表示。

在人工智能方面，我原来有一位同事叫高文，他曾在中共中央政治局做了有关人工智能方面的讲座。他讲到人工智能有三个来源和组成部分。三个来源分别是符号主义、行为主义、连结主义，采用的是心理学的名词。符号主义又称为心理学派，行为主义又称为物理学派，连结主义又称为生理学派。其所对应的力学内容：符号主义对应的是逻辑主义、数据解析、计算力学；行为主义对应的是进化主义、控制论、动力学与控制；连结主义对应的是神经网络学派、跨层次学习、多尺度力学。

信息力学中的信息力，包含信息影响力、信息传播力、意识形态力、潜意识力，分别对应万有引力、电磁力、核力、弱作用力。

3. 重本归元

我在清华大学做讲座的时候，有一位化学教授提问："你讲到的力的观念，照我来看，还不如黑格尔讲得清楚。"我问："黑格尔怎么讲的？"他说："你可以去看看黑格尔的书——《精神现象学》。"后来我找到了这本书。它不厚，正文也就100页出头，前面有个序，序写了将近100页，写的是马克思和恩格斯是如何评价这本书的。马克思评价此书为青年黑格尔的"圣经"。马克思和恩格斯原来都是青年黑格尔学派的，马克思主义的三个来源中的德国古典哲学就是从青年黑格尔学派来的。该书正文中有20多页是讲力的，其阐述语言比较复杂，和我们现在讲的力有点不一样，偏向精神意义上的力。黑格尔讲到自在的力、自为的力、此岸的力、彼岸的力，讲到什么是普遍的力、有表现形式的力、隐含的力等，然后由此导出辩证法。所以黑格尔的辩证法是从力的观点导出的。

最后以这句话结尾：“宇宙之大，基本粒子之小，从物质到精神，力无所不在！”

谢谢大家！

郑泉水

中国科学院院士

1961年3月出生，1978年3月进入江西工学院（现南昌大学）学习，1982年2月本科毕业后留校任教，1985年12月获湖南大学硕士学位，1989年12月获清华大学博士学位，1990—1993年在英国、法国和德国访问研究，1993年5月调任清华大学教授至今。2009年起担任清华学堂钱学森力学班创办首席教授，2010年起担任清华大学微纳米力学与多学科交叉创新研究中心创办主任，2018年起担任深圳清华大学研究院超滑技术研究所所长。2021年起担任深圳零一学院创办院长。曾任清华大学工程力学系主任、中国力学学会旗舰杂志《力学学报》和*Acta Mechanica Sinica*主编等。

在20世纪创建了完整的本构方程张量函数理论，建立了郑-杜细观力学模型，解决了多个长期困惑学术界的力学难题。2000年后开创了结构超滑的理论与应用技术，在超疏水领域发现了若干基本关系，并致力于对拔尖创新性人才教育模式的探索。1995年获国家杰出青年科学基金资助，1996年获中国青年科学家奖，2000年入选教育部长江学者特聘教授，2004年和2017年两次获得国家自然科学奖二等奖（第一获奖人），2018年获得国家级教学成果一等奖，2019年当选中国科学院院士，2020年获得宝钢优秀教师特等奖，2021年荣获教育部年度杰出教学奖。

选择、目标和坚持——卓越成就之道

今天很高兴来和这么多科大的同学见面，我对科大的同学倍感亲切，因为我很多优秀的同事是科大毕业的，我觉得科大的很多理念跟我的理念一致。说到我创建的钱学森力学班（简称“钱班”），大家一定会不陌生，科大跟钱学森有很大的关系，我今天来访问有很多收获和体会，科大的文化跟清华的文化是不一样的，科大可能更加贴近钱学森倡导的那种文化。我在清华创建的钱班，你可以看到它的源头、基因和科大有很多相像的地方，这是感到一个亲切的地方。另外还有一个亲切点，等下我会说到。我最近两年还带了两个科大学生，也特别优秀，因为这样一个缘故，我觉得有这样一个机会来给大家做讲座倍感荣幸。之所以选择这样一个题目，就是希望启发大家在大一这个时候就考虑这个问题。

大学时期最大的困惑和挑战

这是一个清华学生的自述，他说进入大学以后没有明确的目标，也没能找到适合自己的兴趣点，做过研究也没能坚持下去，他的热情就慢慢减退，到了一个什么状态呢？每天早上他都起不来，因为他不知道这一天起来要干什么，一想到要上的那些课就没劲，这种现象对刚进入大学的学生来说很普遍。

本文根据郑泉水院士于2020年10月29日在中国科学技术大学“科学与社会”课程上的演讲内容整理。

我觉得这种问题最大的原因就是我们高中的教学应考模式。大家的高三大部分时间都在刷题，然后想办法考进清华，进到清华以后觉得已达目标了，之前根本没想过自己到底想要什么，当时的想法就是如果成绩很好的话就报钱班；成绩不好的话，就报普通班。

进入大学后，很多同学是把大学变成了高三、高四、高五、高六、高七……博士毕业的时候还处于高中状态。我在清华已经待了一些年头了，从1993开始带博士生，看到很多清华的学生天资真是好得不得了，但是他们不知道自己为什么读博士。这个问题是非常普遍的。

清华除钱班以外，还有5个班隶属国家“基础学科拔尖学生培养试验计划”，里面的学生都是所谓“挑了又挑，选了又选”的。按道理这些学生应该是非常优秀的，但是通过调研发现了一些问题（图1）。针对拔尖人才计划，我在大一160多名学生中做了问卷调查，其中108名学生参与了调研，比例算是比较高的。问卷结果显示，学生回答的最大困惑中，有将近70％是不知道自己的兴趣和志向，其他选项都排在后面。普通班问题更多了，因为还涉及转专业等问题，碰到同样困惑和问题的学生比例更高，所以我的结论是80％的学生是迷茫的。这个原因应该是我们形成了高考定势，成绩好就可以上好大学，成绩不好就只能上到一般的学校，这个定势非常清楚，就体现在你的分数中。针对这个定势有很多心理学研究，我不去详细说。

选项	份数小计	份数与填写总人数之比
自己的兴趣和志向并不明确	74	68.52%
课程成绩不理想	65	60.19%
科研进展不顺利	34	31.48%
与老师的交流和沟通不顺畅	27	25%
与同学们的交往存在困难	21	19.44%
其他问题	3	2.78%
暂无	2	1.85%
本题有效填写人次	108	

图1　大学时期最大的困惑和挑战

所以今天这个课也是想办法改变这个定势，但我知道非常难，除非你有巨大的愿望来改变。刚才说到的那个学生改了好久没改成，但一直到大四也没有放弃改变，如果放弃，这个故事就不好玩了，他没放弃，竟然改过来了。我不知道是什么东西起了作用。大家在中学的时候是不分学科的，来到清华以后，突然面对的是80多个专业，你必须得选好。这一点我要恭喜科大的学生，听说你们2013年就改革了，不用大一一入校就选定专业，这个政策就很好。我也为我们清华的学生打抱不平，为什么不能给我们的学生选择，我稍后也会讲到。

还有一些新学科，可能连你的父母都没听说过，最后怎么选呢？成绩好的一窝蜂都跑到经管学院去了，跑到钱班去了，跑到建筑学院去了，这些大概是清华最热门的几个学院和专业。当时还传了一个笑话，这个笑话是这样说的：各省排名前十报清华的时候怎么选专业？你怕不怕“死”？如果你怕“死”的话，很简单，去经管学院。如果不怕“死”的话，你想怎么“死”？如果去建筑学院，你就一天到晚把自己折磨“死”，因为对建筑学上瘾以后，会陷进去，一天到晚很兴奋的。还有一个选择呢，就是去姚班（清华学堂计算机科学实验班），姚班会立马把你折磨“死”，因为姚班的课质量非常高。姚期智先生刚去清华的时候，他亲自开了八门高水平的课。还有一个办法就是去钱班，一天到晚“折腾”你，通过不断地折腾而“死”，为什么呢？因为钱班在试探怎么去改变学生的状态。

这是一些思维上的问题，我觉得还有个更大的原因在于以前这个方式是可行的，像我读大学的时候，大概全国1%的高中生才可以上大学，毕业以后基本上都是高精尖人才，那时候国家包分配工作。但是现在不行，所有的学校包括清华，学生毕业以后都是自己找工作，问题是现在社会的职业变化太快了，甚至在不断加速变化。有些新兴职业等到学生毕业后5年、10年就出现了，而你现在学的这个专业可能完全不适应市场。我们目前大型的教育制度不是天然形成的，在18世纪之前是没有的，19世纪初德国因为工业革命需要大规模的人才、高技能的人才，发明了这个教育体系，培养了大批的人才，德国经济因此发展迅速，成为当时的世界强国。所以这种教育制度有它的历史原因，有它的历史功绩。包括苏联也是这样，尤其是第二次世界大战的时候，苏联的工业一下就发展起来了。它之所以存在有它非常强烈的理由，但这个理由的本身已经变化了。现在因为变化导致我们的教育体系是不适应的，但是我们老师的逻辑是按照以前的模式培养出来的。

还有一个就是我们中国的教育体系有更强的逻辑，中国的教育体系起源于科举制度，科举制度影响了我们的高考体系。大家知道我们的制度是很成功的，历史上中国有1000年的时间在世界上是遥遥领先的，有时候GDP占到全世界的50%。它能够让社会阶层流动，有才智的人可以通过自己的努力改变命运，这是它的逻辑，这种逻辑已经成了社会的一种需求，要改变它是非常难的。其实还有很多，比如我们的老师就是以这样的模式培养出来的，所以我们要求学生也不要改。但是最主要的是什么呢？你要对自己负责，你一定要知道自己想做什么，要找到自己的方向，这是非常难的。我试过，所以知道它有多难，我是2009年开始创办的钱班，试了很多年，慢慢才找到一些办法，所以我今天和大家一起分享。

当初哈佛大学网传一种说法：一个人在大学有明确的人生目标，能坚持做25年的基本上都成才了；如果目标不太明确，只有短期目标，将来能成为中层；如果没有目标，将来只能成为下层。这跟你的智力、家庭条件都没太大关系，跟你的志向有很大的关系。这个道理非常简单，没有目标的人，"东一榔头，西一棒子"，当然一事无成。

另外一个材料就是当时调研了1100多名想报考哈佛大学商学院的学生，问他们为什么想到商学院去。有1000人说因为能赚钱，另外100个人说因为喜欢，过了20年以后赚到钱的全都是那100个人，而另外1000人都没赚到钱，什么原因？赚钱本身不是个目标，赚钱看上去是个目标，但是它不是真正的目标。如果今天看到电子行业赚钱就想做电子行业，明天看到房地产赚钱就想做房地产，房地产不行了又马上再转行，这样是赚不到钱的。赚钱的本质原因是你能为社会做很大的贡献。赚钱不是一个目标，做事是目标，做什么事呢？问题就来了。我在清华遇到很多这样的问题，我当初采用了一个办法，招研究生的时候我不全招清华的学生，外校的、清华的各招一半。现在我的学生毕业的大概有40个，刚好20个清华的、20个外校的，他们确实是不一样的。最近我招了几个科大的学生，其中一个学生叫吴章辉，我招到他以后就尝到甜头了，我很欣赏他，他做科研做得也很开心，他做的是超滑相关的研究。之后我就"上瘾"了，又招了一个科大的学生，叫陈立，他做的是张量方面的研究，现在也做得很好。有一次我就把陈立叫过来问他为什么会选择这个方向？他说他其实有很多选择，而选择力学系是因为喜欢，我一下子明白过来。真的是祝贺各位同学，所以大家不一定要羡慕那些清华、北大的学生，他们没你们幸福。

精深学习与领域迁移

今天下午跟你们的曾老师还有很多老师交流，说钱班的概念是一般性，它的模式是只适合顶尖人才还是适合所有的人才？我非常坚定的说是适合所有人的。

拿我自己举例子，我就是很平凡的一个人，我当年考的江西工学院（现为南昌大学）到现在仍是江西唯一的一所211学校。我上学的时候，我的老师都不知道怎么去做研究、写论文。我当初是想学造桥的，因为当时我不知道有比造桥更好玩的事，上了大学以后发现有更好玩的，后来了解了爱因斯坦，发现原来科学能研究这么深、科学可以如此美妙。我去了大学以后，发现研究物理比研究开拖拉机好玩多了，那个时候我觉得应该向爱因斯坦学习，爱因斯坦对我影响非常大，可以说钱班这一套的教育逻辑跟爱因斯坦的理念非常契合。之后我就向他学习，去学好数学，然后做研究，通过研究引导学了数学分析、高等代数，我都是有目的性地学习这些课程的，大部分课程都是课程体系所没有的，是我自己想做的研究需要的。学到后面，像张量分析、非线性弹性理论都是通过读研究生的论文，读研究生的课程来获得的。我学得很好，学得很好就会带来一些意想不到的好处，这个好处是什么呢？在学习过程中遇到很多我自己不能解决、老师也无法解答我的问题，我就比较勇敢，给北大的郭仲衡老师写信，那个时候通信很慢，他当时远在德国，大概半年到一年以后给我回了一封信，他说：你是我所知道的国内第一个看懂了《非线性弹性理论》的人。这件事给我很大的鼓励和自信，我暗自想无论如何要考北大。我是学土木的，郭仲衡老师是北大数学系的，所以我就有一个很大的动力要考北大数学系，然而我这个人偏科，我的数学考得很好，但是政治考得不及格，郭仲衡老师又远在德国，所以我就没被录取。

郭仲衡老师说没有录取没关系，让我到北大去上研究生，我的大学江西工学院非常开明，我的老师不仅鼓励我自学，而且鼓励我免修。我是非常用功的，差不多每天学习到晚上12:00，早上大概6:00起来跑步，跑3千米。你是在做你想做的事，怎么都不会感到累，况且还有远在“天边”的人说你好。处在这样一种状态，我想学的东西是学得非常好的，尤其是张量分析学得好，把很多研究生的课程都学完了。大学毕业的第一年我去听戴天明老师的一个讲座，用了一周的时间解决了他提出的一个研究难题，之后他立马邀请我跟他一起写一本书，后来他把这事儿告诉了钱伟长先生。大家知道钱伟长非常有名，钱教授也特别认可我的能力。他们从很远的地方专程来听我的报告,让我越来越自信,我的信念变得非常强大。去了北大以后,我做了一年半研究,发现我要做的问题跟我的导师有冲突,他想用非黎曼几何去研究位错的问题,郭先生对我是非常好的,他说你拼命做,到时候我们俩也写一本书。当时这本书我写得很费力,实际上是一个价值观的问题,写完以后,我感觉花了这么大力气去解决一个位错的问题,不是一个本质的问题。最后我就决定离开北大。

这就是因为前面那些人给了你自信以后,你就有勇气去做选择。之后湖南大学熊祝华教授觉得我很好,我在湖大获得了我的硕士学位,后来我在清华通过考试以及学习相关学位课程,最后通过答辩获取了博士学位。我一直不认为我走的这条路是一条很普遍的路,它的逻辑很难发生。你偶然才会碰到郭仲衡,还有钱伟长,我的同学老是要我跟他们讲方法,我从来不讲,怕把别人害了。我总说去清华不见得是最好的选择,你可以看到在我身上发生的很重要的事情,就是这些大教授背后说你做得好,你相信大教授,这会给你带来一个巨大的鼓励。大教授真的欣赏你,觉得你优秀,这个非常重要,如果你有自信、有梦想去追求的话,很多知识都可以自己学,在我那个时候都可以学,现在更不在话下了。

我那个时候要想查一些资料都得跑到北京图书馆,每年待一个星期到两个星期,而现在几分钟就可以看到新知识。我的学习方法是什么呢?我实际上是阴差阳错地掌握了一种现在都知道的叫精深学习的方法。我们听课只是学到一个知识而已,假如说你听一堂课,你要花课程三倍以上的时间做练习。我现在很多学生课上完以后就做1个小时的练习,这就白学了。你要持续地反复思考,把学的课程提炼出规律,把一本书变成10张纸,最后变成1张纸,最后把它全部忘掉,在脑中形成一个图像,这才是你的知识。要能构建一个思维,这个要花多少时间?假如说一节课花1个小时,做练习花3个小时,要达到这个境界,你大概要再花9个小时。但这个境界依然不够,假如再去做研究,解决很多问题,你要把所有的知识点串起来,把它用于破解一些问题,你就上升到一个境界,这要再花多少时间?可能花27个小时。我这是打个比喻,一说时间就越花越多,这就是个矛盾,你不可能有那么多时间把一门课学得这么好。这是实现不了的,唯一的可能性就是选择。选择后会有什么问题呢?其实我就是这样学的,我的其他科目也还行,我现在是回过头来思考,为什么呢?其实我在这个过程中培养了一种思考问题的方法,很多这样的方法提炼出来了以后,在学其他东西的时候实际上是进行方法转移,是一种境界转移,其他很多课是不需要花那么多时间的,所以我并不是比别人聪明。

班里面比我聪明的人很多,但是他们的成绩都没我好。他们都很奇怪,为什么我的成绩那么好。我是实现了精深学习,我的学习能力、对事情的理解能力、抓重点的能力比他们强多了。其他一些课程他们都是要去学的,我可能翻几页就基本上明白了,因为我掌握了方法。有一次我和钱伟长先生就此事沟通过,他也是这样的,翻翻就明白了,他甚至认为通过精深学习半年时间就可以找到一个学科的前沿方向。等我到了现在这个年龄也明白,原来是这个道理。实际上是你获得了这种能力以后,是可以做迁移的(图2)。

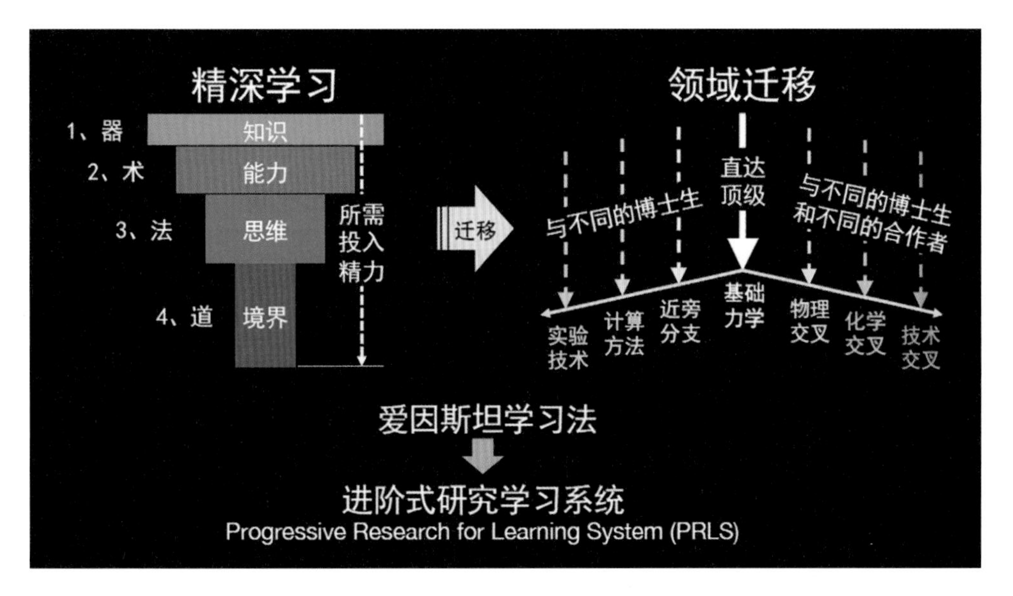

图2 精深学习与领域迁移

我认为在任何一个领域做研究要做就要做到顶级,以我自己为例,在张量这个领域做到世界顶级以后,是会形成一个价值观、方法论的,别人就会对你信任。很多同类事物你就可以做迁移,我做事情的时候可以转到其他分支,我自己不做计算、不做实验,但我的学生辛辛苦苦花了一个月、两个月时间做的实验,把数据给我看以后,我看后说:你错了。我又没做实验怎么知道他错了呢?实际上是抓住了一些要点。我现在虽然是做力学研究,但我大概有一半的文章是发表在物理学杂志上的,还有1/4的文章是发表在化学杂志上的,很多都是顶刊,很多物理系的学生可能都发不过我。这实际上是一种方法迁移,并不是说我能做跟他知识相同的那一部分,而是我能做物理中与力学交叉的这一部分。物理知识这一部分,我绝对做不过他。到了这个境界,主要是看你的问题问的准不准以及你的学术品位够不够,所以学习应该是这样一个认识。

我没那么聪明，但是我依然可以做到学习成绩比班上同学好，我认为它是一种内在规律。我一直想证明这是不是一个内在规律，这就需要更多的数据，但是到目前为止还没有被证明。说不定在座的各位到时候来研究这个问题，看它是不是内在规律，假如真是的话，那这件事就非常有价值了，我们就不见得要像往常那样去读书了。现在钱班就是按照这个模式来试的，我经历了很多年的试错，到2009年开始创办钱班的时候，我们聚焦的核心就是帮学生找到他自己想做的事，就像当初的我一样，找到可以把他点燃的东西。我认为只有这样才能做得好，但这非常难。我觉得不仅仅是学生自己探索，老师在其中起到作用也非常大，大家刚才听过我说的老师对我的重要性，你要找到这种老师，被这种老师认可。现在我们老师的担子很重，压力也很大，真正愿意投入精力来帮学生的老师是很少的，怎么去找到这种老师？假如环境不够好，你能不能找到一些方法克服那些不利因素来帮到自己。

培养拔尖创新人才的三大要素

这里有一张图（图3），可能看不太清楚，实际上它是一个动物园，这个动物园的中心就是学生，学生是什么？暂且把他们看成猴子、鸭子、马或是其他什么动物，这意味着每个人是不一样的。我们现在问题的出在哪里呢？我认为高考制度还有很大的提升空间，虽然上清华貌似是最高标准，就像爬高比赛，把一大帮大象、马等全淘汰了，

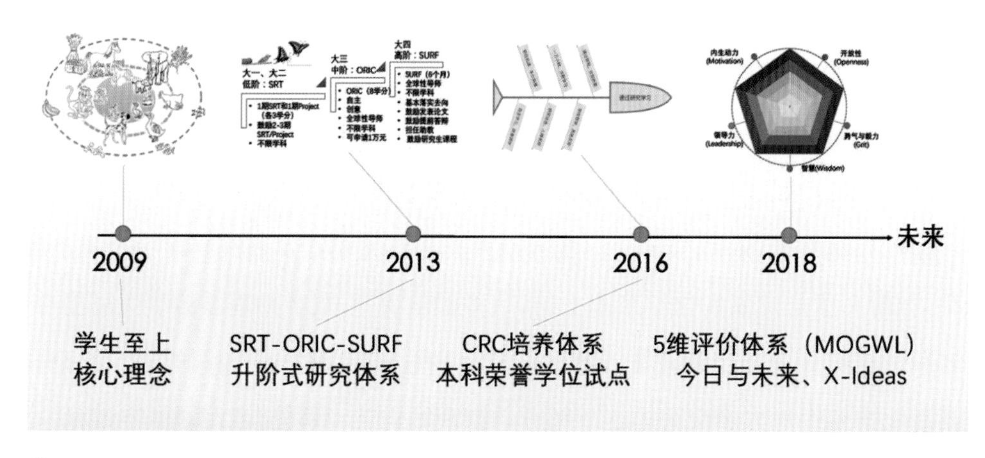

图3 摸索钱班培养模式

只有猴子爬得最高。我没有贬低的意思，这里只是一个标准，我们用了同一个标准衡量它们，实际上这里的人既有“猴子”也有“鸭子”。你应该同时比较它们游泳的速度，以及存在荷载时的速度。你不能用培养大象的方式去培养小鸡。我们现在是什么方式？把每个人都假设是猴子，这整个前提是错的。

我想了很多办法去改变这种培养方式，用了很多方法都改不动。所以我也很愿意跟科大交流，最好把我们当初遇到的坑都告诉你们，让你们少走弯路。这个方法就是通过研究来学习，让学生从大一就开始学会这种方法，后面就会发现非常有效，大部分同学通过这种方式都可以找到自己的方向。正如钱班只有各省考试前10的人才有资格报名，这帮人个个都是状元，但钱班的第一名就一个，进到钱班再也不可能人人都是第一名了，假如你的观点就是冲着第一名来的，那你就会很痛苦，所以你肯定要改变。怎么改变？每个人都做自己想做的事情，每个人做的事情都不一样，每个人都是第一名，这样80%的学生都是第一名，实际上就是这个概念。他要成为他自己的第一名，构建自己的知识。

我最极端的方法就是在本科阶段选修了20门研究生的课程，清华大学读完博士的研究生课程好像就十几个学分，五六门课，但我学的这20门课程是一个学分都没有的。做下来之后我就又发现了一个问题，还是有一部分改动不了。这个时候我才意识到了，就是刚才我讲到的最深层次的原因，高中把你的思维锁住了，很难改变，而大学里就只有4年时间，我也找不到那么多方法，也没有那么多资源去改变你。所以我想最简单的办法就是改变高考的模式，这个话题太长，感兴趣的可以看我在这方面的文章。

我刚才讲的动物园例子能不能实现呢？还真实现了，道理其实很简单，就像巴菲特说的，小孩对一件事情充满了激情，一天到晚都想去做它。第二点，是问题，像爱因斯坦说的，问题要足够大，大到一说出来别人就大吃一惊。如果说做完一件事以后去打瞌睡了，这种事就不用做了；你心中想做一件大事但是一直找不着，一旦找着以后你就睡不着觉了，所以内驱力是第一位的。钱班是把内驱力放在第一位，发展了一整套方法。第三点，老师非常重要，我经常用这个案例打比方，你想成为世界冠军，首先你要有成为世界冠军的启动基因，但如果没有好教练，那也是不行的。教练非常重要，教练知道你在这个阶段一次可以提升多少，到了下个阶段一次可以提升多少。非常有经验的人、成为世界冠军的人才可以带出世界冠军;不是世界冠军想要带出世界冠军,除非是一个天才,所以找到好的老师特别重要。问题是我们的好老师都去了哪儿,这是一个问题。

有个非常有名的案例是卡文迪什实验室3位教授带出来了29个诺奖获得者,平均获奖年龄35岁,一个诺奖成果的产生要做10年甚至更长时间的研究,所以他们有的人开始研究某问题的时候也就二十几岁(图4)。爱因斯坦14岁就开始了他的研究,发表狭义相对论是在26岁,然后再做了10年研究发表广义相对论。像狄拉克也是26岁得诺奖。比尔·盖茨13岁就编程序,然后二十几岁就开公司;乔布斯也是这个年龄创立了苹果公司。这样的年轻人多了去了。你在大学这段时间,若到了大四还只关注考试成绩,你产生非常重要观点的时间段就过去了,所以一定要找自己的目标,并反复寻找,这个比考试成绩重要多了。

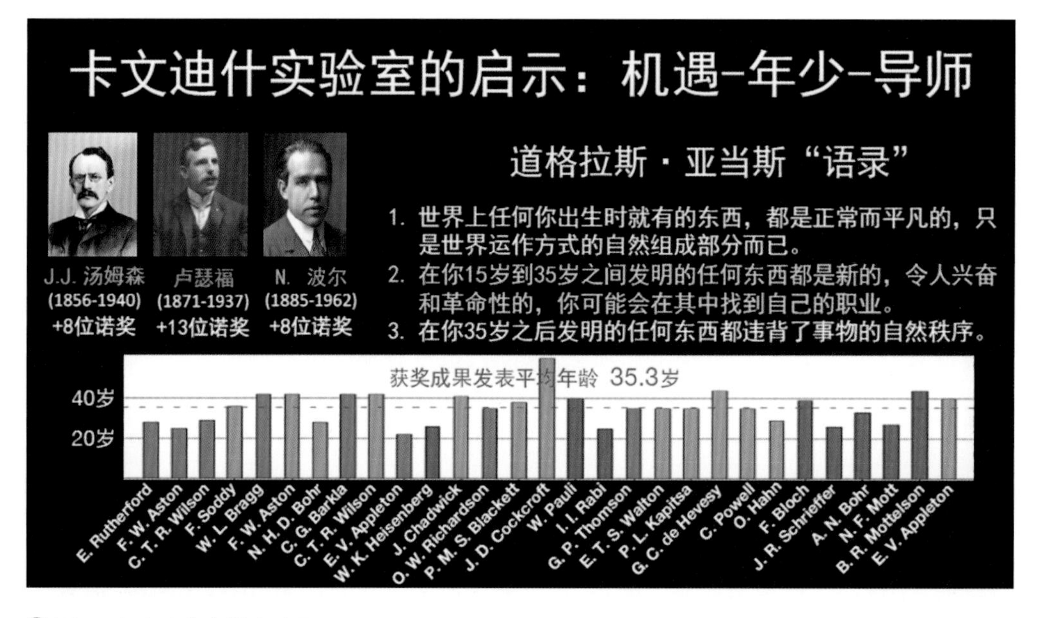

图4 卡文迪什实验室启示

钱班名义上是工程力学专业,但钱班毕业生去了26个专业领域工作,像电子、IT、人工智能、材料、机器人、生物、力学、航空等,遍布全世界。钱班之所以能做成,是因为当时清华给了我一个特殊政策,大致上是我想怎么改就怎么改,而且我的学生由着我改,不然我也做不成这个事。为什么学生能由着我改,实际上是学生跟我一起改,待会儿我会讲例子。学生、老师跟我一起改,而且学校又支持这件事,现在这个模式在清华开始做中试,所以钱班实现了一个突破。现在做的中试是为了看看能不能成为一个模式,我相信这个模式适合所有的人。

举几个案例说明我是怎么做成的。我一开始招了一批好学生来宣传钱班有多好,全省前10名才能进来,别人一听就“上当”了。钱班学生确实很好,大四的时候,钱班资助学生出去研学半年,到实验室去、到MIT去、到哈佛等全球顶尖高校去,后来发现效果真好,学生的表现受到了广泛好评,然后这些学校和导师慢慢也参与了钱班学生的培养。钱班的学生敢做一些大事,敢做一些“怪事”。其中一个最好的点就是钱班的学生敢尝试,因为钱班已经形成一种文化氛围——鼓励学生去做,去坚持。有个老师开设一个项目以后,其他学生做两天就跑掉了,而钱班的学生会坚持,越来越多的学生做成功以后逐渐就形成了口碑,很多老师就参与了钱班学生的培养,因为老师也需要这样的学生。今天下午跟老师交流好的学生是什么样的,我这里先讲一个比较具体的例子,有个学生想进钱班,因为钱班是按照五维测评模式挑选的,他是冲着钱班的概念来的。他成绩一般,最后评审时我们4个老师里有3个老师说他好,1个老师说他不行,按道理这个人是要淘汰的,而我不是有自主权吗?我说我们招进来试试,就把他招进来了。进来以后他大一开始跟着我们一个生物系的老师做了一年研究,慢慢有感觉了,因为钱班是要轮转的,前面两年要自己找方向,然后转到我这儿来,我说你这个方向不是挺好的吗?这个方向可以研究细胞,细胞膜的细胞力学很复杂,他就对这个问题研究上瘾了。

我说很遗憾我已经不做这方面研究了,我以前带过一个学生叫郭明,他现在在MIT当教授,当年他带着我做,他就是个典型例子,我那个时候被他拉上“贼船”了。他跟我读硕士的时候特别想知道为什么北京的树只长了40米高,中国其他地方有的树可以长到80米高,世界上有的树可以长到125米高?我们一起找到了细胞的原因,当时我就被他拖着走,他满腔热情地做,我就陪着他走。但我已经不做这个方向了,他毕业以后这个项目就做不下去了,因为我没人拖着,我要做其他的事情。前面提到的那个学生听完我讲的这些后,他就去找了生物系的俞立教授,后来又找到北大的教授,我看他“上瘾”了,就推荐他去了郭明那里做短期访问。他在MIT一待就是半年多,跟郭明一起写了一篇*PNAS*文章。据我所知,在很多学校包括清华,以第一作者在*PNAS*发文章是可以拿博士学位的。他学了20门研究生课,这个我是知道的,因为后面几年都是我带他的,有一些课程我是明白的,所以我知道他的基础打得非常好。之后他去MIT第一年又以第一作者写了一篇*PNAS*文章。因为钱班的文化一直鼓励他追求自己内心真正做想的问题，所以后来发现自己想研究的是细胞群体的行为，这在生物学中可能是目前非常具有挑战性的几大问题之一，但这方面的研究在物理系，他就从机械系转到物理系去了。在物理系又做出了非常重要的工作，搞得MIT物理系的一帮老师都觉得好奇怪，怎么一帮搞工程的人跑到我们这来，为此他们还专门举行了一个研讨会，看看钱班到底是怎么培养出这样的学生的，然后好几个老师现在开始加入钱班担任导师。所以它是这样一个逻辑：学生研究这个问题，把老师都带进来了，然后老师跟学生口口相传，加入的好老师越来越多。所以这件事做的是很有意义的。

我自己也做了一个研究，也是我最近20年做的最主要的一件事。我们之所以能走来走去，是因为鞋子跟地面有摩擦，摩擦导致大概1/4的能量损耗掉了，这种损耗把很多东西都搞坏了。比如汽车所有的机械部件大概有80%的报废是由于磨损。如果做小的东西，像通信设备、计算机全都是小的东西，最大的一个困境就是摩擦，怎样才能不让它动，所以现在很多东西的开关都是电子开关，电子开关很慢，像闪存有一两万次就不能用了，因为它的开关坏掉了，不能永久保存。我就找我的博士生说这个很有意思，把这个事做成了以后是个重大机遇，我找了至少有3个研究生，但没有一个人做，根本不接活。

我本来觉得没有希望了，就试了一下钱班的一个一年级学生，他是2016级的，他说他来试一下，在这之前他已经做过一点研究了。他是参加物理竞赛得过亚洲金牌的，天赋非常好，他敢动手去做，结果就把超滑发电机样机做出来了。现在一大帮博士、博士后跟着他一起做研究。他为什么敢做？因为反正他做这个研究做失败了也没有什么成本，我的研究生如果三四年没做成的话，他们不能毕业呀。他是一种无知无畏，并且有长周期去做这件事。所以我后面就特别愿意招参加过物理竞赛的学生。当然我还要看很多其他东西，要面试很多事情。

我把这几个故事跟华为的老总一讲，他觉得中国到了一个要重视原始创新的时期，他们非常重视原始创新，是真正的重视原始创新。像华为投入基础研究，对5～10年以后的研究，投入的经费竟能超过我们整个科学院。之后华为与钱班达成战略合作开展挑战课题实习，钱班学生一下子被激发出来了，大量的学生跑到华为去了，不出国研学了。钱班是资助他们出国的，都是去好的学校，像MIT、哈佛等，现在他们不去了，有1/3的学生去了华为，干得可开心了，华为也尝到了甜头。我们企业目前还有大量的技术问题待解决，不单单是华为，比如很多高端的企业，像高铁、无人机、量子计算、量子通信等。但是很多问题靠学生自己去实现还是太遥远了，一定要搭建一个系统帮他，像刚才讲的一样，需要有教练参与，构建好一个体系是可以实现的。每个人情况不一样，我认为最重要的是自己要感到开心，找到自己最想做的事，才能发展得很好。你得找到最擅长的，寻找到自己想做的方向，但是你不能好高骛远，要有个大的梦想，但是一定要脚踏实地，一步步走，找一个好的老师，他也愿意带你一步步往前走，几乎没有不成功的。多长时间？10年到20年吧。

这样一来钱班就构建了一个体系，不是按照课程，而是按照研究来牵引的。怎么教、怎么学呢？一般学生刚进入大学也不知道学什么，不知道做什么，我就让他扎扎实实打好基础，让他们把数学学好，把物理学好。同时，鼓励学生多尝试不同的东西，看看自己喜欢做什么。做核能？没问题，去试试看，到实验室去；航天？去试试能不能做；生物？去试试。试的人发现自己原来以为这个很好，后来才发现其实那个才是最喜欢的。这个时候沿着你最喜欢的方向去构建你的知识，把知识深入，这就可以实现精深学习，而不是学那些皮毛（图5）。

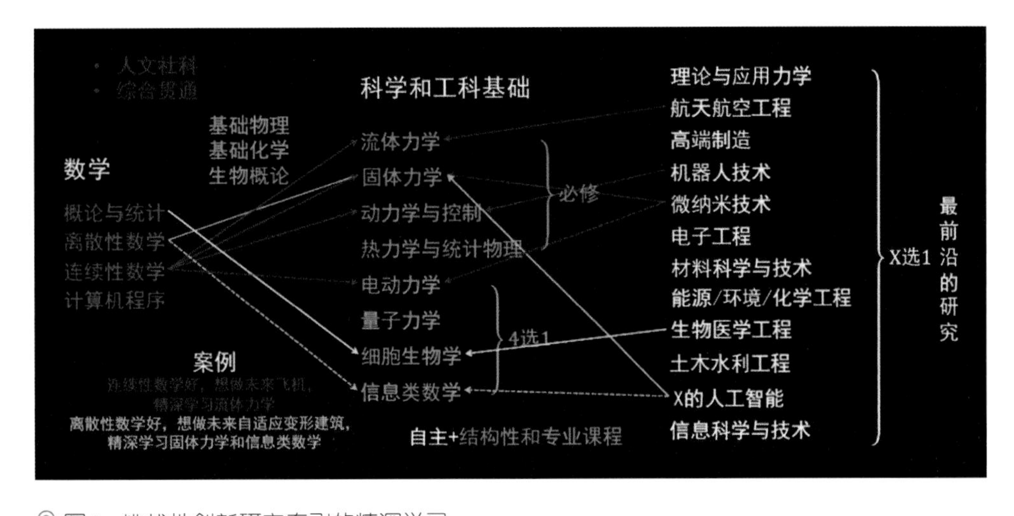

图5　挑战性创新研究牵引的精深学习

知识是学不完的，一年来下新增的知识可能比以往历史上产生的知识都多，老师学的知识也都是过去时了，你相信他你就犯傻了，但是你现在自己没有路，只好相信他，并不是因为他正确，他走过的路也不可能是你们的路。只有那些基础的知识几百年都不会变，像高等数学、微积分，你把这些不变的知识学好，最基础的知识学好，然后在这过程中学后端的知识，这就把基础打得非常牢了。

这样一来，课程就可以精简。我是学力学的，力学太重要了，我听说科大人不报力学，还有少年班的很少报力学，好奇怪呀。我觉得可能是因为他们力学系的老师没做好工作，没找到办法。力学是什么？力学最重要的是相互作用，什么地方都有相互作用，相互作用导致的变化、运动等，所有的物理都包含在这里面。力学跟物理的区别在哪里？物理依然是研究那些本源的问题，现代力学研究真实的东西，研究真实的社会。比如说高铁、世界上最高的房子、航空母舰、细胞，这些东西都有非常复杂的体系，随随便便都是几十亿、几万亿个原子，组成的一个复杂体系，量子力学是研究不了的，量子力学现在用了世界上最高级的计算机，可能研究过不到1000个原子。所以它不是研究复杂体系的，复杂体系就是用的最基本的相互作用、运动，这就是力学。科大的学生基础打得很好，又敢挑战，所以去做交叉问题能很快上手，因为吴恒安教授把我邀请来，我要给力学做点广告。但我讲的是真实的，这个是发自内心的，我还专门写了一篇文章，大家有兴趣可以去看。

办钱班最大的一个体会就是以前是以课程为基础的，课程以前是稀缺的，但现在这已经不是主要的东西，你要找到一个问题，尤其要找世界一流的问题，一定要上最好的大学。现在的问题要把重心转到复杂的内心，用什么方法去找？去做实践，去动手，去做研究。研究是最具挑战的，解决一个具体问题，从项目开始做起，构建自信，然后越做越好，要找到一个合适的起步。你在中学没参加过物理竞赛没关系，先做一个与物理相关的竞赛题目，从这个开始；假如参加过物理竞赛，就做更难的题目，不要做低级题目。钱班很多同学之前是参加物理竞赛的，清华物理系的实验课他们觉得太简单，早就学会了。所以现在我把钱班的物理实验课砍掉了，这就重新构建了一个思路（图6）。

因为教育需要很长的时间去证明，我现在做钱班才做了11年，我自己的教育经历也才40年，人这一生太短了。钱班学生加起来也就是300多人，这个数量太少了，所以我还要花很多时间去看书，我看了很多心理学、历史学方面的书。比如我们科举制度一直到清朝，也就是100多年，一直到19世纪初都是成功的，为什么现在不成功？犹太人被别人赶了2000年，为什么近代以后犹太人突然得那么多诺贝尔奖？你要去分析一下，去找它的逻辑。我花了很多时间去了解，我也经常跟以色列的朋友一起讨论教育的本质是什么，最核心的本质就是学生会去定义问题。我们的教育恰恰把定义问题这个能力给忽略了。

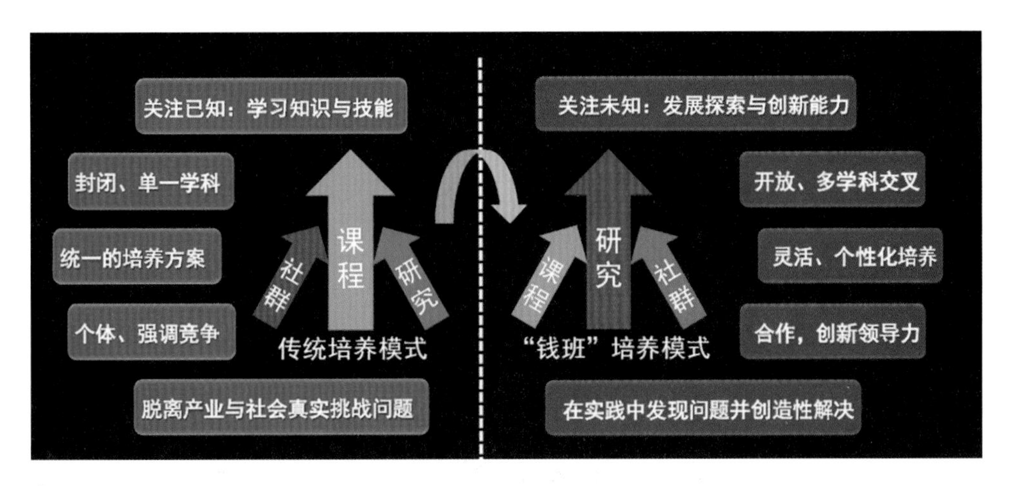

图6　钱班模式的颠覆

我去特拉维夫大学访问，那里有一座雕像，是一位父亲和儿子，最右边是儿子，大概六七岁，他们到了这个年龄就是要提问题，他们看书、提问题，他们读的一本书叫《塔木德》，《塔木德》对犹太人影响很大，它只能是3个人一起看，2个人不行，4个人不行，3个人在一起可以讨论，要边看边提问题，所以犹太人养成了一个习惯，不畏权威提问。爱因斯坦有句名言：假如给我一个小时时间解答一道决定我生死的问题，我会先花55分钟来弄清楚这道题到底是在问什么。一旦搞清楚了它到底是在问什么，就能用剩下的5分钟回答这个问题。我们是花55分钟去解决问题，花不到5分钟去提问题，所以我们就变成了跟着别人走。你只有提出问题才能全力以赴地去解决它，才能引领别人去做，假如问题是别人的，你不就帮别人打工了吗？你的创新力、领导力全都没有了。

还有一个值得思考的问题是关于高考体系的。因为高考体系有它内在的合理性，所以你不能因为要解决一个问题，又把另外一个问题破坏掉了，所以我觉得我们高考体系的合理性应当被保留。每个人都有考上清华大学的机会，就像我现在也可以来科大做报告，一定要实现这个，一定要让全中国最顶尖的老师、最好的学生接触最好的教育，这是中国能够领先的一个原因。要打破现在这种不能实现拔尖教育的一个原因是没办法把“爱因斯坦”“乔布斯”“任正非”这样的天才、鬼才、怪才、奇才录取到清华，就像当年我的经历一样，比如南昌大学现在有个人对我推荐说这个学生好，你把他“点燃”。我想创造这样一个环境，可以帮助大家，让更多类型的、有创新潜力的学生冒尖成长起来(图7)。但实现这种选才机制是要有资金支持的，我自己没办法掏腰包，掏不起那么多。深圳市觉得这个想法很好，出了一大笔钱，相当于设立了一个奖学金，挑出那些优秀的人进入大学，进入大学以后又接着挑。深圳市给很多奖学金，用来让优秀的学生继续挑战更大的问题，然后去策划把世界顶尖教授吸引来一起带你，实现你的梦想。当然，深圳市是很会算账的，一旦你实现了梦想，甚至解决了你一直做的问题，最后不就解决了深圳的大问题吗？这是非常有智慧的，是变着法来解决后面怎么牵引深圳未来顶尖人才的问题。

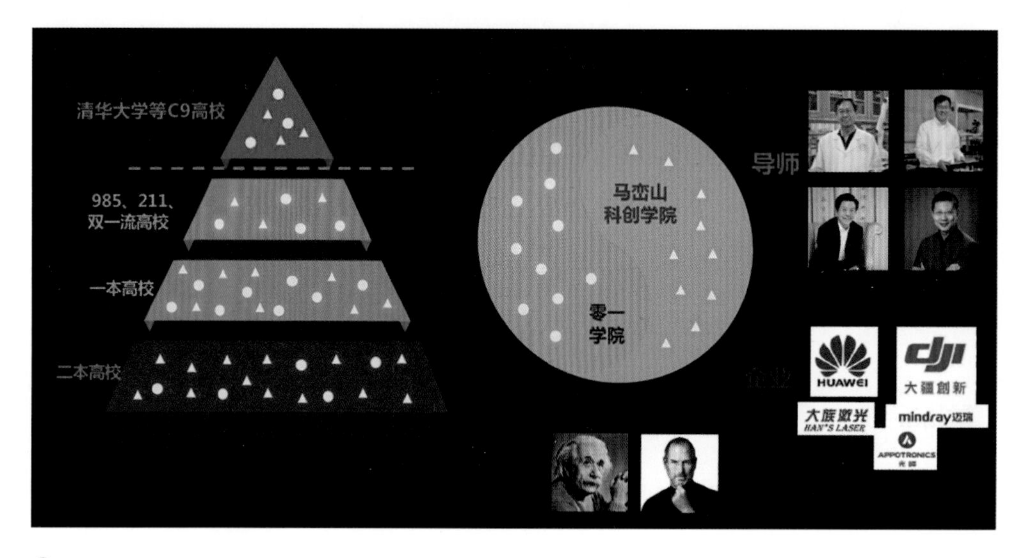

图7　兼容现有高等教育招生体系的全新选才机制

最后这个启示我归结一下：选择决定命运。你盲目地往这边跑一下，发现不行，又盲目地往那边跑一下，最终你成不了前面所说的哈佛的那100个人。坚持决定成败，你做一个事情是要坚持的，要慢慢地达成一个目标，一定要坚持，你一定要做成一个很独到的事情，才能成为头部。这件事要做多长时间呢？首先要大致方向正确，如果你方向错了，那是没有希望的。谁来告诉你大致方向正确？当过世界冠军的人或者成功过的人，即不同程度成功的人。十年磨一剑，解决一些大的问题，一定是要做至少10年，甚至20年才会取得很大的成功。那机遇呢？你一定要抓住机遇。未来第四次工业革命来了，你一定要想着很多事情是跟第四次工业革命相关联的，或者说你想别人都做我不做，我走一条非常独特的路，这个也可以成功,抓住机遇。年轻时一定要考虑这个问题,只是想着读书那就眼光太短浅了,你一定要自己去找到老师,没有人比你自己更能找到适合你的老师。问题牵引、精深学习、进阶式研究都是为了帮助你找到适合自己的路径,钱班就是按照这个逻辑设计了很多活动,所有的案例都是钱班创造的,我自己也有一些思考。

好,感谢大家,谢谢!

洪小文

微软全球资深副总裁

于台湾大学获电机工程学士学位，之后在卡内基梅隆大学深造，先后获得计算机硕士及博士学位。现任微软全球资深副总裁，全面负责推动微软在亚太地区的科研及产品开发战略，以及与中国及亚太地区学术界的合作。于1995年加入微软公司，2004年加入微软亚洲研究院并担任副院长，2007年升任微软亚洲研究院院长。2005年至2007年间，创立并领导了微软搜索技术中心（STC），该中心负责微软搜索产品（必应）在亚太的开发工作。在加入微软亚洲研究院之前，是微软公司自然交互服务部门的创始成员和架构师，除了全面负责屡获殊荣的微软语音服务器产品、自然用户界面平台以及微软协助平台的架构及技术工作，还负责管理和交付统计学习技术和高级搜索。

于1995年加入微软研究院美国总部任高级研究员，并为微软的SAPI和语音引擎技术做出了突出贡献。此前，曾任职于苹果公司，带领团队研发出了苹果中文译写器。是电气电子工程师学会院士（IEEE Fellow），微软杰出首席科学家和国际公认的语音识别专家。在国际著名学术刊物及大会上发表过百余篇学术论文。参与合著的《语音技术处理》（*Spoken Language Processing*）一书被全世界多所大学采用为语音技术教学课本。另外，在多个技术领域拥有36项专利发明。

大数据、计算和人类的未来

各位同学大家好，今天很荣幸在这里跟大家分享关于大数据、计算，特别是跟信息相关的话题，它们跟我们的生活是紧密结合的，我们每天清醒的时间甚至包括睡觉的时间，都需要这个技术。虽然说不一定每一个人都学信息和计算机专业，但是我觉得计算机已经变成一个通用的工具，我们如何去用它帮我们解决问题，我相信大家多多少少都有了解过。

为什么高科技公司占有了这么多媒体的版面？为什么10家市值最大的公司中有7家是高科技公司？到底什么是计算，什么是算法、大数据，甚至于现在所说的数据为王到底是什么？人们也可能有一些负面的担心，就是人工智能（AI）会不会取代我们的工作，当然中国科大的大部分同学都是学技术的，即使不是学计算专业，计算机对全球的影响，大家应该也都很关心。

算法和计算机

大家有的人可能都已经在学计算机理论，它的数据背后是一个抽象的数学模型。我们大概从二战以后、20世纪50年代开始做计算机，一开始做模拟计算机，到今天做数字计算机。计算机的发明就是帮助我们计算，有一个数学的模型叫作图灵机，让它

本文根据洪小文博士于2020年12月9日在中国科学技术大学“科学与社会”课程上的演讲内容整理。

来执行算法。计算机里面基本上还是三大模块:第一是CPU,它可以说是算力的脑;第二是存储;第三是输入/输出。小到今天大家的智能手机、智能手表,大到机房里面的大型计算机,今天的云计算,都是遵从冯·诺依曼架构。

什么是计算思维?

什么叫计算思维呢?如果你研究历史的话会知道,它基本上就是一个解决问题的步骤。

如果要解决一个问题,就要设计一个流程,有些东西要先发生,比如煮菜,你先要有原材料,才可能放到锅里去煮,它是有先后步骤的;而有的东西你可以同时准备,如果我要炒一盘青椒炒肉丝,切青椒跟剁肉这两件事情,可以平行地去进行,我可以找两个厨师,一个人专门切青椒,一个人专门剁肉。

其实这个就是我们解决问题的步骤。事实上这样一个流程不管叫算法还是流程图,做的都是一样的事情。我们平常解决工程问题或数学的证明抑或计算都一样,基本上都有一个步骤。举一个日常生活中大家可能碰到的问题,比如你今天开车来到一个有红绿灯的十字路口,如果红绿灯坏了,我们通常会遇到一个情形,就是要往东的绝不后退,要往北的也一样,坚持往北,要往南的坚持往南,最后大家就堵在那里。这在算法里面是最基础的,叫作贪心算法,学过的人可能知道,道理非常简单,就是我的目标很专一,我就往我的目标前进,就像玩象棋,卒过了河只能前进,绝对不往后退,但是这样的情形就会造成大家撞在一起。其实计算机网络有完全类似的情形,不同的机器接在同一个网络系统上,我说我要传数据,你说你也要传数据,大家同时传的时候就会卡在一起。

今天在你的宿舍里或者在教室里上的局域网络叫以太网(ethernet),这个是在20世纪70年代发明的。当时的以太网算法,就好比当你开车遇到一个十字路口,大家堵在那里的时候,就丢一个色子,让色子来决定要等几分钟。色子如果有6面的话,掷到2的就等2秒钟,掷到6就等6秒钟,这个算法的妙处就在于,因为这是随机的,所以每个人等的时间不一样(当然你也可以做一个色子有零分钟的,代表你可以先走),我们知道大家都碰到同一个数字的概率是很低的,所以最后交通一定就可以动起来了,这就叫作以太网算法。

我要告诉大家的就是编程也没有那么可怕，其实很自然，当我们解一个问题的时候，你要去想我有什么方法可以达成。譬如大家一定都学过1加到n，这至少有两种算法，一种就是我慢慢地从1一直加到n；另外一种算法是高斯想出来的，就是$n\times(n-1)\div2$。所以，其实要解决一个问题，可以有不同的算法，有的算法好一点，有的算法差一点。

数字化的进程

我们接下来讲数字化。因为我们自然界很多东西其实一开始不是数字化的，但是今天所有东西都变成数字化了，这件事情非常重要。因为数字化以后，你就可以把它们存在计算机里面，永远不会失去它，而且你可以去处理(process)它。

微软从1975年成立，到今年刚好第45年，这45年之间，就是数字化的一个进程。最早被数字化的是文件，我想大家都用过Word、Excel、PowerPoint、Office，当然还有WPS等。文件被数字化，第一个带来的优点是什么呢？1975年，我们打文件的时候还用打字机，打错一个字就要从头开始，你们在电影里可能看到过，如果我今天需要发出20份文件，我就要用打字机打20份。但数字化以后，我只要手里有一份文件，即使发出一两万份也很轻松，甚至都不用打印，我发送给大家电子档就可以读了，文件的数字化造就了一个很了不起的软件叫Office，到今天大家还在用。

再者就是数据库，它是用来存储我们所有的商业行为的，把这些数字化以后，就可以做很多事情了，所以从计算机的应用方面来讲，数据库的应用范围也一直都是很广的，基本上每一家公司都需要备份。比如你去一家公司找工作，他们会把员工档案、学生档案，你的学习成绩、每一次期中考期末考成绩、作业等都登记起来，然后做报表，这就叫作数据库的应用。数据库的数字化造就了甲骨文这样的公司，微软、IBM也有数据库，这些公司现在都是非常大的公司，因为每个公司都需要数据库。

第三个被数字化的是资讯和知识，就是我们今天所讲的互联网，这个发生在1995年前后，当时一开始出现了搜狐、新浪、雅虎……当然这些公司现在可能很多同学接触不多了，但大家还在用搜索引擎，谷歌、百度就是靠它起家的，搜索引擎可以帮助我们找到全世界你想知道的各种信息。

第四个是多媒体。它经过至少好几个数字化进程，我想不知道大家有没有见过，当年还有录影带，后来叫VCD、CD、DVD。今天可能很多同学都没看过DVD，因为大家现在直接就到优酷、爱奇艺上看视频了。音乐也是一样，出现了流媒体。

第五个被数字化的是我们人类的沟通和社交行为。以前我们人跟人面对面聊天，现在你看现在不管是微信、微博，还是Facebook、视频通话，以及今年疫情期间出现的Zoom，等等，今天如果没有这些产品，无法想象我们怎么度过最艰难的那段时间，它们的重要性不用多说。

第六个就是物联网。物联网也是几年前出现的，在今天的5G时代变得普及，物联网就是把万物数字化。以前，如果我们觉得今天外面空气不怎么好，有污染，我们无法知道它的污染状况，里面有哪些污染源，而现在我们装了物联网就可以知道了。如果我们想了解巢湖的水质，装了物联网传感器以后，我不但可以知道巢湖的水质如何，还可以一天24小时地去检查。

到了物联网阶段，我们真的就把全世界可以数字化的东西都数字化了，你想我列出来的这些东西，包括我们人，包括万物全都被数字化了。有个概念叫作数字孪生(Digital Twins)，这个概念今天被讲得越来越多，它是什么意思？就是说任何有实体物质的东西，不管它是人、生物还是非生物，都有一个数字的孪生兄弟或者孪生姐妹。那么，这里面它有什么意义呢？

第一个是跟后来的大数据和人工智能结合。比如你现在去看一部电影，你一定不知道这部电影的结局如何，更不要说你看完这部电影之后，下一部想看什么，而你的数字孪生已经知道你下一部要看什么了，它会给你推荐，你就会去看那部电影，所以你不知道的事情它比你先知道。大家可能会说看电影不是什么大不了的事情，我们今天的穿戴式智能手表非常重要。为什么重要呢？我们希望它能够装很多物联网的传感器，它可以把我们人的生物特征、体温、血压，甚至身体里面的细菌或者病毒，都可以帮你实时地检测到，这是什么意思呢？就是你都不知道你下一刻可能要感冒了，你的数字孪生就已经先知道了，因为它知道你身体的这些特征，所以数字化可以帮助我们做精准的预测，我们说过预防胜于治疗，所以最好的治疗手段就是预防，当知道你身体快要出问题时，提醒你马上补充某些东西或做一些预防，可能你就不会发病，或者帮助你减轻病情。

第二个是仿真(simulation)，什么叫作仿真呢？比如管理学生的校长也好，副校长、院长也好，当他们想明年怎么开学，我们大家春运回来以后如何做好疫情防控，就可以做各种模拟，如果今天有一个学生或者有两个学生从疫情风险地区来，那学校应该如何做精准防控，我们就可以先做仿真。我讲另外一个更容易懂的例子。比如无人驾驶，你如果直接到路上去试开，那是有很多成本的，更不要说有可能把车撞坏了，或者把人撞了。所以无论是无人车还是无人飞机，都要在虚拟的环境里先跑个几亿个小时，确定所有路况都想到的时候，它才能到路上去开，这样就更稳妥了。不仅是无人车，训练一个飞行员也一样，开飞机训练就是在模拟机里进行的。微软在30年前推出了一个"微软飞行模拟"，你们今天打游戏就是在模拟，将来如果有一天外星人闯入地球的话，我们需要跟外星人打仗，靠的就是你们每天在打游戏的这些人，你们的模拟将来是可以保护地球的，这就是数字孪生。

这张幻灯片大概是我们5年前做的，当时是用来预测到2020年这些地方每一天会产生多少数据，到今天，不但这些预测已经成为事实，它们产生的数据甚至比这里预测的还要多，所以今天讲大数据，我们已经不需要解释这件事情到底会不会发生，因为已经发生了。

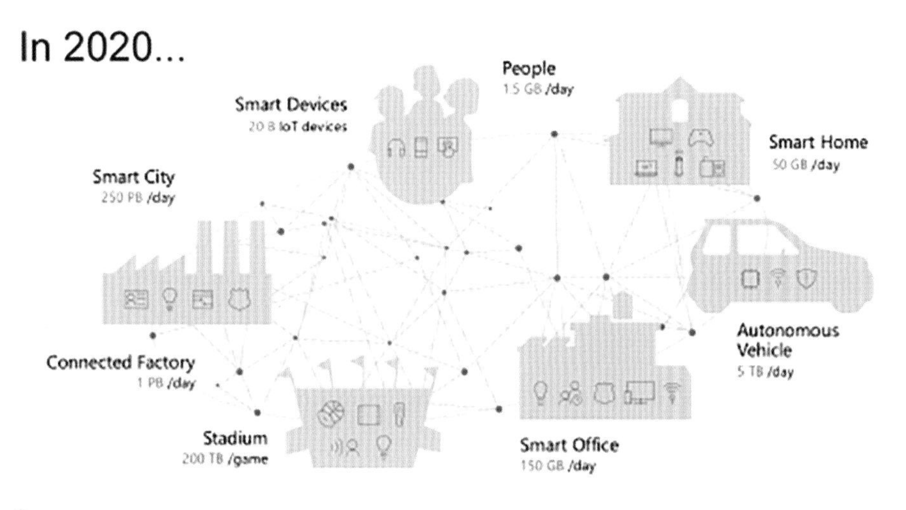

图1 预测2020年的数据量

数据为王

我不知道大家有没有读过尤瓦尔·赫拉利写的《人类简史》以及《未来简史》，后来他又写了第三本书《今日简史》。尤瓦尔·赫拉利是一个以色列的哲学教授，人非常聪明，他在书里面预测的事情，不一定每件都是对的，但是他所提出的批判以及他的观点，我觉得还是非常有意思的，会让我们去深思这个问题，所以我很推荐大家在课余时间去看他写的这三本书。

在《未来简史》中，赫拉利认为将来“数据为王”，所有东西我们都要去问数据，其实他说的很多东西是对的，因为你有了数据以后，用这些数据可以去预测未来，像我刚刚讲的数字孪生，你自己都不知道会不会发生的事情，你的数字孪生就已经知道了。我们以前是去求神卜卦，以后你要去求大数据。赫拉利来中国时，我就跟他说你这个预测我们中国老祖宗早就有了，就是生辰八字。其实生辰八字是很复杂的，它也是一个大数据问题，但是我觉得再怎么样，数据终归是数据。大家一定听过黑天鹅事件，其实没有人知道未来，因为你只能从过去出发对未来做一些预测，但这也只是一个概率大小的问题。所以我觉得世界上没有一件事情可以说命运已经写在那里了，我想在这引用一句很贴切的话：尽信书不如无书，尽信大数据也不如没有数据。

数据科学里面最了不起的一个理论学家克劳德·香农（Claude Shannon）讲了一句很有哲理的话：过去可知却不可控，未来可控却不可知。所以说，大数据会帮助我们为迎接未来做准备，但是不代表就变成宿命论，好像数据就决定一切了。

数据驱动的分析思维

这张图我想大家学科技的绝对不会陌生。事实上在理工类的各个学科里面都有这样的东西，特别是控制学，讲的就是这个。事实上我觉得在背后推动我们整个人类文明的进展的理论就是这张图：我们人类永远是用过去的经验、过去的数据，来推理，来提出一个假说、假设或者做一个决定，然后把它放到大自然之中去做实验，先在小范围内去做实验，然后再得到数据，让它形成一个闭环，从而关闭反馈回路。

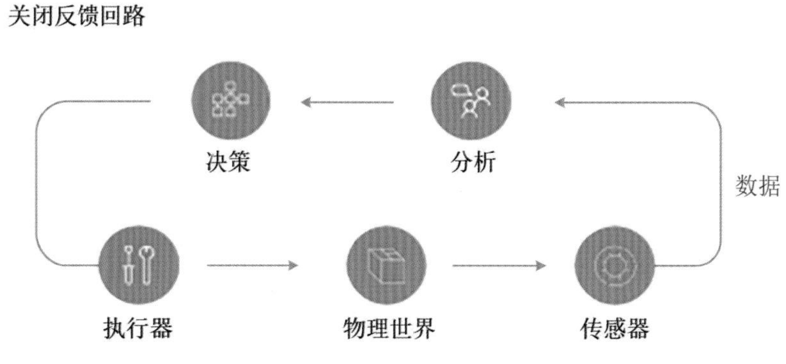

关闭反馈回路

决策 ← 分析 ← 数据

执行器 → 物理世界 → 传感器

图2 数据驱动的分析思维

我们的祖先发明石器，当时他们打猎回来要去分猎物，用撕的方法不能分得很均匀，所以他们就拿很尖的石头去切，最后他们干脆去磨这个石头，将它做成一把刀，然后他们琢磨这把刀要怎么磨，其实就是这样一个过程，他先磨出一把刀，接着他们去切猎物某一部位，发现不适用，然后再去想怎么去改进这把刀。其实这跟我们做科研或者我们今天国家定规划很类似，我们一定是根据过去的经验，对未来去做一个判定，甚至里面很可能会加入很多假说，最后我们让这样的过程转起来，那么这里面所在走的东西就是数据，不一样的地方是我们今天对数据的获得变得更容易，我们有计算的资源可以帮我们分析这些数据，从而更有效率。

关闭反馈回路永远是我们社会进步、人文进步、人类历史进步的动源，那么今天我们为什么比以往各个时代都进步得更快呢？因为以前有可能几代人、几百代人才有可能去关闭反馈回路，像我刚刚讲的我们要治理空气污染、要提高水源的品质，放在以前，你要派人去当地采样，再回到实验室里去看它的组成，然后提出假设，现在你可以装上物联网，随时监测它的数据信息，甚至可以提出各种假想，所以今天我们可以更容易更快地关闭反馈回路，在一样的时间之内，我做出改进的可能性就更大。

人工智能为何如此流行？

很多人会觉得人工智能是这几年发生的事情，事实上人工智能至少有66年的历史，约翰·麦卡锡是我的师祖，我的老师叫拉吉·瑞迪(Raj Reddy)，他也得过图灵奖，他的导师就是约翰·麦卡锡。约翰·麦卡锡在1956年的时候，在达特茅斯定义了人工智能(Artificial Intelligence)，所以大家说他是AI之父，我也荣幸成为AI之父的徒孙。

AI曾经度过两个很有名的冬天，我在1991年毕业于卡内基梅隆大学的时候，是第一个冬天的尾巴，全世界的经济刚好处于小的萧条期，当时我们这些学AI的学生都不敢跟人家讲我们是学AI的，因为你跟人家讲你是学AI的，你是找不到工作的。今天完全不一样了，今天不做AI的人都说他是做AI的，五十年河东五十年河西。那么AI这么红其实也不意外。Artificial Intelligence字面的反义词是Natural Stupidity，所以大家没有人愿意做“天生的笨蛋”，当然一定选择人工智能，其实更重要的原因是我们人类在自然界里面并不是最强大的的动物，我们跑得没有狮子、老虎快，没它们凶狠，也没大象那么大，但是我们可以征服地球，全靠我们的大脑，所以我们对有什么东西比我们聪明，是不太能接受的，不管这个东西是一种动物还是一种机器。

什么叫人工智能(AI)? 人们一开始对它的定义比较窄，即使在计算机领域中它也只是其中一个分支。但是今天，我们说的智能手机，它在世上还没有人工智能以前(事实上在20世纪90年代)就叫智能手机了，那么当时智能手机为什么叫智能? 以前我们要记别人的电话号码，今天已经没有人记别人的电话号码了，不要说记别人电话号码，自己的电话号码都不见得记得。在20世纪90年代的时候，我们可以把号码放在手机里，就不用记号码了，我们觉得很聪明，今天说打电话给张三它就会打张三，这其实是一种智能，因为你以前要记得张三的电话号码，而现在不用了，所以智能这件事情没有绝对的、只有相对的。所以其实对一般老百姓来讲，只要这个东西是计算机去做的，不是人去做的，觉得那件事情是有智能的，就可以叫作人工智能。这已经不是学术上的人工智能，比如现在自动驾驶是在讲汽车的自动驾驶，其实飞机也有自动驾驶，大部分的飞机(尤其是大型的飞机)都有自动驾驶，只要天气状况不是太差，自动起飞、降落、空中飞行都是没有问题的。飞机自动驾驶是很不容易的，你想想，能开飞机的人都不多，飞机能够自己开还是很了不起的。自动驾驶飞机最早是在1912年出现的。1912年是什么概念呢? 1911年，辛亥革命爆发，1912年到现在超过100年了，所以当年肯定没有AI，因为AI是1956年才有定义的，而且今天也没有人把飞机自动驾驶叫AI，虽然没有人这样认为，但是你绝对不能够跟人家解释说这个东西跟人工智能无关。所以说定义这件事情是很微妙的。

图3是1950年的《时代》杂志。大家读一读这段英文。1950年是什么时代? 第一，AI还没发生；第二，当时全世界绝对不会有超过10台计算机。因为计算机的诞生是在二战以后，于二战期间开始开发，当时发明计算机是想来做原子弹的。1950年全世界仅有几台计算机，绝对是两只手可以数得出来的，在那个时代如果全世界只有10台计算机，大概只有在军方才能看得到，其他老百姓哪能看得到呢，结果民间的杂志已经在担心我们造出一台计算机会比我们聪明，大家有没有觉得这个很有趣，就是说计算机还没有影子的时候，人们就已经担心所谓的超人，这篇文章所写的跟我们今天担心的是一模一样的。所以只能说明一件事情，就是我们人类对智能这件事情是既期待又怕受伤害，下面我们来探讨什么叫智能。

Can man build a superman?

"Modern man has become accustomed to machines with superhuman muscles, but machines with superhuman brains are still a little frightening. The men who design them try to deny that they are creating their own intellectual competitors"

Time, January 23rd, 1950

图3 1950年的《时代》杂志

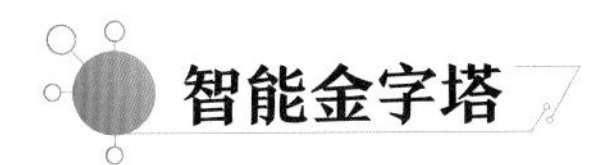

智能金字塔

(一)计算和记忆

我觉得智能可以归纳成一座金字塔,从下往上,由易到难。那么第一层就是计算和记忆。计算机最重要的就是中央处理器(CPU)和存储,那么计算和记忆在各个文化里也一直被视为跟智能有关。我们中国人讲一个人很聪明,就说他神机妙算、过目不忘。“神机妙算”就是计算,“过目不忘”就是记忆。

今天有人想去跟计算机比计算,那是以卵击石。大家是不是认为现在用算盘计算是浪费时间的事情?肯定是。但我小学的时候,当时我们觉得很会打算盘的人是很聪明的,当时我人生的第一大挫折就是我小学一年级的时候没有人选珠算队,当年打珠算是分级分段的,而且真的到一个境界是不要算盘的,叫作珠心算。即便会心算的人可以算非常复杂的加减乘除,甚至还可以开根号,但是今天有人会认为他们很聪明吗?我相信有人会把小孩送去学奥数,但有人会把小孩送去学珠算吗?没有。更不要说记忆这件事情,我刚说的记电话号码。所以计算跟记忆,我觉得大部分人都不认为这是聪明人做的事情,所以人类很高兴地把这个事情让给计算机来做,我们输给你没关系,因为反正也没多重要。

（二）感知

再上一层叫作感知，就是眼睛能看、耳朵能听，这个用AI术语来讲，就是计算机视觉，以及计算机语音识别，这与AI复兴极其相关。

中国人所讲的聪明就是耳聪目明，在中国的古书里面讲得非常清楚，一个人沈叁佰（沈复），他能够观察到那些很小的动物，老师就说他很聪明，能够观察很微妙很微小的东西，是一种目明；顺风耳可以听到几里以外的声音，这些一般就是聪明的象征。

2015年，我们微软亚洲研究院计算机视觉团队做出来一个叫ResNet的技术，团队里面包括好几个科大的实习生，因为它，计算机在大部分的计算机视觉的比赛里面是超越人的，因为人看东西是有可能看错或者辨认错误的。今天，ResNet已经成为计算机视觉一定要用的基础性技术。

2017年，语音识别也是一样，大家可能看电影或去法院的时候需要把别人讲的东西辨认出来，这是在2017年我们在微软的一项工作，我们多个团队合作的系统在语音识别的准确率上超过了人类速记员的水平。今天大部分所谓的感知，计算机基本上也是超越人的，所以你可以看到金字塔的下面这两层（图4），我用了一个特殊的紫色，其实就代表说计算机基本上已经达到人的水平，甚至于超越人。

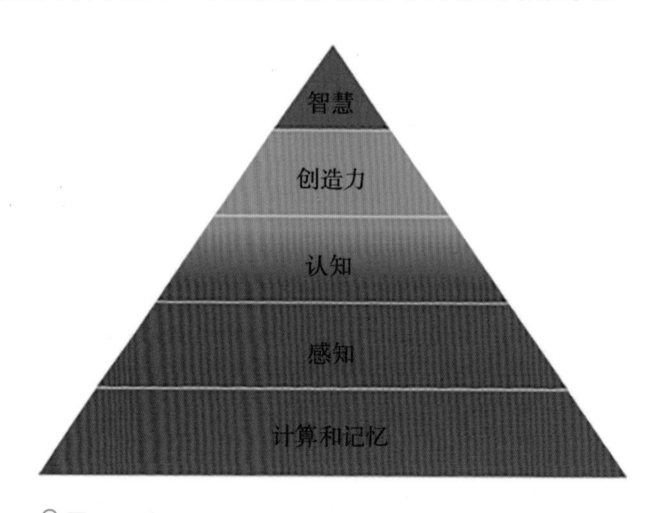

图4　智能金字塔

事实上，如果你学习了深度学习的话，计算机能在感知方面超越人其实是意料之中。我们刚刚说人记数字、记电话号码都记不过计算机，我们讲计算机视觉，比如有500个嫌疑犯在全国流窜，如果你在海关或者你在关口工作，你的工作就是辨认这些嫌疑犯，这个工作可能比记500个电话号码还困难，而计算机比我们厉害，它就是死记硬背这500个陌生人的一些特征，然后来做判断。

人的智能跟计算机的智能是不太一样的，我们经常说我一定会记得你，即使烧成灰我都认得，但计算机有这个能力吗？我相信如果你给计算机看灰，它绝对没有办法辨认出这个人是谁，对吧？所以说人的智能跟计算机的智能不见得是一样的，人对于我们想记的东西，即使它烧成灰，都能够辨认。

（三）认知

接下来讲认知。什么叫认知？我个人认为这是人类最有用的智能，为什么？比如学生每天要学习，老师要上课或者我们要发明东西，用的就是认知。你如果英文查字典什么叫“理解”（comprehension），字典会说：了解一个东西并融会贯通。学生大部分在做的就是这件事情，老师教给你的知识你不要囫囵吞枣，你要融会贯通，要洞察（insight），要去推理（reasoning），之后你要去做规划（planning），最后要做决定（make a decision）。我们去处理一件事情、解决一个问题都需要它。比如疫情来了，我们今天要做精准防控，就要先去了解，找到到底谁是“0号病人”，病毒是怎么传播的，然后要去推理，去做计划，我现在要在哪一个范围做核酸检测，做完以后我是对小区进行封闭管理还是要求核酸检测。我们在日常生活中遇到的每一件事情，几乎都需要这个步骤，这就叫认知。

认知当然比较难，拿今天的计算机视觉来说，我认得这是一条狗，这个简单，但是这是不是条很凶猛的狗，还可能有狂犬病，我要离他远远的，还是说这条狗可能很友善，我可以抱抱他？下一步就要认知，在AI里面来衡量认知的是Machine Reading，即阅读理解。在座每一个人都有经验，你们经历的很多考试里都有阅读理解，就是读一段文章回答一些问题。

做阅读理解，大家知道不是每个人都能拿满分，在2019年的时候，出现了最新的自然语言技术，计算机第一次能够超越人的平均水平。

另外一个就是翻译，人做翻译是需要理解了才能翻译的。我想每个人或多或少都当过翻译，比如有一些外国朋友来或者带祖父母、带父母去国外旅游，你肯定是要当翻译的，翻译的过程一定是了解了以后才去翻译，所以这就是一个认知的过程。大家也知道今天的翻译，尤其是多语种的翻译，人是比不过机器的，我们一般人只能够翻译中文、英文,其他语言我们做不了,因为根本都不了解。

刚才我讲了关闭反馈回路,就拿这个来解释什么叫AI。这是一个应用的描述。做分析跟做决定,你看这两块不就是我讲的认知吗?那么以前是人来做这些事情,今天你这个系统如果是一个封闭性的系统,你可以收集到很多数据,你是很有可能让这个系统自动化的,系统中的这两个步骤就是AI。所以AI其实做的就是这一块,就是能够让这个系统转起来以后,它就可以知道我们下一步要做什么。

首先我们讲智能制造。中国有很多工厂,智能制造里面一个东西叫作可预防的维修。什么叫可预防的维修?我之前讲,就是知道你这个东西什么时候会坏掉。比如,在以前,电梯或者马达等机器通常都要等到坏了,我们再打电话叫人家来修。但你知道一个电梯坏了,你打电话给维修公司,他隔两三天派一个人来,拿一台机器接上去,先收集一些数据回去分析,又隔了两三天分析出来某一个零件要换了,再去订购这个零件,最后再隔一个礼拜回来把零件换上,在这一个礼拜当中,整栋楼的人都没有电梯用了。这是费时又费钱的。

今天你怎么做?人们会给新的电梯装上一堆物联网的传感器,用于不断地收集数据,它收集声音的数据、电梯动起来的速度的数据、摩擦力的数据,数据收集多了以后,它会做判断,如果当这个机器快坏以前数据的特征是这样,人们就可以做可预防维修,或者叫精准维修,就是说东西还没坏以前,就派维修人员来这边,有时候可能加几滴油就可以了,因为电梯可能润滑油不够。

开车的人也是要定期回厂去做保养的,要换油滤器(oil filter或air filter),以前的做法就是每半年要进厂去维修一次,但是我们知道每一个人开车习惯不一样,每辆车的情况也不一样,所以你今天装了物联网的传感器以后,就可以想象到,我可以做可预防的维修,有的人很可能需要每三个月换一次,有的人可能半年换一次零件,有的人可能一年去换一次就行了,到时间就通知你赶快去维修。

很多人知道劳斯莱斯这个公司是做超豪华轿车的,事实上劳斯莱斯也做飞机引擎。它卖引擎的时候还多卖一个增值服务,就是你不用等到引擎已经坏了才找我修,我可以帮你做可预防的维修,这样就可以减少你的损失。要知道,一架飞机要出发前发现引擎故障了,造成的损失是非常大的。他还提供另外一项增值服务,是以前不可能做到的,就是一架飞机它有1/3的重量是油的重量,一架飞机成本的40%是油的成本,现在问题来了,飞机如果多载油会很安全,可是油重了就会烧更多油,那就不划算，但是如果载的少了不安全，所以它载多少油合适呢？现在可以做大数据分析，每一次在飞机还没飞以前，根据今天的风向、气候、对方塔台的情形跟这边的情形，可以建议驾驶员现在你就要加这么多油，如果今天航道比较拥挤，他就可能建议加比较多的油，因为飞机可能在空中盘旋得久一点，从而节省成本。这就是我们所讲的数字化转型。

再讲讲数字化转型(微软的发展历程)。

我们今天有了大数据，有了这些数据分析，有了AI，有了计算，那么什么叫数字化转型？虽然说我们今天谈AI谈得多，事实上AI只是其中一块，所以我更愿意讲ABC，即AI(算法)、大数据和计算。因为事实上这三个缺一不可，你必须要有大型的计算，然后这些数据怎么用算法把它利用起来，我就可以做数字化转型。

微软是一个1975年成立并发展到现在的公司，在我们的业界实际上是一个比较有规模、有历史的公司。现在的年轻人可能认为在高科技产业是比年轻的，学校不一样，学校要比谁历史悠久，高科技公司是比谁更年轻，在我们这个行业很多学生都说这个公司1975年成立，我不要加入你这个公司，太老旧了，现在大家还要去搞“双创”，越年轻越好。

但是微软今天是全球市值第二大的公司，10年前也是前10名，再10年前也是前10名。今天跟我们竞争的这些公司10年前都不知道在哪里，有很多公司10年前都还没有诞生，我们之所以能够做到业务常青，就是因为我们已经成为一家帮助每个人、每个组织去做数字化转型的最好的公司。

教育、医疗、健康、制造、政府、零售、金融服务这7大产业可能是数字化转型最先受益的，但是今年的疫情证明了每个公司都要数字化转型，因为当大家在家工作的时候，如果没有这些虚拟的数字化的东西在背后支持你，公司该如何运转？

所以数字化转型已经变成一个必要的手段，包括学校你们应该有一段时间可能在家上网课，这就是很好的例子。那么回到我们讲的AI这件事情，今天的AI深度学习，它还是有它的缺点的，当然它也有很多优点。它基本上是一个黑盒的做法，是不可以解释的。好比你今天拿一个东西去让它辨认，它辨认这是狗，最好它是正确的，但如果它把狗辨认成了猫，你去问这个系统为什么会把狗辨认成猫，它无法解释，因为它是一个黑盒。

1980年，加州大学伯克利分校的哲学系教授约翰·瑟尔(John Searle)提出的实验基本上否决了图灵测试的有效性。我想大家可能听过图灵测试，就是说有两个房间，你向两个房间里问一样的问题，并且获得答案，如果最后你分不出哪一个房间里面是机器，哪一个房间里面是人，我们就说这个机器通过了图灵测试，它就是AI的最高境界，但是约翰·瑟尔用哲学来攻击这样的想法，他的实验叫中文房间。

可能有些同学会问我为什么叫中文房间，约翰·瑟尔也不是中国人。20世纪80年代初的时候中国改革开放才刚开始，世界对中国是很陌生的，因为那时候中国跟世界的交往还非常少，中文是一个陌生的东西，所以他就用中文房间来举例。事实上这个例子有点像翻译，他坐在一个房间里，其实根本不懂中文，但他有部很大的字典，房间外的人每次问房间里的人一个问题，房间里的人就去查字典，然后回答，当然也不是说语义完全对等，约翰·瑟尔还是很了不起的，他就把这个答案查出来了，就让房间外的人觉得房间里的人懂中文，他说这就叫“弱人工智能”。其实今天的机器翻译就是这样做的，它没有理解，就是照本宣科，而真正的“强人工智能”是必须要有思考能力的。

他举了个例子，假如今天我们叫一个人来翻译下面这个句子：I am stupid，如果你去让一个翻译系统回答，它一定会翻译成“我是笨蛋”，但如果你叫一个人去翻译，这个人会说“你才是笨蛋”。我们人只有在理解了以后才会去回答，他就说对于这个例子来说，那种人工智能是假的，不是真的有智能，这就是我讲的“黑箱”和“白箱”的问题，人的思考是“白箱”，我们必须要知道因果关系，我们会加入自己的判断，这时候你才有可能举一反三。比如我们刚才讲的疫情防控就是一个很好的例子，你今天不能够说我只去测这些人，你最后还是要去溯源，查问题大概是怎么样来的。比如天津上一次的小疫情的发展，最后的结论是北美的猪头掉在地上污染了德国的猪脚的包装，然后第136号病例手就碰到了包装，所以北美的猪头污染了德国的猪脚，最后搬运工被感染。这就是一种白箱，即可解释的智慧，我们今天的AI做不到这件事情的，所以很多研究人员要做这种可解释的AI，就是做这件事情。

虽然今天AI做不到，但我这里提出一个概念叫AI+HI，就像我们刚刚讲的疫情防控，我们用了很多大数据，然后加上人的智慧去推理，因为数据看不完整，你判断因果关系的时候很难的一件事情就是有很多东西看不到数据，你看到的只是片面的，那么这个时候就需要人的推理。

（四）创造力

刚才讲到认知，我用了两种颜色，某些认知肯定机器可以做得更好，但某些认知还是需要人的。创造力，我在智能金字塔中用了绿色，原因是今天AI也可以做一些创作，比如AI可以写诗，其实用AI写诗是挺容易的事情，因为写出来的诗三分是真相七分靠想象，而且AI可以看图写诗，很多人不相信这是AI写出来的，包括对联，我们也做过对仗押韵，其实这种东西AI来做是很容易的，但是这个有没有意义，我们大家可以讨论，当然AI不仅可以写诗，还可以编曲，编曲加上写歌词，甚至可以唱歌。

用计算机去生产东西，你要多少有多少。像写歌这件事情，我可以做爵士风的，我可以做抒情风的，我可以写嘻哈的……计算机也可以画画，例如一个有趣的应用是图像风格转换(style transfer)，你拿一张照片，或者一幅你喜欢的画，然后你说我要把它转换成某一种效果，都可以做得非常好，微软已经把style transfer技术放到了拍摄软件Microsoft pix里，你们有兴趣可以下载试试。

“拙劣的艺术家模仿，伟大的艺术家偷窃”(good artists copy，great artists steal)。你们知道这句话是谁讲的吗？在美国可能很多人认为是乔布斯讲的，事实上不是他讲的。这句话是毕加索讲的，但我个人认为可能也不是他讲的，他也是模仿别人的，因为在他之前有一个英国诗人叫做艾略特(T.S.Eliot)，他讲过类似的话，“不成熟的诗人模仿，成熟的诗人偷”，其实所谓艺术，我们说天下文章一大抄，就是看谁抄的格调高。所谓创造力艺术家，你这里学一点，那里学一点，再加上自己的东西，形成特色。今天计算机能做这些事情，我觉得充其量可能还只停留在借鉴的阶段，只是模仿，还没到偷的阶段，因为你要创造一个新的东西，背后要有一层意义。对于创造力，我的定义很简单，能够创造一个新的算法去解决一个未解的问题，或者解一个问题比以前解得更好。

今天计算机完全没有做到，原因很简单，计算机今天所有的任何了不起的程序，背后的算法都来自人，没有一台计算机可以自己编程，如果有人告诉你那是在骗你，根本不可能。那么这里就很有趣了，大家说AlphaGo打败人，我认为这个是值得商榷的问题。

大家想想看，围棋比赛是有时间限制的，你想每一步都是有时间限制的，你不能想得无限长。那么AlphaGo的算法来自一群很聪明的计算机科学家，但是它在计算的时候是让几万台甚至百万台机器还加了GPU去算。我们知道人跟计算机去比计算这件事情是以卵击石,韩国的李世石或者中国的柯洁很可怜,他们下围棋的算法是来自他们自己,算的时候也在他们脑袋里算,这个比赛本身就不公平。好比我问你刚才高斯算法1加到n,n如果是一个很大的基数,计算机用比较笨的算法就是一个一个慢慢加,人用聪明的算法就是$n\times(n+1)\div2$。那谁会最先算出来呢?还是计算机。因为它的算力太强了,所以今天AlphaGo打赢李世石、柯洁这件事情根本无法证明计算机比较强,只证明了还有一批人是非常了不起的。因为人的算法如果没有可取之处的话,那根本不要比,而且这件事情也证明了下围棋和开根号、算盘、计算也没有太大差别。其实计算机怎么算,它也是模式识别(pattern recognition),虽然有个很时髦的词叫作增强学习(reinforcement learning),它在做的就是在死记硬背一些很复杂的模式(pattern)——当你是这样我就出这一招,当你是那样我就出那一招,是一种记忆,跟我们讲的所谓的模式识别或者计算机视觉没有什么两样。

AlphaGo做的了不起的东西叫作以繁制繁,就是说你今天这东西很复杂,我用牛顿求根法,我用有限元分析,我就以繁制繁。我大不了把这件事情分析成许多可能性,是这种我就出这招,是那种我就出那招,我用数据去学习。人的智慧是以简制繁,吾道一以贯之,甚至都不要一道,甚至是0,我们禅宗里面最高境界是0。如果我们看人的头脑的结构,这个是脑神经科学家做出来的结论,人的大脑大概分左脑、右脑,左脑是我们列出来的注重逻辑的、顺序的、分析性的等,而你看右脑是跳跃式的,是随机的,是看大方向的,更偏艺术、偏人文(见图5)。

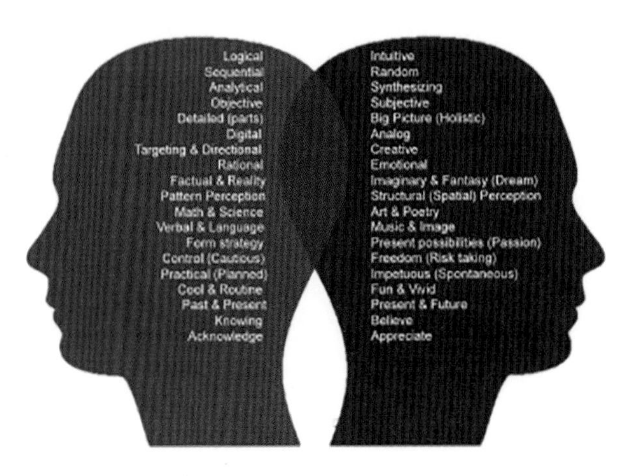

图5 人的大脑

你会发现一件事情，其实左脑就很像计算机，我们讲的大胆假设、小心求证，事实上左脑比较像是小心求证那一块，右脑是大胆假设那一块。其实我们再仔细想，艺术家或文学家，他们其实每件事情都要创造，都要是新的，要不然没有人看，你画得再好，顶多只能叫临摹。我们学理工的人，号称我们可以做很多创新，但我们每天真的在创造吗？大部分人都是用我们已知的算法来解一个问题，你可以说是应用，然后我们今天写代码，也没有人从头一行写到最后一行，都是先到GitHub找一个类似的程序来复制粘贴一下，改几个东西就可以了，所以其实我常常觉得学人文的人，他们的创新不见得比我们少，他每天都要创新，一篇文章或者一句话，如果不是新的东西，根本没有人在乎。所以我觉得人文和科技的结合，艺术和科学的结合其实是蛮有道理的。

（五）智慧

我们再来讲讲最高点的智慧，图4用蓝色标注。我个人是没有足够的智慧的，所以我没有办法定义什么叫智慧，但我知道它是很高的阶段。但是这里面我讲的智慧似乎跟我们的意识有关。

我们知道意识只有生物有，非生物是不可能有意识的，甚至大家也不认为植物有意识，事实上大家今天认为大部分动物都是没有意识的，只有一些灵长类哺乳动物才有意识。那么他们是在这里面有一个叫镜子测试（Mirror Self-recognition Test），是什么意思呢？就是我们人照镜子，然后你恶作剧贴一个便利贴在他脸上，我们人一定会想办法把这个拿掉，因为我们知道这个不是我们的一部分，那么同样做这个测试，给动物贴贴纸，看这个动物会不会觉得很怪，想去把它剥掉，结果发现大部分动物是通过不了测试的，比如说我们非常喜爱的狗跟猫就没有通过测试。

不过我的确有一些养狗的朋友告诉我，他们觉得狗看到镜子中的那条狗不知道是它自己，所以说意识是很少动物有的，那么目前公认有意识的是鲸鱼，还有某一些猩猩有意识，猴子都不太有意识，但是据说把猴子训练大概一个月以后，它会开始去拨弄便利贴，所以它开始有意识了。当然也有人问我说你怎么给鲸鱼照镜子，这件事情你也不要问我，你要去问生物学家，他们一定有办法。

我今天要讲的是说，意识跟这些创造力之间好像有一些关系。有一本书叫《思想的潮汐：揭示意识光谱》（*The Tides of Mind: Uncovering of Spectrum of Consciousness*），这是耶鲁大学的教授写的一本书。其实不止他发现了，很多人都一样发现，人的意识可以分成两个阶段:一个阶段就是说你早上起来喝一杯咖啡,意识非常清楚,完全知道自己在干什么,这叫高意识状态。另一个阶段可能像现在,中午吃过饭以后精神不济,有的时候可能还打个盹,做个白日梦,甚至于就睡过去了,或者是说洗澡的时候昏昏沉沉的,这个叫作低意识状态。结果他们发现人最有创造力的时候,不是在最高意识状态,高意识状态下你可以做计算,你可以做任何东西都不会错,但是不见得你的创造力高。人很多时候是在低意识状态之下创造力最高,的确有很多人说我最好的点子是洗澡的时候想出来的。像历史上有很多例子,贝多芬写9号交响曲的时候,他是又聋又瞎的;梵高后来把耳朵割下来之后,画了很多很了不起的画。甚至有两个科学家,一个是科普勒,拿了诺贝尔奖;另外一个是奥托·勒维(Otto Loewi),他发现了神经冲动的化学传递,他的学生拿了诺贝尔奖。这两个人的点子都是在睡梦中想到的,甚至奥托还说,他第一次做梦梦到一个点子,第二天早上起来,他明明知道他想到了一个了不起的解,但他忘记了,他第二天晚上又去睡觉,然后又梦到了,于是马上把它写下来,第二天终于证明了,最后拿到诺贝尔奖。但是奥托跟科普勒他们俩也讲了,光睡觉是没用的,我们说大胆假设、小心求证,他睡觉有点子,之后到了实验室做了无数的实验,然后经过无数次修正以后才得到研究成果,所以这两个不可或缺。觉是要睡的,课也是要上的,实验室还是要去的。

技术为善

最后我想就是说技术为善,今天这个事情变得越发重要,原因就是技术太重要了。虽然说我觉得很多人会说科学家无辜,我这个技术无辜,或者说科学都是好的,但是我觉得这个其实是不对的,原因很简单,因为我们说科技可以改变世界,你要去改变世界,世界就要来管你。

中国最近这方面的声音也越来越多了。原因很简单,我觉得科技是水,水能载舟也能覆舟。我当然相信科技带来的影响是正面的,但是科技也带来一些负面的担心,像科技是不是会造成这个世界更分裂,我们看到美国今年选举的乱象,以及社交媒体上假新闻、推送等,我们该不该负起责任?关于安全、隐私的担忧,数据偏见(data bias),你说大数据互联网金融贷款,会不会让弱势团体永远贷不到款呢?还有把AI拿去做一个机器人,大量地投入战场是不是违反人道主义,然后更不要说技术会不会取代人的工作……我觉得最后都要靠人，因为技术是死的，用它的是后面的人。比如一把刀，厨师可以拿去切菜，做出美味的佳肴，罪犯也可以拿去杀人，你难道怪这把刀吗？你要怪后面这个人，所以我觉得任何技术最后反映的都是创造这个技术的人的价值观，我们做东西也是要给人用的，然后我们可能受到影响的社会大众，包括政府单位、监管单位都需要一起合作。

微软在这方面出了一些书，尤其是去年，然后今年是在疫情期间，我们把它翻译成中文。技术可以是很好的工具，用得不好也可以被破坏分子拿来当做武器，我们要如何来处理这件事情？这里面我们提出了微软的一个观点，AI大家讲得很多，但是其实AI背后还是人，我刚才讲了AI后面的算法都是人产生的，而且AI是来帮助人的。从来没有人做一个AI是用来对抗的，下围棋是比赛，而比赛跟对抗是两回事。即使今天有人说我拿AI去做军用，也是来希望能够减少自己这方面的伤亡，没有人希望战争，没有人做AI的目的是杀更多人的。战争是一个不得已的手段，是要保护自己的国民，因为你别忘了在任何国家都叫防御，没有一个国家的国防部叫国攻部。然后AI必须是开源的，基本上没有一个人说今天有一个AI的东西，只有某一个公司或某一个人知道，其实大可不必担心被垄断，因为今天有GitHub，只要发明什么东西马上可以在上面找得到。

我们微软第一个提出了七大原则，今天在中国有很多地方，包括国家的、各个省的单位也都在谈这些：怎么能够让AI更公平，让AI更可靠、安全，能够保护隐私，能够照顾到绝大多数人的权利，透明化，又能够做到可负责，更不要忘记在任何地方跟政府的合作，把它立法，把它规范化，能够制定出规则、规章。

同时我们做科技的责任是创造可持续的未来，节能减排。我们知道节能减排的重要性。很高兴微软公司在疫情之前提出了我们的碳排放目标，我们希望在2030年全公司能够达到负的碳排放。同时我们希望到2050年，能够把我们历史上从1975年到现在所排出去的碳中和掉，所以我们微软要投资，特别要跟像科大这样的学校来合作，研究怎么把碳给吸回来。其实碳是可以吸回来的，你比如说种树，树是吸二氧化碳，它就可以把碳给吸回来。我们会很积极地寻求合作，因为这个不是只靠计算机科技，还需要化学、环境工程这方面的科技。

科技当然每个人都能用，那么科技在用的过程中，我们还是不要让任何一个人被落下。这其实跟中国所讲的扶贫很类似，我们不要忘记我们在座的每一个人都很幸运。我当然知道每个人来自不同的家庭、不同的背景,但今天大家能够到科大来,而且又学习到这么好的专业,当然将来大家职业发展都不会有问题,只是时间的问题,大家都会很成功。而这个世界上还是有很多地方的人没有那么幸运,甚至于都没有机会接受基础教育,更不要说到大学来接受高等教育。所以我们永远不要忘记,我们穿鞋的人一定要同情没鞋穿的人。我们如何能够帮助解决数字鸿沟(technology divide)呢?就是我们在科技上面要让每个人都能用上网络,所以我们要尽量让即使在偏远的乡下的人都有好的网络用。

我们这里还要讲数字技能,我们特别强调的不是你们今天在科大学的,不是计算机概论或者计算思维等,而是说一般人需要什么数字技能。在将来的社会,计算机至少是一个工具,对于技术的掌握以及对于未来技术的发展,我们各行各业的人都需要这些数字技能。这次的疫情造成很多人失业,特别是中小型企业,中国当然非常幸运,我们很快就恢复,即使在这过程中也有些企业没办法支撑,有些人就要失去工作了,但当他们再找工作的时候,怎么能够向他们提供数字技能,帮助他们找到更好的机会。当然大家讨论到AI会不会取代很多人的工作。技术的进步永远会改变职场,但不必过于担心。我们举个例子,100年前90%的人是在农村工作的,从事农业,今天我们只有5%的人从事农业,但是95%的人并没有因为这样而失业,他们又找到其他的工作了。这是一个很好的例子,所以我们怎么帮助一个人拥有一个基本的技术技能,而且甚至于我们每一个人怎么样能够保持终身学习,才是最重要的。其实我们这一行数字技能是改变最快的,我二三十年前所学的AI跟今天是完全不一样的,可以说没有一个章节是重复的,所以我相信今天的AI不要说跟30年前的AI比,跟10年前、5年前的AI比差别都非常大,我们怎么样保证大家有终身学习的机会,然后大家将来有一天步入职场还是要继续去学习,我们常常讲的就是,其实关键不在于你什么时候能够把东西都学完,你永远学不完,learning to learn,就是说你要学会一个技能,这个技能就是能够让你很快地在任何时刻都可以学习新的技能、新的知识,这个可能才是我们所需要掌握的最核心的基本技能。有了这个以后,我们根本就不用担心如何应对职场的变化。将来在教育行业,不管是基础教育、大学教育、职业教育,还是终身学习里面都充满很多机会,因为这个世界需要这样的东西。

我觉得今天在座的同学,每一个人将来都会是社会的栋梁,绝对会为你们的家乡、国家做出很大的贡献,同时我也相信你们会为全世界做出大的贡献,我觉得不管中国也好，世界其他地区也好，今天所谓的纠纷或者问题，都出在下面两件事情上。

第一是收入以及社会地位的不平等。如果想解决这件事情，在我们成功以后，我们应该想想我们怎么帮助社会、帮助国家、帮助世界、帮助那些比较不幸运的人。今年是我在微软工作的第25个年头，我很高兴有机会认识比尔·盖茨，在他所创立的公司工作，他除了给我一个好的工作机会以外，也让我学到回馈社会的重要性。他提出了一个概念叫作创造性资本主义(creative capitalism)，就是说当这些资本家、成功人士，或者说我们自己在事业上能够站稳脚以后，我们应该想怎么样用我们的力量去帮助这个世界。也因为这样，比尔·盖茨先生成立了基金会，然后在中国、在世界各地都有很多办事处，在疫情初期为中国提供帮助，现在向全世界更多地区提供帮助。

第二是多元化和包容性(diversity& inclusion)。我们中国人叫设身处地替人想，这个社会存在很多的冲突，很多时候就是我们跟其他人之间对一件事情的看法不一样，但遇到这个问题的时候，大家应该先设身处地替别人着想，想了以后你才有可能有同理心，才有可能会觉得我知道了为什么对方会这样想，才有可能创造一个更和谐的社会。今天如果大家就在对立面，不管是工作上，还是国家与国家之间，不是黑就是白，这世界永远不会有真的和谐。其实同理心的第一步就是能够设身处地替人想，我觉得这两样东西有可能是能够让世界更和谐，国家更进步，全人类的福祉提高的唯一方法。

所以说除了我们学的专业以外，希望大家特别是在事业有成的时候，能够多想想这些东西。未来的世界在你们手上，我相信未来一定会是一个更好的世界。

谢谢大家！

陈云霁

中国科学院计算技术研究所副所长

1983年2月出生，江西人，中国科学院计算技术研究所副所长。带领团队成功研制了国际首个深度学习处理器芯片，其智能处理能效达同期传统芯片百倍。相关成果被全球五大洲30个国家/地区的200多个机构跟踪引用，被*Science*杂志刊文评价为深度学习处理器的“开创性进展”。他在国内首创的“智能计算系统”课程及配套教材已应用于中国科学院大学、北京大学、清华大学、中国科学技术大学、上海交通大学等90所知名高校。

曾获国家自然科学二等奖（第一完成人），以及全国五一劳动奖章、全国青年五四奖章、国家杰出青年科学基金、全国创新争先奖、中国青年科技奖，并被《MIT技术评论》评为全球35位杰出青年创新者（2015年度）。

深度学习处理器

同学们好，我是中国科学院计算技术研究所的陈云霁，非常荣幸也非常激动能够回到母校，回到熟悉的东区大礼堂，来介绍一下我们过去做的一些工作。走到这里，看见今天这个场面，我真的感觉又回到了1997年刚刚进入中国科大的时候，记得新生的开学典礼就是在大礼堂举办的，所以回到这里真的就像回到家一样，回到了我梦开始的地方。

今天我结合我们过去的一些科研经历，跟大家分享一下我们在学习、在科研、在人生成长方面的一些不成熟的感想，请各位老师和同学多多批评指正。

我这个报告的题目叫作“深度学习处理器”，顾名思义，它是一种面向人工智能的类型的芯片。

人工智能的应用

我们做这一块的研究，其实一个非常重要的原因就是智能的应用非常重要，我想来到科大的都是对科学技术有一定的兴趣和爱好的同学，肯定也都非常关注现在国际上的科技进展，可能知道人工智能正在飞速地发展，那么人工智能到底是什么东西呢？它其实是一个非常大的范畴，智能就是知觉、记忆、学习、语言、思维、问题解决，

本文根据陈云霁研究员于2021年4月1日在中国科学技术大学“科学与社会”课程上的演讲内容整理。

等等。

我们人类日常做的这些脑力活动都是在智能范畴之内的,所以说现在智能的应用已经成为了计算机最主要的负载,因为现在计算机是我们日常生活中的一个朋友,那么作为我们的朋友,它就有义务帮我们去解决我们平常碰到的这些问题,我们平常碰到的都是这种智能问题,所以自然而然地,计算机就需要去帮我们解决各种各样的智能问题。

因此,我们看到各种各样的计算机平台上面,人工智能的应用已经成为了它里面最主要的负载,说白了,它上面"跑"的这些应用,比如说超级计算机过去都是科学计算用的工具,比如说用于模拟空气动力学、微结构分析、地球模拟、石油勘探,等等,这都是在科学计算范畴之内的,都是用超级计算机来完成的。

现在有一个很明显的趋势,就是人工智能在跟超级计算机做一个融合,像去年的戈登贝尔奖,就授给了这样一项工作,也是我们科大的校友鄂维南院士做的一项工作,把科学计算问题转成一个人工智能问题,然后在超级计算机上面去解决。所以这也是一个非常显著的例子,就是说现在的超级计算机都已经成为了智能超算数据中心,这样的计算机它上面的最主要的负载也是人工智能。

所谓数据中心是什么东西呢?如果说大家不了解的话,你看百度、阿里巴巴和腾讯,处理我们日常的这些任务用的机器,就是数据中心的计算机,那么数据中心里面一般都在"跑"一些什么样的应用呢?

当你打开百度、阿里巴巴和腾讯的App,你就会发现里面最重要的就是广告推荐,因为这是他们真正赚钱的一个东西,所以说数据中心里面的计算机最主要的负载也是这种类似于广告推荐、自动翻译的东西,这些也都是典型的人工智能的任务(图1),像广告推荐也是根据你过去买东西的记录去看你未来有可能买什么样的东西,这也是典型的人工智能任务。

我们的智能手机也是如此,智能手机上面"跑"的最主要的应用也是人工智能的业务,比如说图像识别、语音识别、自然语言理解,包括我们拍照的时候给我们美颜,帮我们去选择各种各样的拍照模式,等等。比如说我们现在打开手机拍照,一般女生都会选择的磨皮之类的,这些都是典型的人工智能处理。各种各样的嵌入式设备上面最核心的任务也是人工智能,比如说自动驾驶的汽车,各种智能的手表、手环,等等。

图1　各种平台的智能任务

所以说,如果未来我们要去设计一个计算系统的话,它里面首要考虑的任务就是人工智能的任务。

主要的智能方法

人工智能是一个非常大的范畴,从20世纪50年代的达特茅斯会议到现在已经发展60多年,这里面最主要有三类人工智能处理的方法,我们要去设计一个计算机或者设计一个系统,就要去看你到底应该支持哪一类人工智能的方法。

过去几十年最有名的一类方法叫作符号主义。所谓符号主义就是数理逻辑,主要是数学家提出来的一套方法,其主要思想是:先要找到一种逻辑,能够把世界上所有的知识都表示出来,再把我们要解决的人工智能问题也变成一个逻辑问题,然后我们用逻辑推理就可以解决各种各样的人工智能问题。

这是一个非常美好的想法,但是通过几十年的发展,大家逐渐发现这个想法其实不太靠谱,我读博士的时候主要研究这一块,就感觉到确实非常痛苦,为什么呢?因为你要去找到一套逻辑,能够把全世界的所有的知识都表示出来,这是非常困难的,迄今我们都没有这样一种非常简洁的逻辑,能把全世界所有的知识表示出来。

另外一个方面,就是你去做逻辑推理,花的时间是非常长的。我们计算机领域有一个说法叫作指数爆炸,就是你随便解一个很简单的逻辑推理问题,它基本上都呈指数时间复杂度,甚至有可能是不可判定的,就是说有限的时间都解决不了。所以简而言之,这条路基本上走不太通了。

第二类是叫作行为主义的方法。行为主义的方法是从自动控制里面来的,现在大一的同学可能还没有学到,大家再往后学自动控制的话,就会知道有正反馈、负反馈这样一些方法,那么这些就是行为主义的方法。它有点类似于骑自行车,我们的小脑会帮我们控制平衡,我们车往左倒了,小脑就会自动地控制我们的手往右掰回来一点点。

这套行为主义的方法用在机器人控制它的四肢的运动上面是非常有效的,但是很显然它的功能也是比较有限的,它相当于我们小脑的一些功能,要去完成大脑的这些功能是不太可能的。

所以现在最主流的人工智能的方法是第三类这套被称为连接主义的方法。连接主义里面最具代表性的就是人工神经网络(图2)。连接主义这个词也来自于人工神经网络,这个工作是在20世纪40年代由数理逻辑学家McCulloch和心理学家Pitts提出来的。

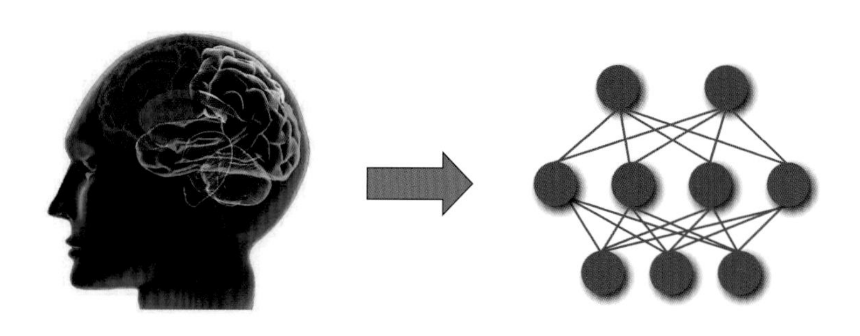

图2 人工神经网络

人工神经网络

大家都知道,我们这个世界上已知的最聪明的是我们人类的大脑,人类的大脑为什么这么聪明呢?因为我们的大脑里大概有1000亿个神经元细胞,每个神经元的细胞跟其他神经元细胞连接,我们称之为突触。那么突触有多少个呢?每1个神经元大概连1000个突触,所以总共大概有100万亿个突触。

这样一个神经元和突触组成的网络,赋予我们人类很强的智能处理能力,我们的智能就来自于此，所以McCulloch和Pitts就提出来我们可不可以借鉴人的大脑进行信息的处理，有没有可能使机器也具备一定的智能，这就是人工神经网络这套方法的产生原理。

当然了，人工神经网络实际上也是对于生物神经网络的一种抽象和简化（图3）。一个生物的神经元细胞是非常复杂的，我们中学都学过生物，知道有细胞膜、细胞核、细胞体等，神经元尤其复杂，它跟其他神经元细胞之间有各种离子，如钙离子、钾离子、钠离子等的交换，等等。这对于我们做计算机的人来说太复杂了，所以，从某种意义上来说，就把它做一个非常简单的抽象，每个神经元我们抽象成一个数字，神经元之间的连接、每个突触我们也都抽象成一个数字，这样形成一个数字组成的网络，我们最后就发现它居然在某种意义上继承了人脑进行智能处理的能力，它居然真的能解决很多人工智能问题。

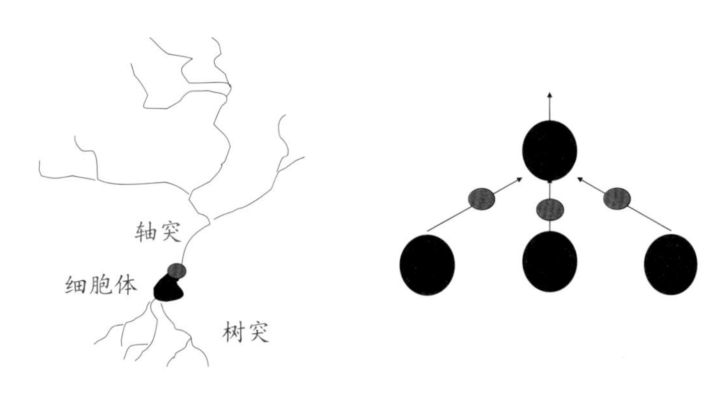

图3　生物神经元和人工神经元

我们可以看一个简单的例子。这是一个最简单的人工神经网络（图4），这个人工神经网络如此的简单，以至于它只有一个神经元。它的计算过程其实也非常简单，从某种意义上来说，这个神经元可以从外界得到输入，x_1到x_n是它的输入，每个输入有自己的权重，就是w_1到w_n，我们经过一个加权的汇总之后，再通过一个非线性的计划函数决定它的输出，这就是一个最简单的人工神经网络，只有一个神经元的神经网络的工作机理。

这种人工神经网络的工作从某种意义上来说，跟生物的神经元细胞已经很不一样了，有一个它的不一样之处，我看过的一个笑话对其描述得非常准确。它说我们做计算机的人用的这种人工神经网络跟生物的神经网络之间的差别，就像是米老鼠和老鼠之间的差别一样，我们知道米老鼠的卡通形象是从老鼠抽象出来的，但是迪士尼公司为了让米老鼠看起来更加萌，让更多小朋友愿意去花钱购买，会让米老鼠拥有很多老鼠实际上并不具备的特征，而老鼠真正需要的什么淋巴系统、生殖系统、血液系统、排泄系统等都被丢掉了。我们做计算机的人，最开始也是这样，从生物中得到一些启发，但真正去研究人工神经网络的时候，并不需要拘泥于生物到底有什么特征，生物是给我们一个启发，但你要不要去用这个启发，是你根据需要来决定的。

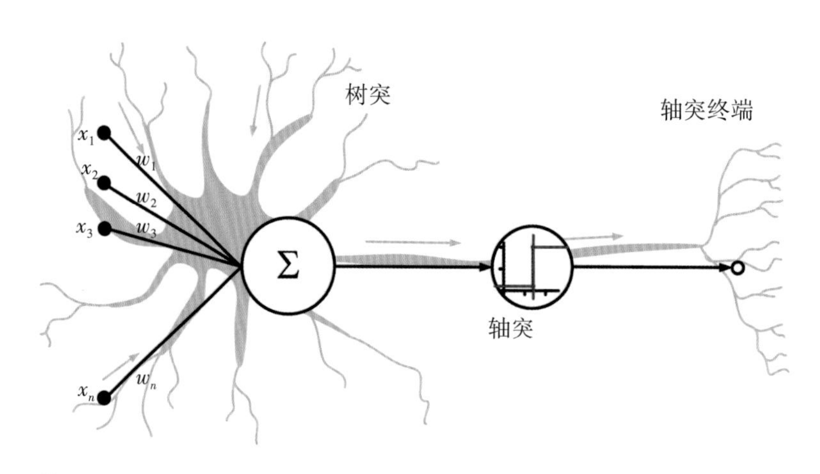

图4　最简单的人工神经网络

刚刚这个是一个人工神经网络，这个人工进化中只有一个神经元，神经元能做什么呢?

虽然这样很简单的人工神经网络只有一个神经元，但它已经可以去解决一些问题了。像这个(图5)里面就有一个叫作x_1=1，x_2=-1，这一类我们就可以从里面分类分出来，所以它就可以去解决一些分类问题。

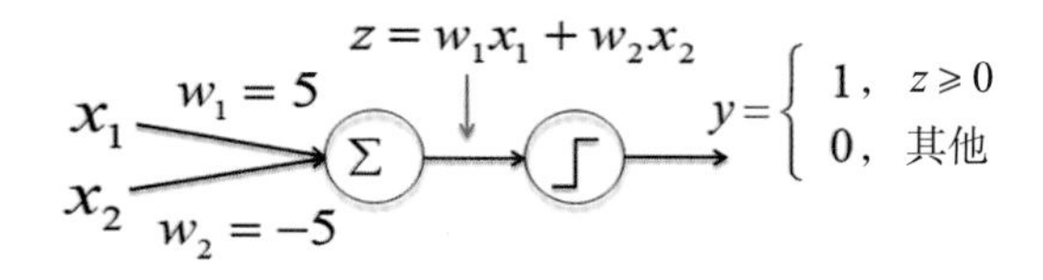

x_1	x_2	z	y
1	-1	10	1
-1	1	-10	0

图5　一个人工神经元能干什么?

分类问题是非常重要的，比如对面走来了一个人，是男人还是女人？我认识还是不认识？叫什么名字？这都是典型的分类问题。如果能解决分类问题，就意味着人工神经网络可以解决各种各样的问题。

刚刚讲的是一个神经元组成的这种人工神经网络，如果我们有很多个神经元在一起（图6），会是什么东西呢？现在有一个非常热门的词，我想大家可能或多或少听说过，叫作深度学习，其实就是一种多层大规模的人工神经网络，它也是在一定程度上受到人的思维、人的大脑启发的结果。

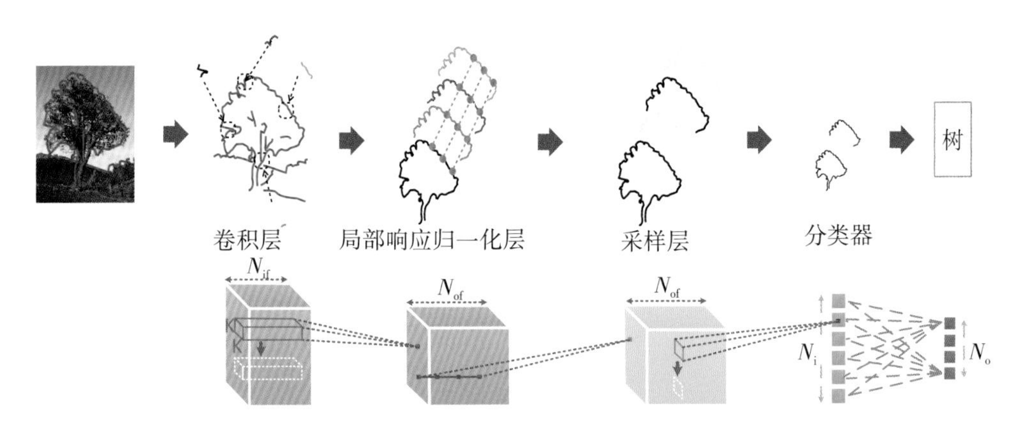

图6　很多个人工神经元能干什么？

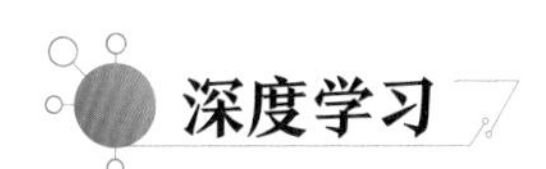

深度学习

我们知道灵长类的大脑里面最主要的部分就是新皮层，新皮层大概是由6层神经元细胞叠加起来的，所以深度学习最开始也是5层或者6层的神经网络组成的这样的一种深层的网络。就像刚刚我们说的米老鼠跟老鼠的关系一样，最近这十几年发展下来，做计算机的人早就不拘泥于大脑的6层了，现在几百层甚至上千层的网络都已经出现了，这么多层的神经网络到底是怎么工作的呢？

简单来说，每一层都可以逐层地对信息进行采样和加工，然后赋予神经网络智能处理能力。

举一个简单的例子，比如说在这个图（图7）里面，第一层可以看到一些比较局部、比较简单的特征，比如方块或者对角线这样的东西；到了第二层我们可以看到一些更大范围、更复杂的特征，比如说圆圈里面有个点之类的东西；到了第三层，神经网络又会在更大的尺度去把这些底层的特征聚合起来，这些底层的圈之类的东西，聚合成了一个蜂窝网格的结构，逐层地进行信息的抽取，才能加工，最后深度神经网络就可以去解决很多有意思的问题。

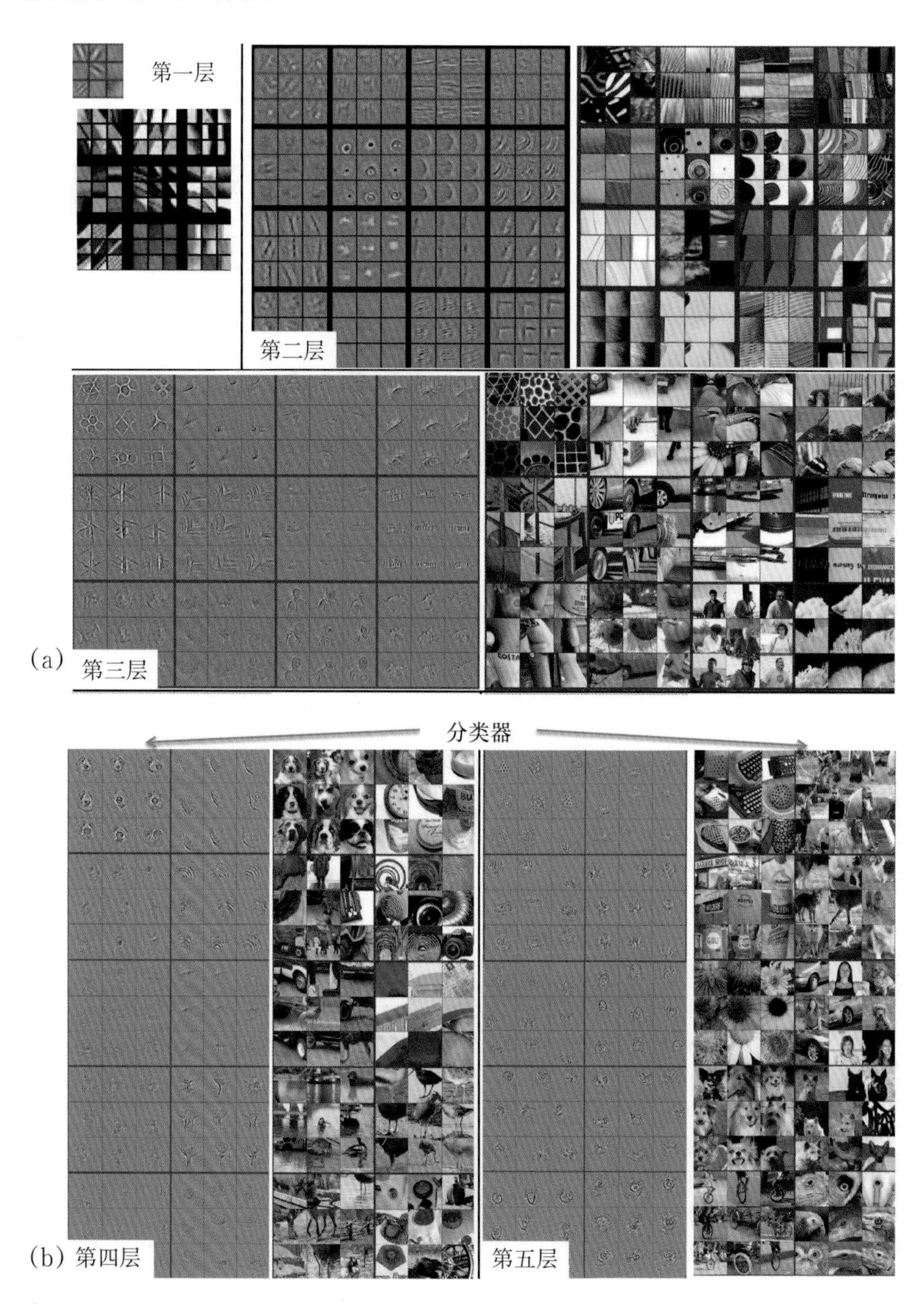

图7 深度学习举例

比如说图像识别里面有一个最经典的测试集，或者大家用得最多的叫ImageNet，它可以对1000类物体做分类。我不知道大家用过铁路12306 App没有，这个App有个界面让你把里面所有的茶杯、自行车、轮子等挑出来，就是一个典型的图像识别的问题。

ImageNet这样一个最经典的图像识别的测试集上面，用机器去做，已经可以超过人类的准确度了。同样的，人脸识别也是如此，今天我们生活中的很多地方都开始用人脸识别，包括支付宝都用刷脸支付，在图像识别最典型的基准测试集，比如LFW上面，人大概可以做到97%，而用深度学习方法可以做到99%以上。

语音识别也是用深度学习做的(图8)，大家都很熟悉的科大讯飞语音输入法，它的背后都是用深度学习技术在做，包括自然语言理解；还有很多博弈对抗之类的，这个是我们说的比较官方的名字，实际上就是“打游戏”。

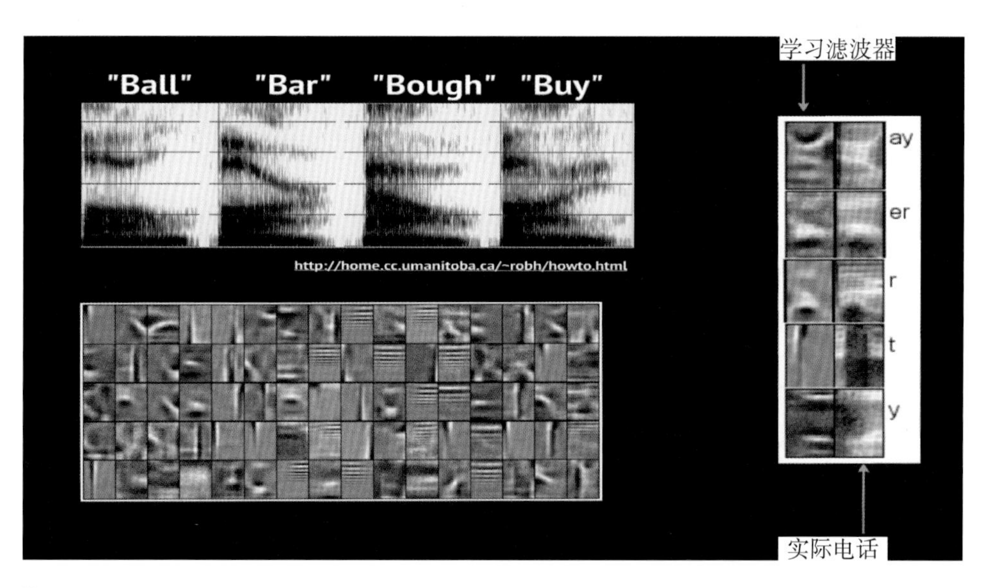

图8　语音识别

我想大家可能都听说过AlphaGo，它就是用深度学习的这种方法去下围棋(图9)，能够战胜人类的世界冠军，包括李世石和柯洁，而且研究发现AlphaGo的这个DeepMind团队是一个很有意思的团队。做人工智能的人在很早就开始关注DeepMind团队了，他们在2014年就非常有名，因为当时DeepMind还是一个初创公司，没有任何产品，也没有任何专利，但是谷歌大概花了4亿英镑将其收购。当时大家觉得谷歌是个冤大头，4亿英镑收购了一个完全没有产品的公司，但事实证明谷歌是非常有眼光的，那么谷歌当时为什么会花4亿英镑去收购它呢？就是因为DeepMind提出了一套很有意思的人工智能方法，叫深度强化学习。

图9 博弈对抗

刚刚我们讲的是深度学习，所谓强化学习就是一个越用越好的一种模式，或者说是在战争中学习战争的模式。就是以人工智能算法到实际生活中去用，用完了之后根据实际环境的反馈，再去调整神经网络模型，这样神经网络模型就越来越强。DeepMind在2014年的时候就用这样一套方法去教计算机，教会了它打几十种小游戏，都是类似于小霸王学习机上的那种游戏。在这几十种小游戏里，大概有20多种最后打出来的分数都超过了人类的世界纪录。

所以谷歌认为这个太厉害了，于是将其收购了，收购了之后它又用这套深度强化学习下围棋，战胜了人类的世界冠军，虽然这个有人觉得是意料之外，但是对我们专门做人工智能的人来说，又觉得是情理之中的事情。

深度学习处理器

前面讲的都是算法这个层面上的东西，那么为什么我们会去做深度学习处理器这样专门的芯片去解决深度学习的问题呢？这里面有两方面原因。刚刚我们也讲了，深度学习是迄今为止进行人工智能处理最好的方法，它渗透到我们的云服务器和智能手机的方方面面;另外一个很重要的原因就是传统的芯片通用的CPU跟GPU在进行人工智能处理的时候,效率是比较低下的。

举两个例子。一个是2012年谷歌的一项非常有影响力的工作,就是谷歌打出的招牌:用了大概1.6万个CPU核跑了好几天,去训练怎么识别一个猫脸。

这说明两方面原因:一方面是深度学习的训练算法跟我们人脑进行学习的方法很不一样,因为我们要去识别一个猫脸,只要看一眼可能就行了,这叫作“one glance”,但是深度学习算法目前还没有这么聪明;另一方面也说明了我们传统的芯片,尤其是CPU在进行智能处理时速度实在是太慢了。

另外一个例子就是AlphaGo在跟李世石下棋的时候,大概用了超过1000个CPU和100个GPU,所以它是一个非常大的机器,每盘棋光电费就大概要数千美元,所以有人就开玩笑说李世石跟AlphaGo下棋是一个不公平的比赛。AlphaGo当时用的那台机器的功耗是几千瓦,而李世石的功耗可能是20瓦——两碗饭的功耗。其实从某种意义上来说,这说明了很实际的问题,就是现在芯片在进行人工智能处理的时候能耗实在太高了。

想象一下,如果有一天我们真的进入智能时代的话会是什么样的。我们现在应该还在这个门边,还没有进入智能时代,那么为什么我们还没有真正进入智能时代?为什么我们有这么多好的智能的方法,却没有在我们的日常生活中真正造福我们的普通老百姓?很大程度上就是硬件制约了我们的发展。你想一个普通人买得起1.6万个CPU核吗?或者好的GPU一个要5万元,你有500万元买100个GPU吗?即使你是个“土豪”,你有几千万元,你能买这些东西,每天你在生活中想使用它的时候,你用得了吗?你能每天背一个这么大的机器走来走去吗?这个东西必须要能塞到手机、电脑等设备里面去,它才能真正给我们的生活添砖加瓦,去改善我们的生活。

只有当我们生活的方方面面都被它改善的时候,我们才能说智能时代真的到来了。所以我们就需要有专门的芯片,就是深度学习处理器,这在计算机发展的历程中是一个非常常见的现象。

1998年我大一结束的那个暑假,我爸给了我一笔钱,让我去买一台电脑,那个时候买电脑都是自己买来各种各样东西装,CPU、内存、硬盘、主板、机箱,还有现在大家都见不到的软驱、光驱等,但有一样东西我没买,就是GPU,那个时候的计算机里面是没有GPU的，现在大家感觉不可想象吧？

因为那个时候可能图形处理没有那么重要，但是到后来大家逐渐发现了，你买一台计算机如果不打游戏，不看电影，就实在是太浪费了。这个东西越来越重要，就出现了图形处理这样一类芯片，而且逐渐成为了我们的标配，到今天不仅仅是我们的服务器里面，我们的笔记本电脑里面有这些，我们的手机里面、台式机里面甚至是一个很小的摄像头里面都会有这些芯片。

信号处理也是这样的，今天我们都知道4G、5G需要做大量的类似于信号处理的算法的处理，比如说类似于傅里叶变换，可能大家还没有学复变函数，不过不要紧，迟早会学的，信号处理这些也非常重要，我们研究通信一定会用到它，但是CPU处理起来效率也很低，所以就有了DSP这样专门的一类处理器。

现在我们的每一个手机里面都有好几个，每一个基站里面都有好几个，如果未来真的进入智能时代的话，我们可以相信智能处理的重要性应该比图形处理和信号处理更加凸显。这就意味着在智能时代，未来的每一台计算机都可能需要一个专门的深度学习处理器的芯片，不管是我们的手机还是服务器、摄像头，这个的广泛应用面将会是前所未有的，甚至有可能会重塑整个计算机行业。

过去我们都觉得CPU是计算机的中心，但是如果真的进入智能时代，智能是我们所有处理的中心的话，我们控制一台计算机都是通过语音、图像来控制的话，那么有可能深度学习处理器将会成为计算机中用于控制的最核心的东西，所以它对信息产业、计算机产业都会带来变革。

我们的科研之路

当然非常幸运的是，我们可能是国际上最早认识到这样的变革的一个团队，这是运气，也是得益于我们中国科学院、中国科大和计算所的培养。我们大概是从2008年开始做人工智能和芯片设计的交叉研究，之所以我们会做得比较早，是有一个这样的原因。

我们的研究组，起的名字叫作“寒武纪”，大家可能知道在生物学或者地质里面，寒武纪是非常重要的纪年，第一它是一个很早的纪年，在此之前叫前寒武纪时代，基本上很难找到动物的化石，但寒武纪大爆发，各种各样的现代动物的祖先都登场了。

我们觉得未来是不是有可能碰到一个智能的大爆发，所以我们就给自己的项目组起名叫寒武纪。

之所以会做这个事情，有一个原因：我自己是1997年来科大读本科的，我们那时候是5年制，所以我2002年本科毕业之后到中科院计算所读研，我的导师也是我们科大校友，是8611的胡伟武老师，那时候他在做龙芯，我就跟着他一起做龙芯通用CPU设计，到现在快20年的时间了，我一直在做芯片方面的研究。

另外一个原因就是我家里还有一个弟弟陈天石，跟我的经历也差不多，他本科也是科大少年班的，后来也是我们计算组的研究员，但是我们有点不太一样的是他在少年班学完了数学专业的本科，毕业之后，在我们科大的计算机学院硕博连读，导师是陈国良院士和姚新教授，主要是跟着他们做人工智能算法的研究。

2008年的时候，我们就想做一些合作的工作，因为我是做芯片的，他是做智能算法的，我们想合作没有别的可做，就只能做智能芯片了。这就是我们做这个工作的由来（图10），但正好这个巧合使得我们能够走在国际的同行之前去开展这方面的研究。

图10　计算所深度学习处理器研究的渊源

那个时候我们做这些完全就是觉得它很有意思、很好玩，正好我们的背景又可以很匹配。如果说我们等到这个研究方向已经成为了热门，比如今天它已经成为了一个很热门的方向的时候，你再想去做，就不可能做引领性的工作了。另外，我们还有一个国际同行Oliver Temam教授，当时他也想做这方面的研究，但他在国际上也感到非常孤独，因为实在是没有人做这些东西。

我记得我当时还有件这样的事，我们做这个方向研究的时候，大概是2012年的时候，我找我的一个博士生说，你要不跟我一起做一做这个东西？他很聪明，于是他就去做了一些调研，然后跟我说，陈老师我研究了一下，发现我们这里在顶级会议上没有这方面的文章，说明干你说的这个东西不太可能发文章。我说，我也觉得你讲得很对，确实好像发不了文章，但它是我们的一个学术理想。当然我也不会强人所难，所以他就去干别的了。

反正就是说当时是非常孤独的，然后正好Oliver Temam教授也感到非常孤独，所以有一段时间他就到我们计算所来，跟我们一起做了很多的工作，后面因为种种原因他也离开了。

这里我们就介绍一下我们当时具体做的一些工作，我们在2013年，通过很长时间的努力，终于研制了国际上第一个深度学习处理器的架构，当时确实非常痛苦，不仅仅是没有国家项目的支持，而且包括我们的研究生同学也觉得这个方向没有太多的意义。我们第一个工作的rtl是我一个人编的，因为大家确实都没有认识到这个东西的重要性，但是最后我们惊讶地发现，这样一个工作最终还是得到了学术界的认可。

因为我们设计的第一个深度学习处理器的架构，面积大概是通用CPU的1/10，但达到它百倍的智能处理的性能（图11），这个工作获得了ASPLOS的最佳论文奖，这是我们整个亚洲地区，包括日本、韩国在内，第一次在国际体系结构的顶级会议上获奖，过去只有美国才能做到这一点。

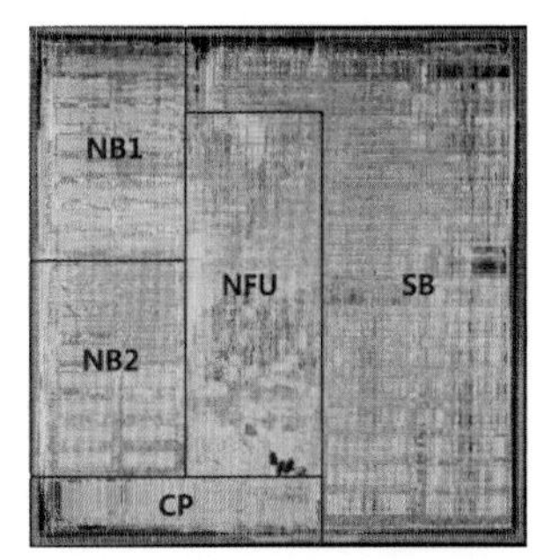

- 1GHz，0.485W @ 65nm，通用CPU 1/10的面积，100倍的性能
- MLP/CNN/RNN/LSTM/Fast-RCNN/SOM/……

- **2013：国际首个深度学习处理器**
  - **DianNao: ASPLOS'14最佳论文**
  - **亚洲首获体系结构A类会议最佳论文**
- 2014：国际首个多核深度学习处理器
  - DaDianNao：MICRO'14最佳论文
- 2015：国际首个通用机器学习处理器
  - PuDianNao：ASPLOS'15
- 2015：摄像头上的智能识别IP
  - ShiDianNao：ISCA'15
- 2016：国际首个神经网络通用指令集
  - Cambricon：ISCA'16最高分论文

图11　开创深度学习处理器方向

另外，我想我们在座很多同学未来都要从事科学研究的工作，可能会发论文，起一个吸引眼球的题目也是非常重要的。我们论文的名字大家可以看到是一个比较奇怪的名字，因为最开始我们想做一个像人一样聪明的东西，我们应该给自己的论文起个名字叫“electric brain”之类的东西，就是“电子大脑”。但是刚刚讲了，我们有一个外籍合作者，就是Oliver Temam教授，他跟我说，你千万不要起这样的英文名字，他说：我总结了一个道理，大家都觉得外国的东西比较厉害，如果你起一个中国名字的话，对于我们外国人来说，这就是一个外国东西，就会显得比较厉害。

然后我们就得把“electric brain”翻译成中文，但是因为国际的期刊或者会议上实在是打不了中文，会出现乱码，所以我们就用了汉语拼音，“electric”就是“电”，“brain”就是“脑”，合起来就是“电脑”。所以“Dian Nao”的名字就是这样来的。然后到2014年我们又研制了国际上第一个多核的深度学习处理器的架构，它的面积非常大，大概有16个核，所以叫作“大电脑”。后来又有“普电脑”，它能够做各种各样的机器学习的任务，它比较普遍、普适；还有视觉的处理，叫“视电脑”，等等。

更有意思的是到了2016年的时候，我有一次在看*Communications of the ACM*，应该说是我们这个领域最有影响力的杂志了，就是《美国计算机学会通讯》。我翻开突然看见加州大学伯克利分校的一个教授写了一篇文章，专门介绍“电脑family”。这个人我素昧平生，从来没见过，也从没有来往过，但他就写了一篇文章介绍我们的“电脑family”，题目叫作《如果一生只能设计一款芯片，就要设计这样的芯片》，最重要的是他还给大家查了字典，告诉大家拼音里面“电”是什么意思，“脑”是什么意思，“大”是什么意思，“视”是什么意思。我都没有告诉他，他就自己查了某种字典。没想到我们做科学研究还能够弘扬中国文化。

2015年之后，我们就基本上把深度学习处理器这个方向逐渐地建立起来了，现在国际上就有很多同行在跟踪引用我们做的这块研究了。于是我们又想我们做的这些研究是不是真的能用，所以到2016年以后，我们团队就有一部分人离开了计算所，孵化了一个企业。当然我还留在计算所里面，但是我弟弟就离开计算所办了“寒武纪”这个公司。今天我们的深度学习处理器已经用在上亿台智能手机、智能服务器、智能摄像头里面。

那么我们做的这些研究到底对学术界的价值是什么呢？我们大概总结一下是这样的：我们解决了这样一个问题，就是如何用一个深度学习处理器芯片，高效处理不断演进的海量深度学习算法。因为这个人工智能或者说深度学习是一个非常大的框，它要做各种各样的东西，图像识别、语音识别、自然语言理解、广告推荐都要去做，算法非常多，全世界每天大概有数以10万计的深度学习算法的研究者，他们每天不干别的，就在那写新的算法。这对于我们做硬件的来说就是一个很大的挑战，因为做一个芯片大概要两年，你花两年把芯片做出来的时候，这个算法已经过时了，好几代新的算法都已经出来了，那怎么去解决这样的一个挑战呢?

三大矛盾与解决思路

这里面我们就分解了一下，总共有三个矛盾。

第一个是有限规模的硬件与任意规模的算法之间的矛盾。其实这个芯片是一个铁疙瘩，里面有多少硬件的神经元突触，这是出厂时固定的，但是算法是可以变来变去的。比如说你要定一个数组，它有100个变量，方框里面写个100就行了，你想把它变成1000个，简单加个0就行了。软件上你可以随便加个0，所以你可以认为它是没有上限的，甚至是可以趋向于无限的，但硬件上你可做不了加个0这事儿。我们CPU上面就加、减、乘、除4个运算器，你想加个0，那就得再买10个CPU回来，所以有限规模的硬件跟任意规模的算法之间就存在一个矛盾。

第二个就是结构固定的硬件与千变万化的算法之间的矛盾。硬件里面的神经元突触的连线在出厂时就连好固定了，但是算法是变来变去的。比如说你做图像识别的时候，一般用这种卷积神经网络，就是每一个神经元都跟邻域相连，做图像处理的时候是这样的，但是做自然语言理解的时候又不是这样的，就比如说自动翻译的时候，可能很多个神经元之间任意两个都要连，还有很多随机连的，等等。总之，相当于一个固定的硬件跟变来变去的算法之间就有一个矛盾。

第三个就是能耗受限的硬件与精度优先的算法之间的矛盾。就是我们设计一个硬件或者芯片，它必定是有自己的能耗上限的，比如说你用在手机里面，你不管怎么做，不能超过一瓦，超过一瓦会怎么样? 手机就发烫了，你就顶不住了，电池一会儿就用完了，极端情况甚至可能烧坏了。但是我们写算法的人不是这样想的，在座可能有同学写过程序，或多或少有写过程序的经验，你在写程序时有没有想过这个程序会耗多少度电，至少我在读大学的时候，在学体系结构、学芯片之前，我从来没想过这个问题。这个程序能跑对就很不错了，至于耗多少度电这怎么想得清楚？这就产生了矛盾，设计 AlphaGo 那些大哥们就没有想这个问题，耗了几千度电，但是你真正要进入智能时代，真正要能够用起来，你就必须要解决这个问题：能耗有限的硬件跟以精度为导向的算法之间的矛盾。

我们只有解决这三个矛盾，才能够是一个真正意义上的深度学习处理器。

怎么解决呢？有些比较具体的我就不展开多说了，大概说一下思想，针对第一个问题——有限规模的硬件怎么去支撑任意规模的算法？这里面我们的核心思想就是通过硬件神经元的虚拟化（图 12），通过时分复用，可以把有限规模的硬件虚拟成任意大规模的神经网络。

有限规模的硬件 vs 任意规模的算法

学术思路　通过时分复用，将有限规模的硬件虚拟成任意大规模的人工神经网络

关键技术

■ 控制架构：支持硬件神经元的动态重配置和运行时编程

■ 访存架构：分离式的输入神经元、输出神经元和突触的片上存储

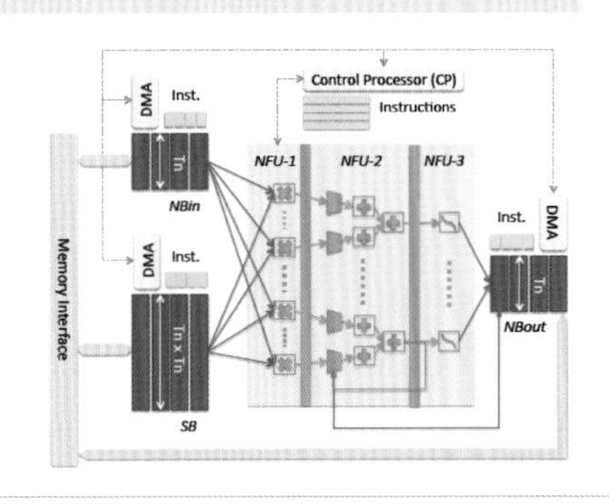

图 12　硬件神经元虚拟化

比如说我们有一个非常大的这种白色的人工神经网络（图 13），然后我们的硬件又很小，就黑色这么一点点，但你不用担心，我们可以让硬件每一段时间假装只处理这么一点点，处理完之后再换一块处理，这样类似于通过蚂蚁搬大米的方式，就可以用很小的这种硬件去虚拟出一个任意大规模的算法上的神经网络来。

在这个过程中我们就解决了这样一个规模的问题，当然这里面会带来一些数据搬运的开销，这个我们可能要通过一些数据上的优化方法去把它降低到尽可能小，但这个就涉及很多公式的推导，我就不多说了。

第二个问题就是结构固定硬件怎么去应对千变万化的算法。这里面我们的主要手段就是深度学习指令集（图 14）。

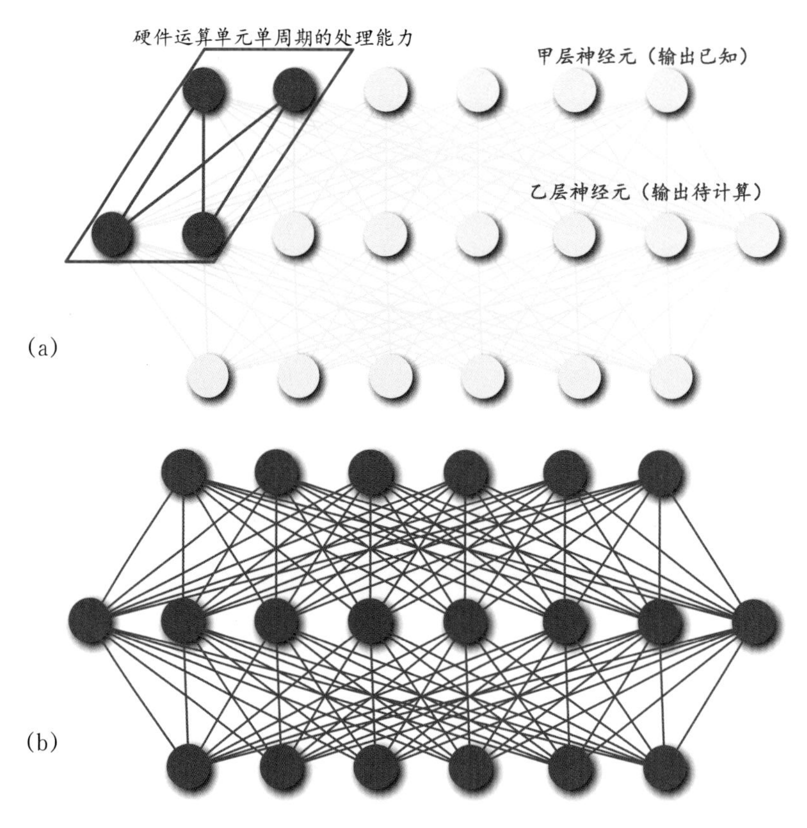

图13　硬件运算单元的时分复用

结构固定的硬件 vs 千变万化的算法

学术思想　自动化抽取各种深度学习（机器学习）算法共性基本算子，设计首个深度学习指令集来高效处理这些算法

关键技术

- 算子聚类：自动化抽取算法核心片段，基于数据特性聚为少数几类
- 运算架构：设计共性神经元电路，支持变精度流水级

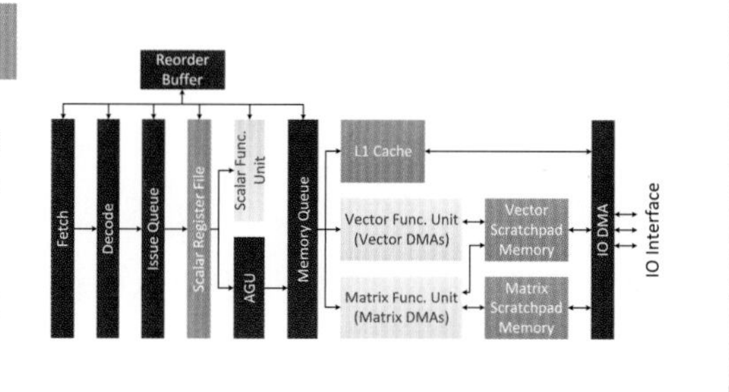

图14　深度学习指令集

这里面的思想就有点像拼乐高积木，我不知道大家有没有玩过乐高积木。以前我们小时候是没有乐高积木的，想玩城堡，你就得买一个城堡，想玩飞机，你得再买一

个飞机。但是乐高积木就比较好,它有很多标准的接插件,你只要拿着图纸拼接就可以。如果还想要一个坦克,我可以把以前的拆了再拼一个坦克出来,所以我们就自动化去抽取了各种各样的深度学习和机器学习算法里面的共性的基本算子。

然后根据这些算子,我们就设计出了第一个深度学习的指令集,那么这些指令集中的每条指令其实就相当于一个乐高积木的接插件,不管这个算法怎么变,我都可以证明它的完备性,用这些接插件就可以把新的算法给拼接出来。

当然具体来说我们分析的算法很多,有很多种类型,上百种算法,我们找它里面最共性的运算操作,设计它的运算指令,找它们共性的仿存的特征,设计它的仿存指令,等等。这里分析的算法很多,包括k-means、支向量机、贝叶斯网络、朴素贝叶斯、决策树、深度学习、线性回归,等等。

我们发现这些深度学习和机器学习算法虽然非常多,但是里面共性的基本运算就这5种,还是比较规整的。我想大家经过大一的学习可能都已经明白这5个东西了——向量内积、向量距离、计数、非线性函数、排序,这些都非常简单,所以最后我们发现深度学习算法非常多,但你一看它的"元素周期表",其实并没有100种,只有个"金木水火土",所以这样我们就可以设计出一个非常有针对性的计算的指令来(图15)。

- 主要运算
  - 向量内积
  - 向量距离
  - 计数
  - 非线性函数
  - 排序
- 数据局部性特征
  - "三个柱子"

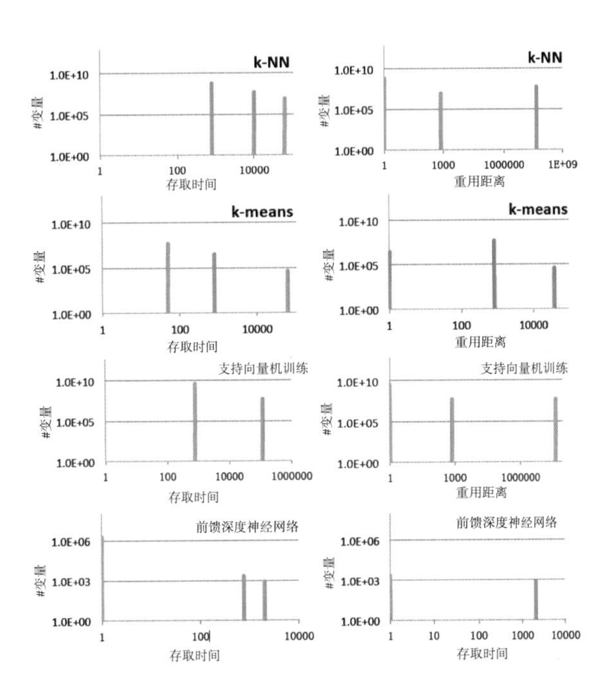

图15　主要运算和数据局部性特征

我们的仿存上面也有一些我们的特征，总之通过这样的方式，我们设计出了国际上第一个深度学习的指令集，而且逐渐得到了很多研究所和企业的采用，已经成为了一个比较有影响力的标准。

第三个就是能耗受限的硬件与精度优先的算法之间的矛盾。这里我们解决这个矛盾用的思路叫作稀疏神经网络处理的思想(图16)，这个也可以说在某种程度上受到生物的启发。比如说我们大脑里有1000亿个神经元细胞，像我这个年纪的基本上很少再生，我在这里做一个小时报告就不知道又死了多少个，但是我这个人看上去似乎还是正常的，那么这是为什么呢?

因为我们的神经网络是有一定的代偿能力的，个别神经元突触凋亡、断掉了，整个体系系统展现出来的能力可能基本上不会变化。比如说我们人工神经网络里面有很多神经元的突触，它的绝对值很接近于0，就是图上红色的这些(图16)，我们大不了就跳过去不算，但我们的识别可能还是准确的。

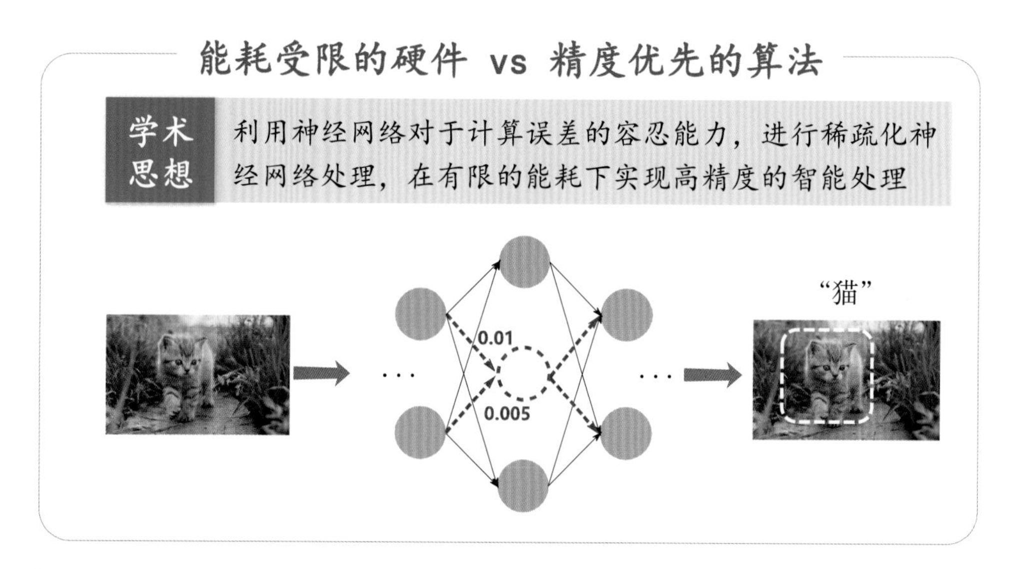

图16　稀疏神经网络处理器结构

斯坦福大学有一项工作就发现，我们通过有效的训练机制，可以让整个神经网络里面大概90％的东西都把它约等于真理，最后识别准确度不变。这对于我们做硬件的人来说是一个很大的福音，我们就可以把这90％的东西跳过去不算，我们的算法的功能不受影响，但我们的硬件能耗可以减到1/10甚至更多。

学术影响

我们的工作应该说在国际上取得了一定的影响。大概从2008年开始坚持到现在,已经过去13年了,我们这些坚持应该说还是得到了良好的效果,从最开始完全无人问津,既没有项目支持也没有学生的情况下,到今天我们可以看到这个领域已经成为了计算机体系结构国际学术界主要的热点之一。在我们这个领域最重要的国际会议上,平均有1/5的论文引用我们的工作,这里面就包括全球五大洲30多个国家200多个机构,基本上全球前100的大学里面绝大多数都在引用和跟踪我们的论文去做深度学习处理器相关的这种研究。这里面还包括两位图灵奖得主,10多位中国和美国的院士,上百位ACM/IEEE的会士在引用跟踪我们的论文,我们的工作也被写进了深度学习的经典的教科书。

2018年2月份的时候,*Science*杂志对我们的工作进行过一次专门的报道,放在它的正刊里面(图17)。可以看到中间的芯片就是我们过去研究的一些芯片,它评价我们是“AI芯片的引领者”“专用芯片体系结构的先驱”和“远离硅谷的开创性的进展”,所以在学术层面上形成一定的影响力。

CHINA'S AI IMPERATIVE

The country's massive investments in artificial intelligence are disrupting the industry—and strengthening control of the populace

By **Christina Larson**, *in Beijing*

In a gleaming high-rise here in northern Beijing's Haidian district, two hardware jocks in their 20s are testing new computer chips that might someday make smartphones, robots, and autonomous vehicles truly intelligent. A wiry young man in an untucked plaid flannel shirt watches appraisingly. The onlooker, Chen Yunji, a 34-year-old computer scientist and founding technical adviser of Cambricon Technologies here, explains that traditional processors, designed decades before the recent tsunami of artificial intelligence (AI) research, "are slow and energy inefficient" at processing the reams of data required for AI. "Even if you have a very good algorithm or application," he says, its usefulness in everyday life is limited if you can't run it on your phone, car, or appliance. "Our goal is to change all lives."

In 2012, the seminal Google Brain project required 16,000 microprocessor cores to run algorithms capable of learning to identify a cat. The feat was hailed as a breakthrough in deep learning: crunching vast training data sets to find patterns without guidance from a human programmer. A year later, Yunji and his brother, Chen Tianshi, who is now Cambricon's CEO, teamed up to design a novel chip architecture that could enable portable consumer devices to rival that feat—making them capable of recognizing faces, navigating roads, translating languages, spotting useful information, or identifying "fake news."

Developers hope artificial intelligence-optimized chips like the Cambricon-1A will enable mobile devices to learn on their own.

Tech companies and computer science departments around the world are now pursuing AI-optimized chips, so central to the future of the technology industry that last October Sundar Pichai, CEO of Google in Mountain View, California, told The Verge that his guiding question today is: "How do we apply AI to rethink our products?" The Chen brothers are by all accounts among the leaders; their Cambricon-1A chip made its commercial debut last fall in a Huawei smartphone billed as the world's first "real AI phone." "The Chen brothers are pioneering in terms of specialized chip architecture," says Qiang Yang, a computer scientist at Hong Kong University of Science and Technology (HKUST) in China.

Such groundbreaking advances far from Silicon Valley were hard to imagine only a few years ago. "China has lagged behind the U.S. in cutting-edge hardware design," says Paul Triolo, an analyst at the Eurasia Group in Washington, D.C. "But it wants to win the AI chip race." The country is investing massively in the entire field of AI, from chips to algorithms. The Chen brothers, for example, developed their chip while working at the Institute of Computing Technology of the Chinese Academy of Sciences here, and the academy backed them with seed funding when they spun out Cambricon in 2016. (The company is now worth $1 billion.)

Last summer, China's State Council issued an ambitious policy blueprint calling for the nation to become "the world's primary AI innovation center" by 2030, by which time, it forecast, the country's AI in-

PHOTOS: (CLOCKWISE FROM TOP LEFT) STR/AFP/GETTY IMAGES; JIN KE—IMAGINECHINA; SHAN HE—IMAGINECHINA VIA AP IMAGES

628 9 FEBRUARY 2018 • VOL 359 ISSUE 6376 sciencemag.org SCIENCE

图17 2018年2月*Science*杂志刊文评价寒武纪的研究

这就是我们过去做的一些工作，其实今天可能我自己的研究已经离深度学习处理器逐渐远去了，我觉得从某种意义上来说，对于我们做基础研究的人，很重要的一点，就是不要去跟风去做这种热点的东西，即便是自己弄出来的一个热点。在10多年前我觉得我非常有必要去做这种深度学习处理器的研究，因为没有人做这一块，但今天已经有很多人在做这个工作了。全球就有200个机构在做这方面研究了，甚至有上市企业也在做这些东西，那么从某种意义上来说，我们就应该去做一些更新的更有前瞻性的一些研究。

工作展望

今天我想做的工作或者说未来的一个梦想，是解决这样的一个问题，就是随着我们技术的发展，如何实现近乎无限的计算能力。

我记得2007到2008年的时候，我跟着陈国良院士和胡伟武老师做过一台计算机，叫作KD-50，就是科大50的意思，那台机器都是用龙芯CPU做的，那台机器的峰值计算能力大概与一个大屋子那么大的计算机差不多，开起来风扇的噪音嗡嗡的，人待在里面基本上感觉都要崩溃了。而今天我们来看，10多年前的一台这种超级计算机它的峰值计算能力甚至比一个指甲盖这么大的寒武纪芯片的峰值计算能力还要小。

按照这个趋势来发展，未来再过10年、20年，我们一个芯片的峰值计算能力，可能就比现在最快的超级计算机还要快。那么如果再有几十万个这样的芯片连在一起，我们就可能会拥有近乎无限的计算能力。所以我们的问题就是：当你拥有几乎无限计算能力的时候，有没有可能产生人工智能的一个变革?

我们想做的就是这样的一个工作，其实目前正在做，这从某种意义上对我来说也是一个游戏，这个游戏的虚拟世界有自己的物理规则、化学规则和生物生命的规则，虽然规则简单，但是孕育着无限的可能性。

在这个虚拟世界里面，可能有海量的人工生命，就相当于每个都是一个人工智能程序，有海量的人工生命在这样一个虚拟世界里面生存，这些人工生命在里面生存繁衍和竞争的过程中，就有可能创造出自己的数学、语言、文化甚至文字出来，甚至有一天它能够产生出自己的科学家，发现虚拟世界背后的规律。

这让我想起一句话，就是蒲柏曾经写过一首赞美牛顿的诗："自然和自然界的规律，隐藏在黑暗里。上帝说：'让牛顿去吧！'于是，一切成为光明。"如果说有一天在我们这个虚拟世界里面也自发地产生了它自己的牛顿，掌握了虚拟世界背后的规律，这可能就意味着通用人工智能出现，这就是我们未来想做的基础性的研究。虽然我也知道这个工作可能在10年之内不一定会见到成效，或者说在我退休之前不一定会见到成效，甚至在我有生之年不一定会看到结果，但我觉得这是一个非常有意义的方向，这也是从我在科大读本科，一直到今天延续下来的这样的一个梦想，所以我觉得为这样一个梦想去持续努力是有意义的。

寒武纪当然是提供了一个硬件的基础，我想在寒武纪之后还会有更多更有意思的东西出现。

最后分享我非常喜欢的一句话，是斯蒂芬·茨威格的一本书《人类群星闪耀时》里面写的，说"一个人生命中最大的幸运，莫过于在他的人生中途年富力强的时候发现了自己的使命"。我觉得我自己就非常幸运，通过科大的培养，找到了自己的使命，就是从事计算机科学的研究，虽然这里面有过很多痛苦，也有很多的波折，但是因为这是我的梦想，这是我认定的使命，所以能够坚持下来。

我也祝愿我们每一位同学在科大的4年期间也能够找到自己的使命，我相信我们的科大同学一定能够践行自己的使命，做出世界上最领先的成绩。

谢谢各位！

王立铭

浙江大学生命科学研究院教授

2005年毕业于北京大学生命科学学院，2011年毕业于美国加州理工学院生物系，研究方向为果蝇社会性行为的遗传学和神经生物学机理，获哲学博士学位。获得吴瑞基金会顾孝诚讲座奖，香港求是基金会求是杰出青年学者奖以及国家自然科学基金委优秀青年科学基金（2015年）。

也是知名的科普作家，是“知识分子”巡山报告的专栏主笔，著有《上帝的手术刀》《吃货的生物学修养》《笑到最后：科学防治五大现代疾病》等科普著作，其中《吃货的生物学修养》获得国家图书馆文津图书奖。

新冠疫情和中国科学的未来

首先非常荣幸能有这个机会来科大做一场报告。我知道咱们科大这门“科学与社会”的课程，一般都是请学术界或者工业界大咖、卓越成就的前辈来给大家讲，我作为一个年轻的后辈，其实是有点诚惶诚恐的。当然我也能理解为什么会给我这么一个机会让我来讲一点东西，可能也是因为从2020年到现在的这场历史性的疫情，至少让我们这一两代人前所未有地意识到生命科学和医学、健康相关的话题，已经不再仅仅是一个单纯的科学话题，已经变成一个历史性、世界性、社会性的问题。所以可能我猜想科大的老师们也是因为这个原因，觉得可以请一位主讲人来就这个话题展开谈一谈，这个话题在科学界、工业界、整个世界可能会产生影响，所以我很荣幸能有这个机会来聊聊新冠这个话题。

虽然我自己不是研究新冠病毒，也不是研究新冠肺炎的，但是刚才大家可能也听到了，一方面我是一个生命科学家，不算外行，另外可能更重要的是我给我自己的定义是这个领域科学和产业的一个观察者、总结者和记录者。在过去这一年多的时间内，我花了非常多的时间密切地关注这个领域里发生的科学事件、重大突破、重大进展以及重大争议等，在这儿也非常高兴能有这个机会，和大家一起来从科学的视角里重新梳理一下新冠病毒、新冠肺炎带给我们整个人类世界的变化，以及未来可能会发生什么样更多的变化。

本文根据王立铭教授于2021年5月12日在中国科学技术大学“科学与社会”课程上的演讲内容整理。

COVID-19:百年仅见的公共卫生危机

新冠肺炎已经不再是一个纯粹的科学问题了,它已经变成一个社会问题、公众性问题,甚至还在很多时候它会变成一个政治问题。考虑到今天大家的专业背景,我主要想从科学技术的角度来重新梳理它,相当于是在科学史的角度里怎么看待新冠肺炎、新冠疫情可能会给我们带来的变化。

一年多的洗礼之后,大家可能对新冠病毒已经完全不陌生了。如果说2020年初新冠疫情刚刚暴发的时候,我们对它可能还有各种各样的猜测,比如它是不是有点类似2003年的SARS,或者它是不是类似于2009年流行的猪流感等这样的历史性的其他疫情,到今天我觉得我们至少可以达成一个广泛的共识,那就是COVID-19或者说新冠肺炎的疫情,已经可以说是百年来仅见的全球性的公共卫生危机了。

在世界的所有角落里,甚至包括像南极洲、喜马拉雅山这样人迹罕至的地方,都已经出现了或大或小的新冠疫情。大家可能已经在新闻上看到过,就在这一周珠穆朗玛峰的登山基地里,也发现了十几例新冠肺炎的患者,所以这已经是一个百年仅见的历史性的危机。既然叫百年仅见,那显然就意味着至少在百年的尺度上它曾经发生过,所以我们可以从这个角度来首先理解一下,它可能对我们人类历史意味着什么。

为什么说百年仅见?原因很简单,因为在100年前,人类历史上出现过另外一次对整个人类世界产生过极其重大影响的公共卫生事件,就是1918大流感(图1)。有时候人们叫它“西班牙流感”,但是根据科学史和流行病专家的考察,这个名字大概率是很不严谨的,因为西班牙流感目前有据可查的源头应该是在美国,只是因为当年新闻媒体的报道让大家觉得好像西班牙特别流行,所以就给它起了名叫西班牙流感。

1918大流感如果单从死亡人数来说,要比新冠更加严重,目前历史学家普遍认为1918大流感导致了至少5000万人的死亡,甚至有多达1亿的死亡人数,可能是整个人类历史上致死人数最多的一次事件,不仅仅是公共卫生事件,因为它已经超过一战和二战导致死亡人数的总和。

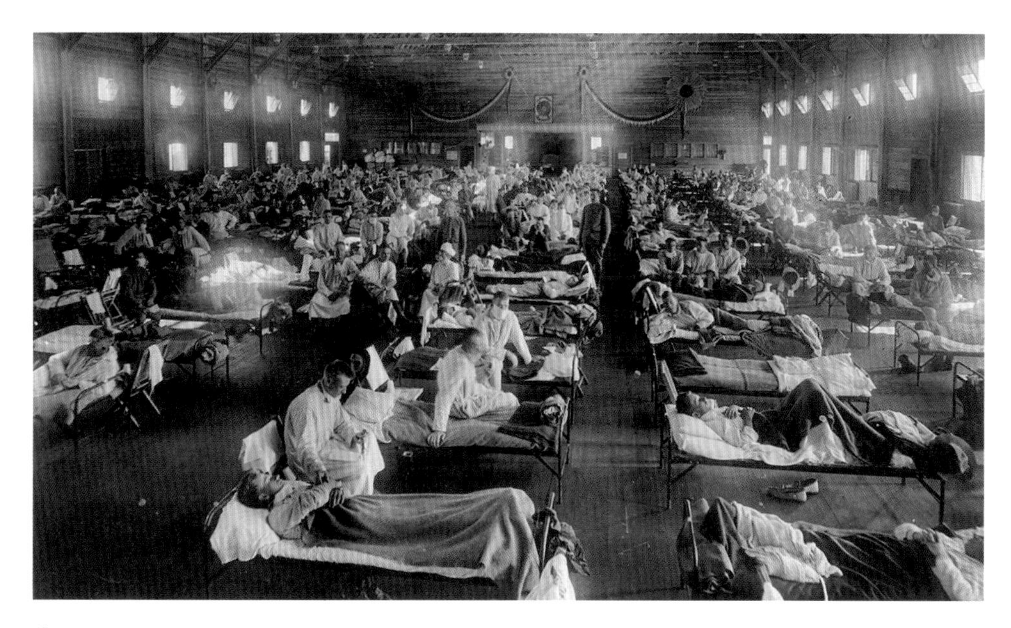

图1 1918大流感

今天这个时间节点，如果我们想理解新冠可能产生的历史意义，其实从1918大流感我们可以得到一些借鉴。可以想一想，在1918大流感之后，人类世界发生了什么变化？至少有两个变化。大家可能有人知道，尤其是男同学，如果你比较关心世界军事历史，你可能会意识到1918大流感还是第一次世界大战结束的原因之一。因为这个流感有一个很有意思的特点，就是几乎没有人有免疫力，所有人都会得，其中身体比较健康的青壮年的死亡率最高，正好是参军打仗的这群人的死亡率最高，所以导致到1918春夏的时候，欧洲大陆上的各个国家，特别是德国已经找不到足够的兵源来继续这场战争了。这也是德国在1918年投降的原因之一。大家可以看到，在一战德国投降之后，包括后来的巴黎和会《凡尔赛合约》，也包括咱们中国的五四运动，整个世界很多事件都因此而发生了巨大的变化，甚至从某个角度上，可以说是这场大流感塑造了欧洲大陆甚至整个世界的过去100年的政治版图。

另外一个事情大家可能不太知道，在1918年大流感之前，19世纪末20世纪初那几十年的时间内，世界各国有一种非常主流的思潮叫作社会达尔文主义。大家可能有人听说过这个词，强调弱肉强食适者生存的逻辑，认为在人类社会里，也是谁强壮、谁聪明、谁健康甚至谁更有钱，谁就应该拥有更多的生存的权利，那些穷人、那些身体不太好的人就应该被淘汰。这是当时一个比较流行的思潮。1918大流感实际上给人类敲了一个警钟。因为其中一个很重要的原因，就是大家发现在大流感面前，原来那套社会达尔文主义站不住脚了，青壮年也有可能得病死亡，富豪住在自己的城堡和别墅里，也有可能被感染，也有可能死亡，大家意识到在这个疾病面前，其实所有人都是平等的。达尔文主义实际上在人类社会是没法起作用的。

也因为这个原因，在1918年之后，世界各国都开始建立我们今天非常熟悉，但是当时非常陌生的所谓的公共卫生制度，包括医疗保障制度，也走向了历史性的两个分化。以苏联为代表的社会主义国家开始实行医疗的公有制，开始建立公有的医院、公有的诊所，甚至像咱们中国流行的“赤脚医生”，这套逻辑其实都可以从1918大流感找到线索，因为大家觉得生命健康不再是可以听天由命的，我们需要建立一个机制保障大家都健康，大家才能好好活着。另外一套机制就是以美国为代表的资本主义国家开始走上另外一条道路，即建立私有制系统下的医疗保险体系。医疗保险公司也是差不多从1918大流感开始出现的。包括咱们中国在内，所有国家的医疗保障体系，本质上都是这两套东西的总和，有一部分是公有制的，由国家保障，也有一部分是私有制的，需要每个人掏钱来买单。但是不管是哪一套机制，大家都要意识到这些都是和这场杀死了几千万人的大流感有密切的关系的，没有它就没有我们今天习以为常的医疗保障制度。

那场大流感导致的很多结果，在我们今天的生活中仍然可以感受到，只是大家可能已经不知道源头是什么了。既然如此，像1918大流感一样对人类产生重大影响的新冠疫情，在未来100年可能会对人类产生什么影响?

可能今天我们仅仅看到了它的一个开端，它可能会产生非常深远的非常全面的影响，需要我们这代人去观察它，甚至介入它，在中间发挥我们的作用，这是我们今天要聊新冠肺炎疫情的最大的历史背景，它是一个百年仅见的公共卫生危机，它应该也会产生这种持续几十年、上百年的对整个人类历史、人类世界的影响。

在这个背景下，当然我们还是要聊科学，所以接下来我会和大家一起梳理一下，在过去的一年多的时间内，整个世界科学界对这个百年仅见的危机到底干了什么；哪些地方干得很好，哪些地方可能干得不尽如人意，未来还有哪些进步的空间，我想正反两方面聊一聊。

首先是我特别希望和大家聊的，这就是关于新冠可能产生的历史影响。我看了很多文章，其中让我觉得最有说服力、最有共鸣的一个总结是《纽约时报》的一个专栏作家叫托马斯·费里德曼(Thomas L. Friedman)的。他在20年前提出一句非常著名的话叫“世界是平的”，所谓地球村的概念就是他提的，他在新冠肺炎期间又讲了另外一句非常著名的话。他说“新冠肺炎这场疫情历史性地把人类世界切分成两个历史时期，所谓新冠前时代（Before Carona）和新冠后时代（After Corona）”。它的历史定位就更加高级了，这过去1万年的历史都可以浓缩成一段历史，未来会发生各种各样不可预测波澜壮阔的变化，这可能也是我们这一两代人的历史责任。

我们接下来还是顺着科学的逻辑来梳理一下这场疫情是如何发生的。大家从新闻上可能已经看到很多了，根据目前我们能看到的科学文献，其实最早的一篇文献是发表在《柳叶刀》杂志上的武汉金银潭医院的医生们做出来的工作。目前能从医疗档案里还原出来最早去该医院就诊的一个新冠肺炎患者。从那个时候开始陆陆续续地有病人发病，目前有据可查的大概至少有上百位的患者，因为同样的原因到医院去接受治疗。

你可能会马上产生一个问题，就是说既然如此，为什么在2019年12月1号或者至少12月中旬开始有一些患者的时候，我们没有马上采取措施来控制、防范，甚至治疗？这个原因也很简单，我们不能用后视镜来看待这个历史，就是说我们今天来看新冠疫情，大家会知道它好像有一些比较典型的症状，这个可能在过去一年经过新闻的轰炸，大家已经非常熟悉，可能都能背出来。新冠肺炎的症状无非是发烧，而且一般是低烧，然后浑身乏力、干咳、呼吸急促、白细胞指标不高等，听起来好像较为严重，但实际上大家如果熟悉病毒引发的呼吸道传染病，你会意识到可能所有的或者至少是绝大多数的呼吸道传染病患者都是同样的症状。

即便是其中这条听起来好像比较专业——肺部影像的变化，所谓的磨玻璃样影，即肺部会出现一些这种边界不太清晰的白色的阴影（图2），即便这也是很多呼吸道传染病中非常常见的一个症状，在秋冬季节里，呼吸道传染病本身就是非常高发的，大量的病毒引起的肺炎最终都是这个样子。

大家可以设身处地地想象一下，在医院的呼吸科传染科看病的医生们，实际上每天大概至少都要接诊十几位，甚至是几十位有类似症状的呼吸道传染病患者，一般情况下医生都会用一个比较传统的方法来给他开处方、进行诊断，因为无论如何，这都是由某种病毒引起的传染病。要求医生们从每天十几位、几十位，可能一个月要看上千位这样的呼吸道疾病的患者当中，敏锐地发现有几位好像和其他人不一样，猜他们是不是患一种新的疾病，是一件非常困难的事情。所以我们倒可以说当时武汉的医生们能够非常敏锐地在12月中下旬的时候就已经意识到，在所有的这些他们接诊的呼吸道疾病的患者当中，有一些可能和其他人的不一样，实际上是一件非常了不起的事。

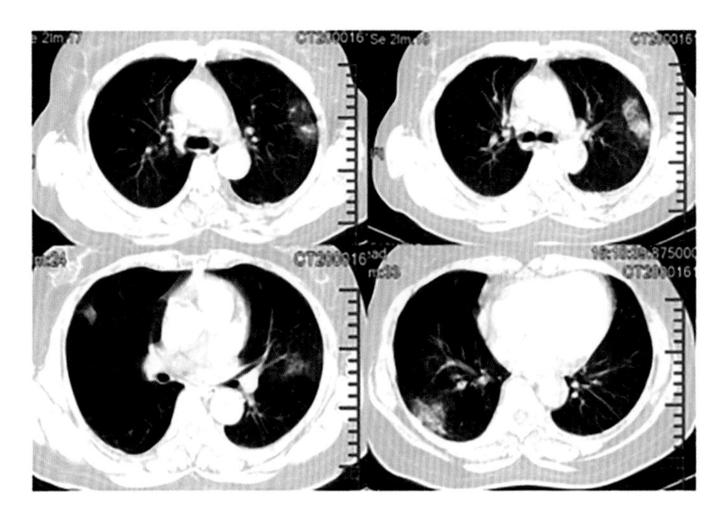

图2　不明原因肺炎的核心症状

至于说为什么他们会觉得不一样，我们今天回头看实际上还是有一点点历史的巧合在里面，也算是一个比较积极的巧合，就是在当时12月中下旬发现的一些新冠肺炎的患者，他们恰好相当一部分，实际上和大家知道的比较著名的一个地点，就是武汉的华南海鲜市场有过直接的接触，要么是在市场工作的，要么是到过市场里采购或者销售等的人员。

当然我们现在会意识到新冠肺炎大概率不是从华南海鲜市场传播出来的，它至少不是最初的传染源。但当时历史的巧合使得武汉一线的呼吸科的医生们意识到这个病看起来有点不一样，因为他们陆陆续续接触到的一批患者都是从同一个市场里来的，而且症状比较类似，所以他们就开始猜这一批患者是不是代表一种全新的疾病，这种全新的疾病背后是不是可能有一种全新的病原体，所以这个时候他们就开始采取一些现代生物技术措施来干预它。比如说他们开始把患者的呼吸道样本送到公司里去做病原体的检测，看看有没有流感、腺病毒等这些已知病毒，这个时候如果发现没有，他们就会意识到如果现有的病毒都没查出来，是不是就意味着有一些新的病毒了，新的病毒实际上没有办法靠传统的检测方法检测出来，必须要用比较先进的基因组测序技术把呼吸道样本里所有的DNA或者RNA的片段全检测一遍。检测之后，他们当中的有些人就比较敏锐地发现了,这些患者的呼吸道样本里有一些病毒序列和之前检测的不一样。

到了2019年12月底的时候,就已经开始有测序公司从呼吸道样本里测到了一些类似于SARS病毒的序列。这个时候也能体现出数据分析能力的高低了,如果数据分析能力不太高的公司就会很粗糙地得出一个结论,说我们测到了一个很像SARS的病毒,因为序列大概有80%的相似度,这也是为什么在2019年12月的时候有一些所谓的谣传或者传闻,说"武汉发现了SARS",实际上并不是,只是有些测序公司的分析能力有点问题。如果是分析能力比较好的测序公司,它就会意识到这个病毒的序列虽然很像SARS的基因组序列,但和SARS基因组序列有些区别,到了2020年1月初的时候就开始有科学家意识到这件事,他们完成了基因组的组装,把全新的一个病原体,就是新冠病毒的基因组序列完整地测出来,而且拼接完成,并且把它上传到世界范围内流感基因组的数据库里。这是我们第一次知道有一种新的病原体出现在人类世界,论文的主导者是复旦大学生命科学学院的张永珍教授,他在疫情的发展过程中,对新冠病毒的检测过程起到了非常关键的作用。我们已经通过基因测序找到了新冠病毒的踪迹,知道有一种新的疾病,而且新的疾病背后有一个新的病原体。

接下来可能大家就会产生第二个问题,既然2019年12月底2020年1月初的时候就已经知道有一个新的病毒了,为什么那个时候没有按照一个全新的疾病来对待它?实际上也有科学上的道理。原因很简单,就是你在一个人体内发现一个新的病原体和这个病原体是导致疾病的原因,这两者之间还是有很大的区别的,大家在接受基础的科学训练的时候都会遇到这个问题,就是所谓相关性(correlation)和因果性(causality)之间的关系,相关不代表因果。关于这个话题我们也是有历史教训的,比如说就在2002年SARS疫情的时候,其实科学家们就已经犯过类似错误。当时科学家们通过解剖SARS患者的遗体,发现他们的肺部有一种新的病原体,他们认为是一种肺部的衣原体,所以当时就有科学家在很早的时间就宣布SARS实际上是衣原体引起的一种传染病。之后的几个月时间内,对于SARS肺炎的治疗,主要就是用抗衣原体的药物,包括阿奇霉素这样的药物来治疗,事后差不多又过了大概半年时间,科学家们才重新意识到SARS疾病背后的病原体不是衣原体,而是一种新的冠状病毒,就是SARS病毒。那就更加凸显这句话:我们在一个患者体内找到了一种新的病毒,不意味着这个病毒就导致了疾病。

建立病原体和疾病之间的因果:科赫法则

怎么才能证明确实是病毒导致了这种新的疾病,这时候就要引入一个非常重要的科学上的概念,叫科赫法则。大家如果是学生物的可能会知道,这个概念是19世纪的德国的细菌学家、细菌生物学奠基人之一的罗伯特·科赫(Robert Koch)提出的。科赫法则见图3。

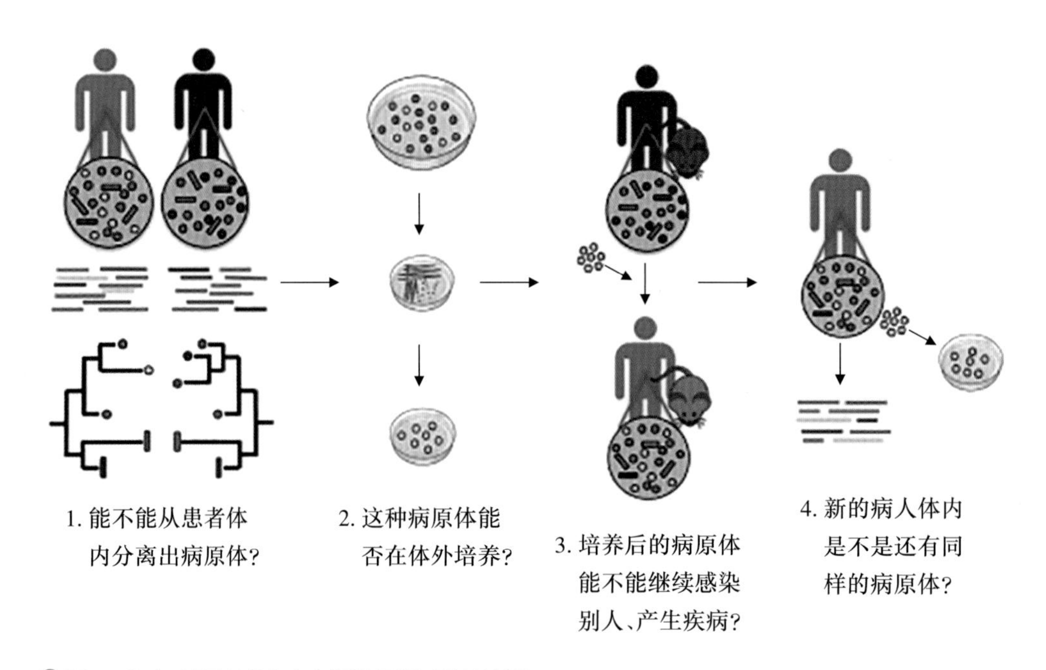

图3 建立病原体和疾病之间的因果:科赫法则

他提出这个法则主要的目标就是希望能够在一种新的病原体和一种新的疾病之间建立因果关系,证明就是这个病原体导致的疾病。他自己也确实用这个法则鉴定了很多疾病的病原体,包括肺结核的结核杆菌,伤寒、炭疽病背后的病原体。这个法则实际上非常简单,本质上讲就是4条,而且这4条可以非常好地对应在刚才我说的相关性和因果性的关系上。

第1条是患者体内能不能找到病原体,这本质上是一个相关性的研究,就是说患者疾病和病原体之间有没有相关性,是不是同时出现的。在2020年1月初的时候,科学家通过基因测序已经能在新冠肺炎患者的体内找到新冠病毒了,这条已经实现了。

比较难的是下面这3条。它们结合起来可以认为是满足了因果性的关系，就是说你证明第一条没用，你还得证明这个病原体能够从患者体内分离出来在体外培养，培养完了之后，如果用它来感染一个健康人，还能让健康人得病。健康人得病之后，他的体内还能重新找到这个病原体，如果后3条都落实的话，就基本上可以非常确定地说，这个病原体就是导致这种疾病的唯一的原因。

当然了，在今天我们显然是没有办法照搬科赫法则的，因为首先它不符合医学伦理，我们不可能真拿可能的病原体找一个健康人来试验。所以我们就需要有一些更新的手段来贯彻科赫法则的精神，但不照搬科赫法则的技术，接下来我会讲几个比较重量级的科学研究，它们都是围绕科赫法则后面这3条进行的。

我先讲科赫法则2，这个研究是中国疾病预防控制中心的科学家们率先完成的，当时他们做了一个研究，即看从新冠肺炎患者体内分离出来的新冠病毒能不能在体外培养。当时也不知道什么细胞能培养这个病毒，所以他们做了一个很有挑战性的研究，他们直接找到了国内一位非常有名的肺移植的专家，希望他提供一些人体肺部的样本，他们就直接拿从新冠肺炎患者体内分离出来的病毒和健康人切下来的这一块肺里面的细胞在培养皿里培养，发现新冠病毒可以在人体肺部的某些细胞里生存，图4(b)里的那些小点就是新冠病毒。分离出来之后，每个病毒的单独颗粒就是图4(a)的样子——中间有个球，你要仔细看就可以看到每个球周围有一些颜色非常浅的小点，那就是新冠病毒表面的凸起的样子。新冠肺炎患者体内的病毒样本，加上一个健康人的肺部细胞，这个结果就证明了科赫法则的第2条，这个病毒可以在体外进行培养。这个研究发表在2020年1月中旬的《新英格兰医学杂志》上。

在这一系列研究中，可能最关键的是下面这个，它同时证明了科赫法则2和3(图5)。这项研究主要是由中国科学院武汉病毒所的石正丽研究员在2020年1月初完成的，后来在2月发表在《自然》杂志上，这个研究非常好地借鉴了一个历史经验——在2003年SARS疫情当中，人们已经意识到SARS进入人体细胞需要一个所谓的受体(receptor)，即细胞表面的蛋白质。SARS需要通过识别蛋白质，结合人体细胞，然后进人体细胞，这就是受体的作用。

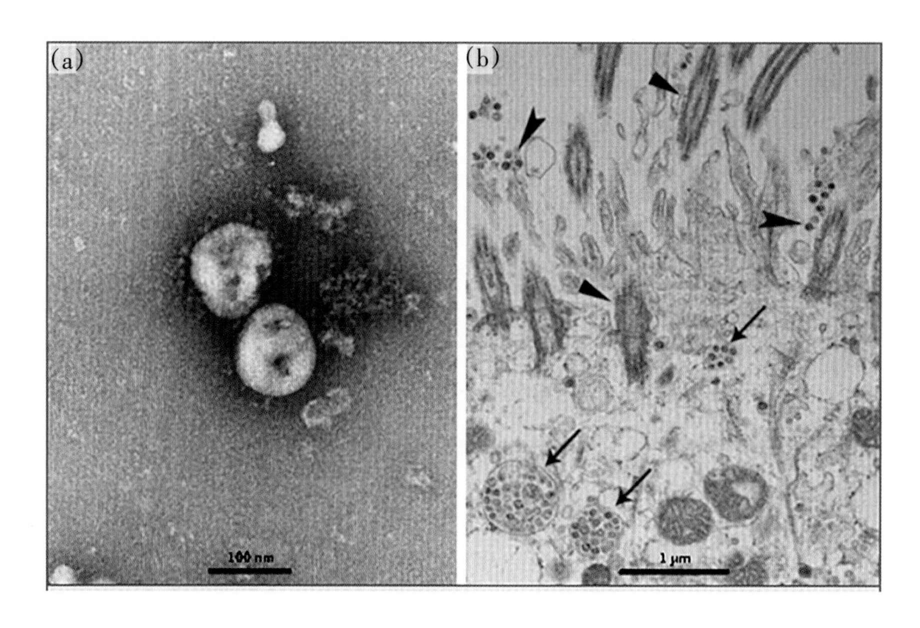

图4　证明科赫法则2

SARS的受体叫ACE2,也是一个中国科学家发现的,他当时还在美国做博士后,就是北京生命科学研究所的李文辉研究员。在大家发现了新冠病毒之后,意识到它和SARS是有相似度的,当时石正丽研究员就猜测新冠病毒入侵人体细胞是不是也需要ACE2受体作为识别和入侵细胞的一个门户,所以当时他们就做了一个很重要的实验,他们把新冠病毒的颗粒和小鼠的细胞放在一起,发现新冠病毒是没有办法进入小鼠细胞的,它不识别小鼠细胞,所以小鼠是不会得病的。但如果他们把人体的ACE2这个基因放到小鼠细胞里去,让小鼠细胞成为一个转基因的细胞,能够生产出人体的ACE2蛋白质。大家来看图5(b),可以看到小鼠细胞这个时候人为地获得了能够被新冠病毒感染的能力,新冠病毒就可以进入小鼠细胞,就是红色展示的这个样子。所以这个研究实际上是同时证明了科赫法则2和3,一方面它证明科赫法则2,就是病毒可以在体外培养,同时也证明了这个病毒可以感染健康人。当然它没有办法拿人做实验,所以它相当于是用人体化的小鼠细胞来做实验,证明了这一条,所以这可能是在整个新冠研究中最重要的一个研究,相当于在新冠病毒和肺炎之间建立了联系。

接下来就是科赫法则4,就是能不能真的致病,感染健康人之后是不是会让健康人得病,在人得病之后能不能发现这个病毒。

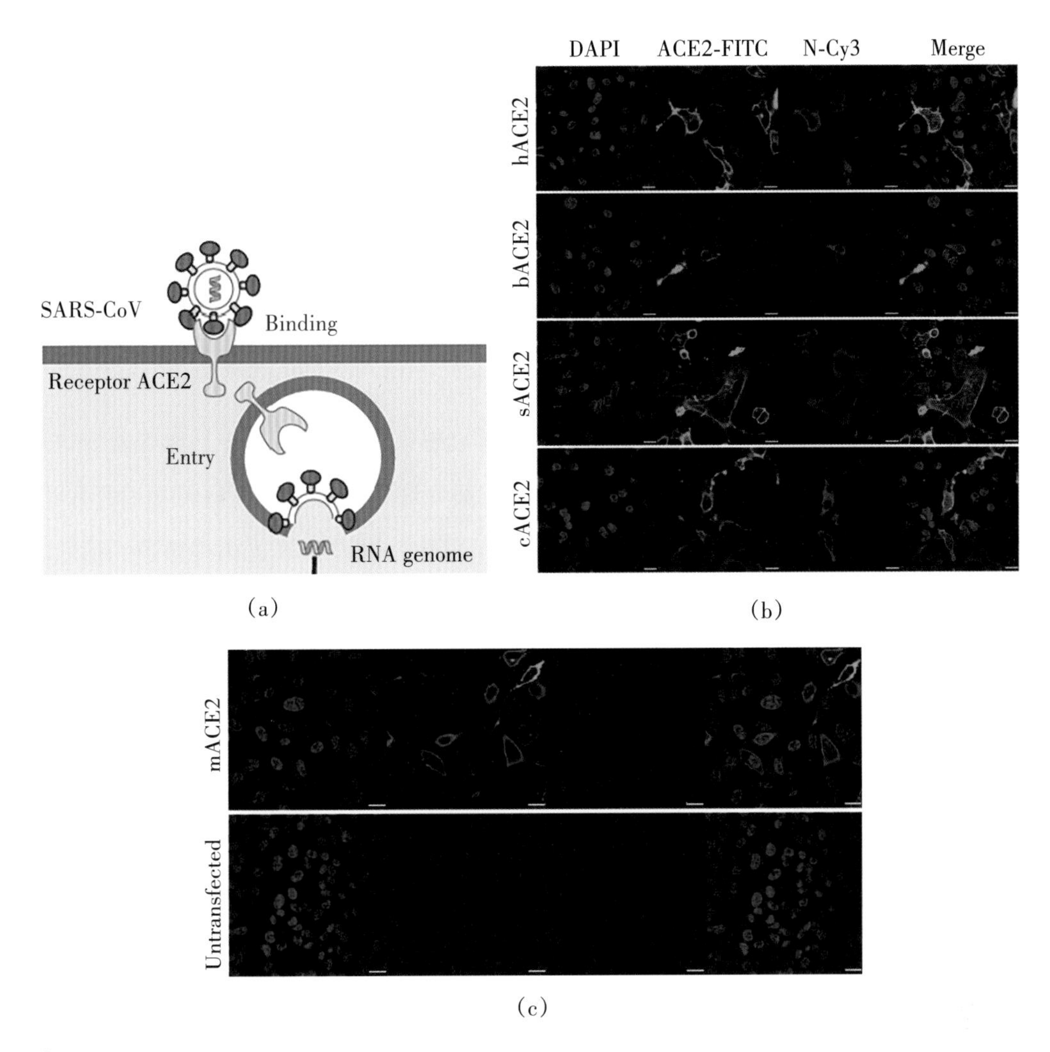

(a) (b)

(c)

图5　证明科赫法则2和3

科赫法则4的证明，也是由中国科学家完成的，是中国医学科学院医学实验动物研究所的秦川研究员来做的。这个研究也部分受到了SARS的启发。在研究SARS的时候，我们已经知道人体的ACE2蛋白质是SARS入侵人体的一个必需的受体，之后，科学家们在2003年已经培养出了一种转基因的老鼠，它们就直接把人体的ACE2基因放到老鼠身体里去，人为地让这个活着的老鼠具备了被SARS入侵的能力，这个老鼠在后来其实没有发挥什么作用，原因很简单，因为SARS疫情在2004年之后就消失了，因此人们对SARS的研究也几乎就停止了。

但比较幸运的是这些老鼠还在，所以在新冠出现之后，科学家们又把这些老鼠拿出来了，让老鼠重新发挥一下功能，他们就发现转入了人体ACE2基因的老鼠，把新冠病毒喷到它们的鼻子里去,或者注射到它们的体内,这些老鼠就可以被新冠病毒感染,当然这些老鼠不会得肺炎,毕竟除了ACE2之外,老鼠和人还是有很大区别的。这些老鼠其实不会有很典型的肺炎症状,但是确实被感染了,感染之后它们的体重会下降,相当于它们也出现了一些感染之后的症状,虽然不是肺炎,而且更重要的是这些被感染的老鼠,把肺拿出来切片看的话,从中可以找到非常典型的新冠病毒,所以这些老鼠确实能够被新冠感染,而且还会有症状,出现症状之后,它们的肺部还会出现新的病毒颗粒,所以这就把科赫法则3和4给证明了。

这些老鼠毕竟还是一个人工制造的能让新冠感染的生物,到了3月份的时候,中国医学科学院医学实验动物研究所的秦川研究员发现野生的没有任何转基因的猴子也可以被新冠病毒感染,它不光被感染,还会出现肺炎的症状,不光出现肺炎的症状,猴子感染肺炎好了之后还能形成对新冠病毒一定程度的抵抗力,也能形成一定的所谓的免疫记忆,所以这项研究基本上把科赫法则整个1–4给证明了。因为猴子已经非常接近人,所以这个病毒确实可以导致疾病,而且在猴子当中引起的症状和人的还非常类似,这也为后来所有的药物开发以及疫苗的开发提供了一个很好的动物模型。因为既然猴子可以感染,我们就可以拿猴子来研究什么药对新冠肺炎管用,疫苗是不是有保护作用。那之后所有的研究其实都和这有关,这篇文章发表在2020年3月初,所以到二三月份的时候,我们从科学的角度出发可以非常清晰地知道,确实发现了一种新的病原体——新冠病毒,而且也确定知道新冠病毒可以引发一种全新的疾病,就是新冠肺炎。

这是一个历史性的事件,在整个人类对抗传染病的历史上,从来没有发生过任何一个新的疾病,从出现到大家搞清楚病原体只花了一两个月的时间,从2019年12月底的时候出现这个疾病,到2020年1月底2月初,最晚到3月份的时候,人类已经完全搞清楚了新的疾病是什么,新的疾病背后的病原体是什么,这件事从来没有出现过。

我可以举几个历史数据,比如说最近的SARS这样新的疾病,我们从这个疾病出现到发现病原体差不多用了7个月的时间,这是2003年的时候。然后如果再往前的时间更长了,比如说1918大流感,直到这个疾病消失,大家都还不知道是什么东西引起的。因为流感病毒这种东西到20世纪30年代大家才发现,所以也就意味着就要到20年之后,人们才知道1918那场杀死了5000万人的疾病到底什么东西引起的。更不要说古代世界里的传染病,像天花、梅毒,我们对它们的病原体的了解,需要花上百年上千年的时间。所以这是一个历史性的变化,我们现在只需要一两个月的时间就能搞清楚病原体是什么,这背后当然是生物科学技术革命性进步之后的一个必然结果,所以我们虽然在面对这场百年仅见的疾病,但是我们对抗它的手段也是百年仅见的,这是第一点我要说的。

第二点很重要,我选择的4篇学术论文都是中国科学家发表的,这也是史无前例的。当一场疾病从出现到搞清楚病原体,中国科学家实际上在这个过程中发挥了非常重要的作用,这也是从来没有出现过的。在2003年那场SARS疫情当中,虽然疾病是在香港、广东地区出现的,主要受影响的也主要是中国人,但是搞清楚SARS病原体主要是加拿大科学家的功劳,和中国科学家其实没有太大的关系,因为在那个时候我们中国整个科学界,至少是生物医学界的整体研究水平确实是比较落后的,但是在十几年过去之后,这一点不能说是革命性的,至少也是有非常显著的进步的,这是我要说的第二条。

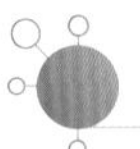

SARS/MERS如何进入人类世界

当然还有几个和新冠病毒相关的非常重要的问题,还在逐步地被回答过程中,还处在现在进行时,在这我也想给大家做一些简单的铺垫。其中第二个比较重要的问题就是它从哪来,又是如何传播的?为什么它是一个很重要的问题?大家可能知道在目前的世界政治格局下,新冠病毒的溯源已经变成了一个被很多国家政府政治化的问题,但是至少我们还是可以说它在科学的角度上是一个非常重要的问题,搞清楚它我们才有可能预防这种疾病再度出现,为什么这么说呢?

我们举个历史性的经验或者教训的例子。在21世纪之后有两个新的新冠状病毒入侵人类世界,一个是大家比较熟悉的2003年的SARS冠状病毒,还有一个大家可能稍微有点陌生,但是也很重要,是2009年开始出现的MERS冠状病毒(中东呼吸热病毒),这种病毒主要的发病区域在中东阿拉伯地区,中间只有一次在其他地方出现,就是在韩国。

我们看看这两个病毒的研究,就会意识到为什么病毒的溯源是一个很重要的科学问题。就SARS而言,我们现在对它的溯源已经比较清楚了,我们认为它可能主要是一种先天宿主是蝙蝠的病毒,但是蝙蝠的病毒不会直接入侵人体,因为人体和蝙蝠之间的生物学距离还是很遥远的，他们中间通过一种叫做中间宿主的动物，在中间宿主的群体内发生了变异、进化、传播，最终才具备了进入人体的能力。

在2004年之后，我们也知道SARS冠状病毒的中间宿主是果子狸，所以在那之后，我们中国政府采取了非常坚决的措施，把果子狸整个生产、贩卖和食用的链条消灭了。所以我们看到从2004年之后，除了极少数的偶然的实验室泄漏的事故之外，SARS病毒再也没有在人类世界出现过，已经被斩草除根了，因为我们知道它的来源，我们就把这个来源给消灭掉。那和它相对应的就是MERS。对MERS我们今天也对它了解得还算比较清楚，它也同样需要一个中间宿主来传播到人类世界，它的中间宿主是什么呢？我们现在一般认为是骆驼。我们知道在阿拉伯地区，骆驼是一个没有办法消灭的动物。它是阿拉伯人生活的一部分，所以骆驼今天还在，这可能也是为什么MERS从2009年出现到现在，一直会小范围地在中东世界爆发的原因，因为没有办法把它的中间传播链彻底切断。

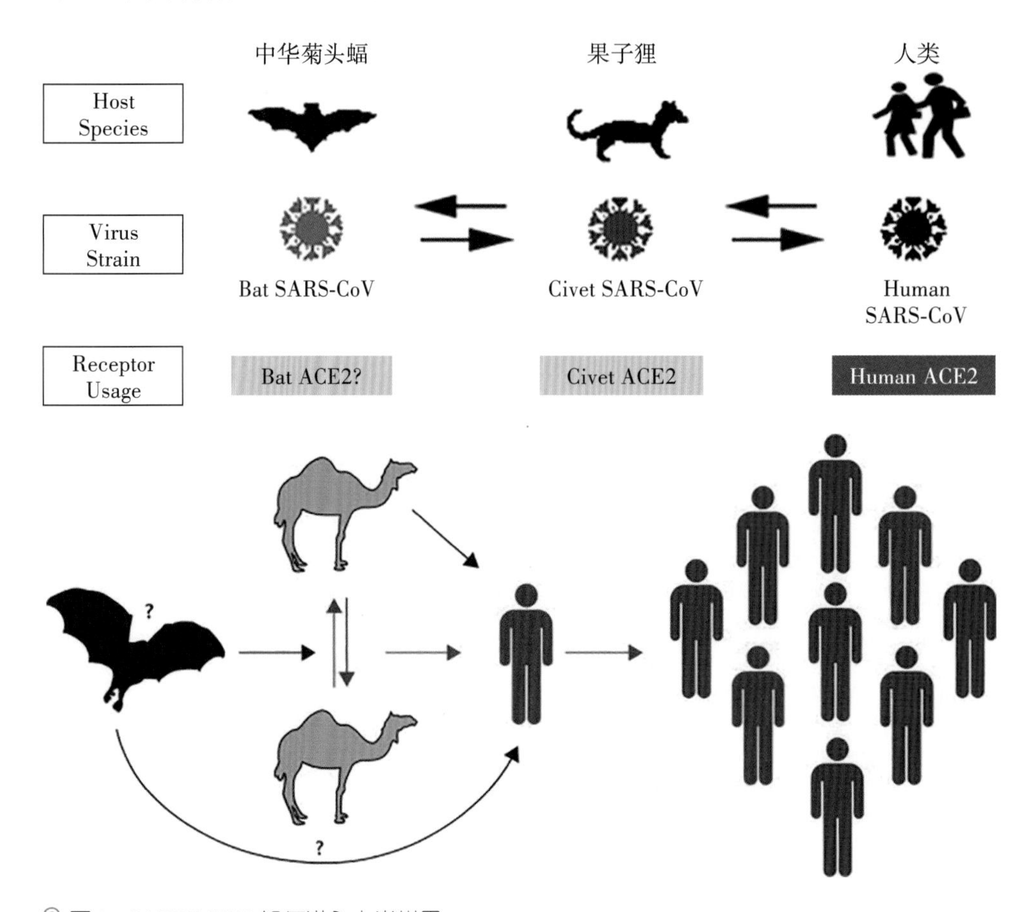

图6　SARS/MERS如何进入人类世界

这个历史性对比就让我们理解为什么我们一定要，或者说我们希望能够了解清楚新冠病毒它到底是从哪来，它的天然宿主是谁，它的中间宿主是谁，它是在何时何地通过什么方式进入人类世界的。这个研究本身不是为了撇清责任。一种全新病毒出现，人类也没什么责任，它更重要的是为了未来能让我们更好地防控疫情。

对于新冠病毒我们有什么答案吗？现在来看这个是比较遗憾的问题，我们目前对它掌握的不多，但至少有些东西我们可以说“不”。比如说，大家可能在2020年居家隔离的时候，会在网上看到一个说法，是因为武汉人吃蝙蝠，病毒就是从他们这个地方来的。实际上这个说法哪怕在2020年初的时候，我们就已经知道在科学上它是不成立的。

原因很简单，虽然我们在蝙蝠体内也确实找到了和新冠病毒比较接近的病毒，因为蝙蝠是冠状病毒天然的储藏库，它体内大概有上百种冠状病毒，我们能从蝙蝠体内找到和SARS、MERS类似的病毒，但是它们之间的序列差异也基本上决定了蝙蝠体内的病毒不会直接感染人，更不用说咱们武汉的老百姓没有吃蝙蝠的习惯，就算他们真有，也不会从蝙蝠身上得到什么全新的冠状病毒的疾病，所以即便在当时我们也知道网上的说法肯定是不成立的。当然，我们还是要远离野生动物。它们很多是国家保护的动物，而且它们体内未知的寄生虫、未知的细菌病毒等，可能会对人类构成其他的健康风险。

既然不是这样，冠状病毒到底是从哪儿来的？第一，我们还是可以说它的天然宿主大概率还是蝙蝠，当然我用了“大概率”一词，证明它不是一个确定性的科学答案。为什么说大概率来自蝙蝠？是因为石正丽研究员团队已经发现人的新冠病毒和他们从蝙蝠体内找到的一种冠状病毒RaTG13序列相似程度是非常高的，有96%，是目前人类找到的和新冠病毒序列程度相似最高的一种病毒。既然如此，一个合理的猜测当然是这个病毒的最原初的天然宿主，可能也是蝙蝠，和SARS和MERS病毒是一样的。当然了我也只能用大概率来间接形容了，因为在未来你不能排除一种可能性，就是人类在其他的动物体内找到一种比蝙蝠的病毒更接近新冠的病毒。那个时候我们可能就大概要修正它的来源，但至少现在我们还是可以说，大概率是来自蝙蝠的。但是我刚才也说了，蝙蝠体内的病毒是不太可能直接感染人的，所以它一定也和SARS、MERS一样需要某种中间媒介来传染到人体内。

水貂:新冠病毒的中间宿主?

这个中间媒介是什么?在今天,这对于我们还是个谜,我们还没有找到一个比较靠谱的线索,但是我可以介绍一个研究,从这个研究里我们可以看到大家寻找中间宿主的一个可能的逻辑,所以我加了个问号,这不是一个确定性的科学答案,但是它是一个正在探究中的科学问题。

大家可以想象一下,如果新冠病毒和SARS、MERS一样,需要一个中间宿主动物来传播到人类世界的话,这个中间宿主需要什么特点?很简单,第一,它得离人足够近,否则它也不太可能把这个病毒传给人;第二,它的规模要足够大,这样它才可以互相传播这个病毒,给病毒提供一个传播、扩散、进化的机会;第三,动物大概率还得有点半野生的状态,它才有可能和自然界的蝙蝠或者其他野生动物接触,把这个病毒从纯天然的自然界引入人类社会;同时它还需要满足生物学上一个很重要的特点,就是它能够把病毒感染人,也能够被人感染,这样才能有可能成为一个真正的中间的桥梁。

目前科学家在全世界范围内都在找这样的动物,你很难说目前这个是不是最后的答案,很可能不是,但至少目前来看,在所有的科学文献上,唯一满足刚才我说的所有条件的动物就是水貂,这是一种大家可能不太熟悉、但是其实养殖范围很大的一种经济动物。现在我们要买一件貂皮大衣,大概率不是野生雪貂提供的,是一种人工培养的水貂提供的,世界范围内水貂养殖量大概有几亿只,是一个很大的群体。我这里引用的一些研究,是荷兰科学家做的。在2020年4月,荷兰爆发了一场规模很大的水貂的新冠疫情,大家可能在新闻上看到过,所以当时几个北欧国家,包括荷兰、丹麦就扑杀了几千万只水貂,防止病毒的传染。

荷兰科学家就利用这个机会做了一个很有趣的研究,运气也比较好,发现了一个独特的案例,就是在某一个水貂的饲养场上,他们给水貂的饲养厂员工每周都做新冠病毒的核酸检测,也给水貂做核酸检测,他们就发现有一个农场的案例里是水貂先得病,然后人才得病。

原因很简单,你可以想象第一天给人做核酸检测还是阴性的,一个星期之后水貂发病了,再过一个星期,人也发病了。然后他们用基因组测序的方法还发现水貂得的病毒和人得的病毒是同一个病毒,序列是完全一样的。所以结合这个时间顺序,就可以推测员工得的新冠病毒是从水貂传染来的，这是唯一一个目前发现的能够把病毒传染给人的一种经济养殖的动物。所以基于这些科学证据，我们现在有些科学家猜测，水貂这样的动物很有可能是新冠病毒的中间宿主，但最终是不是，这还需要更多的科学证据，目前还是一个没有定论的问题。

新冠病毒的人际传播

说到这儿，冠状病毒在自然界的传播已经讲了一点，它大概就是从蝙蝠来的，然后它可能需要一个像水貂这样的中间宿主才能到人类世界里来。接下来，对于整个公共卫生防控可能最重要的问题就是这个病毒是什么时候进入人体的，然后它能不能在人和人之间传播。这个话题在2020年初的时候媒体上讨论得非常多，大家肯定还有印象，当时可能你们还被科普了很多听起来比较晦涩的流行病学的专业术语：人不传人、有限人传人、完全人传人等。

今天来看这是一个挺重要的科学问题，但是我接下来讲几个科学证据，你们会意识到，这可能也是整个人类对抗传染病里相对比较薄弱的一个技术环节，背后可能有很多东西还值得大家继续努力。

为什么这么说？我们看几个例子，就是我们怎么知道新冠病毒是可以在人和人之间传播的，从一个人传到另外一个人的，我举3个比较重要且有指导意义的研究例子。

第一个例子是一个一家三口，爸爸61岁，妈妈57岁，女儿31岁，这一家三口住在一起。他们先后都在2019年12月的时候发病了，发病顺序先是爸爸，然后是妈妈，最后是女儿。一开始武汉的医生们猜测患者是从华南海鲜市场得的病，所以猜这个病毒是从那儿传播出来的。但当大家找到这个案例之后，意识到人际传播这个可能性存在，因为爸爸去过华南海鲜市场，所以他很有可能确实是从市场里接触到病毒，但是在这个案例里，妈妈和女儿是没有去过市场的。所以既然他们没有去过市场，只有爸爸去过，那更合理的推测是妈妈和女儿的病情是爸爸传给她们的。如果是爸爸传给自己的太太和女儿，就意味着这个病毒是有能力在人和人之间传播的，这是一个比较有说服力的证据，但是这个证据也有问题。

第二个比较有说服力的证据是大概在2020年1月初，武汉各家医院里发现了有7

位医护人员,包括医生护士感染了新冠病毒。你可以想象这7个人恰好都接触过某一个天然源头。比如,你假设他们7个人工作在不同的医院,生活在不同的地区,他们互相不认识,恰好都去了同一个海鲜市场买东西的可能性是很低的。更有可能这7个人实际上是在照顾他们患者的过程中被患者感染了,所以如果是这样,医护人员的大规模感染也可以支持这个病毒可以在人和人之间传播的发现。

但是大家可以看到相比我们刚才说的所有研究,包括病原体的发现,进化生物学的研究,病毒从哪个宿主到哪个宿主的研究,实际上这个病毒能不能在人和人之间传播,对于我们老百姓来说是最重要的问题,因为一个病毒如果不能在人际间传播,我们就不需要太担心,你只需要把市场封闭就行了。如果它能在人与人之间传播,就需要有更强有力的社会管控的措施。

但是如此重要的一个问题,我们只能通过一些比较不太可靠的研究方法来判断它,因为你不管是调查这一家三口的得病的历史,还是调查这些医护人员得病的历史,唯一的办法就是去找他们问问题,就是所谓的流行病学调查,这在很大程度上就是一个面试、访谈的过程,你要问他每天都去了哪里,什么时候去的,和谁接触过。

大家知道,人的记忆是很容易出偏差的,特别是在某些情况下,人还有故意说谎的可能性,他可能不想惹麻烦,或者他不想把某些经历说出来,等等。各种因素都有,这是人之常情,你也没法苛责。所以这也是为什么历史上每一次可能都会出现这样的事情,当科学家和医生们拿到一些通过人的描述得到的证据,同时要通过这些证据来做一个非常严肃的,甚至是严峻的社会治理和公共卫生的决定的时候,比如说你要确定是人传人,可能就需要像武汉封城这些影响非常深远的措施,如果用一个不太可靠的科学证据,大家就很难下这个判断。所以这可能是对我们未来提出的一个比较严峻的挑战,就是我们有没有可能未来利用全新的技术,包括更好的流行病学的分析、互联网大数据分析、基因组学的分析,帮助我们更好地、更早地、更准确地预警一个疾病能不能人际传播,从而帮助我们更早地采取一些措施,这是我觉得接下来我们可能需要讨论的一个需要反思的问题。

新冠肺炎的治疗和预防

说完这个之后，我再稍微说一点点新冠肺炎的治疗和预防这个话题。首先讲这个疾病的治疗，探讨新冠肺炎治疗的时候，大家可能马上会想到的一个话题就是瑞德西韦，它曾经一度被翻译成“人民的希望”。

围绕这个药物和公众情绪的变化的研究，我觉得特别有历史意义。为什么这么说？首先这个药第一次上新闻是2020年1月31号那天，发生的事其实也很简单。在2020年1月中旬的时候，美国出现了国内第一例新冠肺炎患者，这个患者是一个华人，他在12月底的时候到武汉探亲，然后1月初返回他在美国的家，在华盛顿州的西雅图，回去没多久就发病了，所以你看这个时间线——他大概在1月十几号的时候就住院，接受治疗了，高烧不退，然后咳嗽、乏力，这是典型的新冠肺炎的症状，医生通过核酸检测也发现他确实有新冠肺炎。

我们知道，在2020年1月的时候，面对一种全新的疾病，全世界人都很慌，比如说咱们中国人当时在家里上网搜索消息，美国的医生也没好到哪去，他们也很担心一种全新的疾病进入美国，会不会产生严重的影响，所以他们就采取各种措施来治疗它，但是这一个星期，就是到1月26号的时候，患者都没有任何改善，一直高烧不退，也一直在咳嗽。所以在26号晚上的时候，这些医生就采取了一个不同寻常的措施，叫做compassionate drug use，即同情用药。这个逻辑就是说他们觉得这个患者已经没救了，但是他们希望再抢救一下，看能不能还有什么新的办法抢救一下。他们就向美国食品药品监督管理局申请说有没有可能把我觉得有用，但是你们并没有正式批准的某种药给患者试试看，有点死马当活马医的意思，他们就申请了给患者用瑞德西韦。这背后有一些科学的道理，当然也不是特别强，因为这是一个曾经被用来治疗丙肝病毒和埃博拉病毒的药，虽然效果都不太好，但是因为那两种病毒和新冠一样都是mRNA病毒，大家觉得它可能会有用，所以就决定试一下。他们在26号的晚上给患者输液瑞德西韦，结果第二天早上患者就退烧了，高烧从39摄氏度降到37摄氏度，体温正常了，然后医生就欣喜若狂，觉得这个药也太神了，用一下第二天就好了。

于是他们就立刻把这个情况写成了论文发表在《新英格兰医学杂志》上，医生这个措施也很正常，因为在当时那个局面下，如果有任何一个药物真能对新冠病毒起作用，那是革命性的，对整个人类都有重要的作用，这个当然是一个好事，即便今天如果有人能发明一种能够治疗新冠肺炎的神药，我们所有人也都会为其欢呼。

也是在那个时候，瑞德西韦在2020年4月就刷爆了中国的社交媒体，也被大家叫成"人民的希望"。实际上如果我们从科学的角度来判断，你会意识到这和科赫法则有一些相似之处，就是说他这个人生病到第7天的时候，用了药就好了，这个事是不是真的和瑞德西韦有因果关系？实际上是不一定的，很有可能这个人差不多就发病到第7天的时候，他就该好了。比如说流感，如果你得过流感，你就知道得了流感，你吃不吃药，差不多一周都能好，人体的免疫系统会把流感病毒杀死，说不定这个人就是这个情况。即便是瑞德西韦真起作用，也许这个人天赋异禀，体质和其他人不一样，他用了就能好，不意味着这个药给所有人用都有效。

这是一个孤例，没有对照组，这件事实际上很难用来说明这个药真的对所有人或者至少对很多人有用，你要想证明一个药物真有用，一般来说，我们认为是需要有一个严格的临床试验的，特别是一个大样本的随机对照双盲实验(图7)。

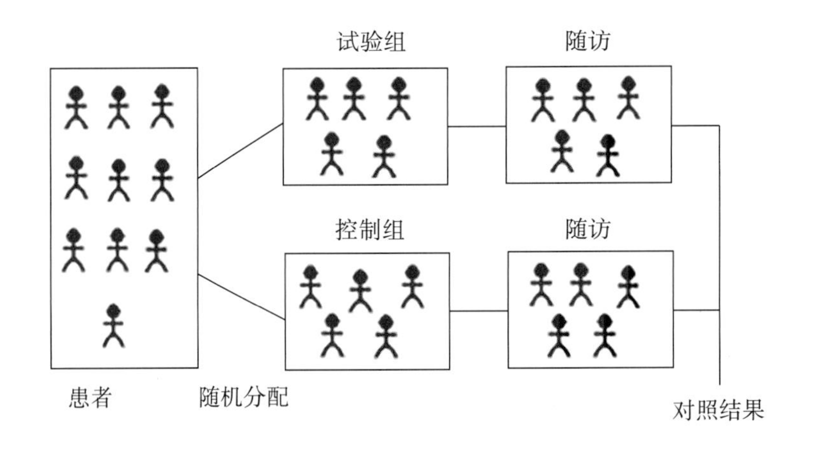

图7　药物金标准：大样本随机双盲对照试验

简单地说，你需要找一群患者，然后你给一半的患者吃药，另外一半的患者不给他吃药或者吃安慰剂，所谓的安慰剂你可以理解成没有有效成分，但是你让患者以为他吃了药。因为现在有很多研究证明脑补的作用是很强大的，你告诉一个人，你吃了药，实际上它什么药都没吃，他也会好起来，所以说很多病是会自己好起来的。你如果要排除安慰剂效应的影响，就必须做这种双盲实验，就是医生和患者都不知道有没有吃药，然后你看这个药物是不是有作用。在2020年3月的时候，虽然老百姓都在欢呼，但实际上全世界的科学家都在采用这种非常严格的方式来重新证明瑞德西韦是不是真的有用。其中一项研究是在咱们武汉做的，协和的王辰院长主导的一个研究，后来也很重要。

在这我想提一个研究，这是社会组织牵头做的一个最大规模的针对瑞德西韦的研究，在2022年的2月才正式发表，用了35000多人来做这个研究，它就想严格证明一下瑞德西韦到底有没有用，结论是很让人失望的，所以叫“人民的失望”。这项研究中，一部分人吃瑞德西韦，另一部分人吃安慰剂，然后研究人员统计他们在发病吃药之后28天内的疾病缓解和死亡的情况。你会发现这两条线是完全重合的，就意味着给患者用瑞德西韦对挽救患者的生命是没有任何作用的。

美国国内也做了一系列的研究，他们发现，瑞德西韦在某些情况下有一点小的作用，比如说患者的症状如果不是特别重，它能够缩短他住院的时间，从大概10天缩短到5天左右，所以有点用，但是用处很小。这可能也是为什么到目前为止，全世界范围内只有美国批准了用瑞德西韦来治疗新冠肺炎，他们觉得还有点用，同时药也是美国药厂发明的，所以背后肯定有一些保护本国产业的考虑，除此之外，中国、欧盟都没有批准用这个药物来治疗新冠肺炎，因为确实没什么用。

世界卫生组织还研究了在新闻媒体上经常看到的其他药物，比如羟氯喹、洛匹那韦（一种激素）和干扰素，发现所有的药都没什么用，实际上一直到今天都没有任何人可以拍着胸脯说，哪种药真的对新冠肺炎有特效。

反过来讲，作为一种很经典的病毒性传染病，大概率也不需要什么神药，只需要对症治疗，大部分患者也能自己好起来。这是个题外话。但是这个事我为什么要讲，有一个特别重要的原因，就是它背后能反映一些群体性心理，这个心理不是咱们中国人才有，全世界范围内所有人都有。这是特别典型的，当我们面临一个未知的巨大威胁的时候，我们可能采取一种应激性的反应。就是说这个东西我们啥都不知道，威胁很大，只要谁说有一个东西有效，我都愿意试一试，就有点死马当活马医的感觉。这是一个群体性的反应，所以我们需要系统的、深刻的科学训练，才能帮助抵抗这种反应。

疫苗如何？

最后再花一点时间讲疫苗，这个可能也是所有人比较关心的一个问题，至少在过去一年的时间内，疫苗的研发进入一种类似《流浪地球》中的一个词——饱和式救援的状态。就是所有人都为了一个目标来救援，即使投入的力量是完全过剩的，也仍然要去做。疫苗开发也是差不多是这样的逻辑，就是全世界范围内，几乎把所有能想象的技术路线、资源都投入疫苗的开发当中去，希望疫苗能帮助大家重新走出疫情，重新开启世界，饱和式救援确实起到了很好的作用。

因为上市的疫苗很多，我没法全部讲，我就讲两个例子，一个是辉瑞的，一个是中国的。

首先给大家讲讲怎么从科学角度来分析疫苗是不是有用。刚才我们讲了药物的研究需要做大样本的随机对照的双盲实验，看看吃了药的人和不吃药的人谁的康复速度更快。疫苗的验证方法和这个药的有点相似，但是不一样，原因很简单，疫苗是不治病的，是用来预防疾病的，所以它一定要找健康人来做测试，但是健康人的问题是不是每个人都会得病，只有很小比例的健康人会得病，所以这就对疫苗的临床试验提出了一个很高的要求，你需要做大量的健康人测试，才有可能预计到其中的一部分人在未来的一段时间内会得病，才可以做有效的数据分析。

我们就拿辉瑞Pfizer疫苗来看。它的开发者是德国的BioNTech公司，所以它叫作BNT162b2。这款疫苗可能在今年夏天也会引入咱们中国。这款疫苗测试很简单，辉瑞大概找了3万个人，这个规模已经很大了。这3万人其中一半人打疫苗，一半人打生理盐水，打完之后就告诉这些人你回家去爱干嘛干嘛。我们知道美国当时的疫情是很严重的，所以专家们预测这些人在流动的过程中会有一部分人感染。然后专家们就告诉这些人你们每周关注自己的身体情况，如果发烧咳嗽，就需要做一个核酸检测，你可以到医院做，也可以自己拿一个咽拭子寄到医院来做，他们就可以统计多少人感染了，这个结果很明显，打了疫苗之后4个月，打了疫苗的人当中，你可以看到感染人数上升到一定程度就不再上升了，就意味着在一段时间之后，疫苗对几乎所有人都能起到很好的保护作用。相反，你可以看到不打疫苗打安慰剂的人中，感染人数是在持续线性上升的，也就意味着这些人是按照一个恒定的速率被感染的。所以通过这两条线之间的差别就可以计算出疫苗的有效率，对于辉瑞这款疫苗来说，已经是一个非常好的表现了。

同时大家知道疫苗在临床试验中的效果和在真实世界中的更大人群范围内的效果其实有时候不完全一样。因为未来你可以想象新冠疫苗一打就是几亿人、几十亿人,它的应用范围要比临床试验的几万人大得多,所以大家当然也关心它在更大的世界里的效果怎么样,这个效果看起来也还不错。辉瑞这款疫苗目前使用率最高的国家就是以色列。大家在新闻上可能看到了,以色列这个国家还是比较聪明的,它自己其实既不开发疫苗也不生产疫苗,但是它在德国刚刚做完这款疫苗临床试验的时候,花了很高的价钱,把第一批疫苗都买走了,保证它的国民在第一时间基本上都打上了,所以现在以色列已经有差不多70%的成年人已经都完成接种,接种率是很高的。

这也给我们提供一个机会研究在一个国家里疫苗打到一定程度会发生什么效果。这个研究大概包括120万人,可以看到效果和刚才临床试验是很接近的,打了疫苗的就不再感染了,没打疫苗的就继续感染,所以这个研究进一步证明了疫苗的效果是很好的。

讲讲咱们中国的疫苗效果怎么样。网络上的讨论是非常多的,而且我经常会看到一些两极化的讨论,说好的恨不得吹到天上去,说不好的也恨不得踩到脚底下,我认为都不是科学的态度。大家大部分人将来肯定会从事和科学技术相关的工作,我们知道科学工作者最重要的态度是拿数据来说话。你有一份数据就说一份话,没有数据最好就不要说话。

当然比较好的是,我们中国的疫苗现在也有了很多数据可以帮助我们来做这样的分析,我们可以看两个数据。第一个是科兴疫苗的数据,因为中国的疫情已经被控制得很好,所以中国的疫苗实际上是没有办法在中国做大规模的临床试验的,因为你就是打了也不知道是不是真的起作用,中国也没有什么疫情,这个疫苗主要是在海外做临床试验。科兴第一批数据主要来自几个南美国家,以巴西、智利这两个国家为主。我们看到科兴疫苗的临床数据和辉瑞的呈现方式是类似的,一部分数据就是没打疫苗的,另一部分是打疫苗的。根据统计,你可以看到疫苗肯定是起作用的,打了疫苗的人群的累计发病率比没打疫苗的低得多。

第二个就是国药的疫苗,国药疫苗主要是在几个中东国家做的临床试验,包括阿联酋和埃及,它的数据还不错,世卫组织公布的结果显示这款疫苗在这几个阿拉伯国家的保护率是75%~80%,也是一个很好的数字。

Group/Subgroup	BBIBP-CorV Group No. at risk	BBIBP-CorV Group No. of cases	Placebo Group No. at risk	Placebo Group No. of cases	Vaccine Efficacy % (95% CI)
Overall	13,765	21	13,765	95	78.1 (64.9, 86.3)
Hospitalization	13,765	3	13,765	14	78.7 (26.0, 93.9)
Severe	13,765	0	13,765	2	NE
Sex					
Male	11,598	18	11,642	83	78.4 (64.1, 87.0)
Female	2,167	2	2,123	13	75.6 (13.3, 93.1)
Age group					
18-59 years	13,556	21	13,559	95	78.1 (64.9, 86.3)
≥60 years	209	0	206	0	NE

图8　国药疫苗效果

大家很可能会有一个困惑，我们该怎么理解咱们中国疫苗的效果。一方面我们得承认客观数据的区别，咱们国家做的疫苗确实在保护作用上比辉瑞的疫苗要稍稍差一点，我觉得我们作为科技工作者，首先得正视这个差距，同时迎头赶上。这也是为什么国家现在也在支持大家，开发更新一代的革命性的疫苗产品，包括mRNA疫苗的研发、生产，最近都在紧锣密鼓地进行，所以我觉得对我们科学家科技工作者来说，正视差距不是什么坏事，我们正视差距才能迎头赶上，这是第一。

另一方面我们也得客观地评价疫苗的效果，其实还是很好的，我作为一个生物学家，我自己还是非常骄傲的。考虑到我们中国的疫苗工业相对来说一直是比较落后的，我们一直其实没有开发出什么特别好的疫苗，我们大部分疫苗的工艺也好，开发路线也好，都是从海外引进的，所以咱们国家能在这么短的时间拿出几款效果已经很不错的疫苗，而且能够如此大规模的生产，保证国民的使用，甚至还能输出到其他国家，我觉得远超我的预期。

如果让我用一句话总结：有一些差距我们要迎头赶上，但同时我相信大部分生物学家和生物医药工作者会像我一样，对我们国家在这几十年的时间内生物医药、生物产业的进步是感到比较骄傲的，我觉得这两个并不矛盾，同时都成立。

后新冠元年，人类表现如何？

“后新冠元年”我认为是一个历史性的名言，就是新冠把人类分成了新冠前时代和新冠后时代，新冠后时代的第一年我们表现得怎么样？

我觉得这是一个充满希望和充满争议的一年，好的地方很多，比如我们发现病原体的速度是史无前例的，两个月时间就完成了；开发有效疫苗的速度也是史无前例的,在一年时间内人类拥有了好几款效果都相当不错的疫苗,同时已经把它打到了好几亿人的身上,这是一件很了不起的事情。

同时围绕新冠病毒和疫情知识积累的速度也是史无前例的。从2020年1月到现在,人类差不多已经发表了20万篇和新冠病毒相关的学术论文,甚至有几个比较著名的医学杂志里,全年70%的论文都和新冠病毒有关。

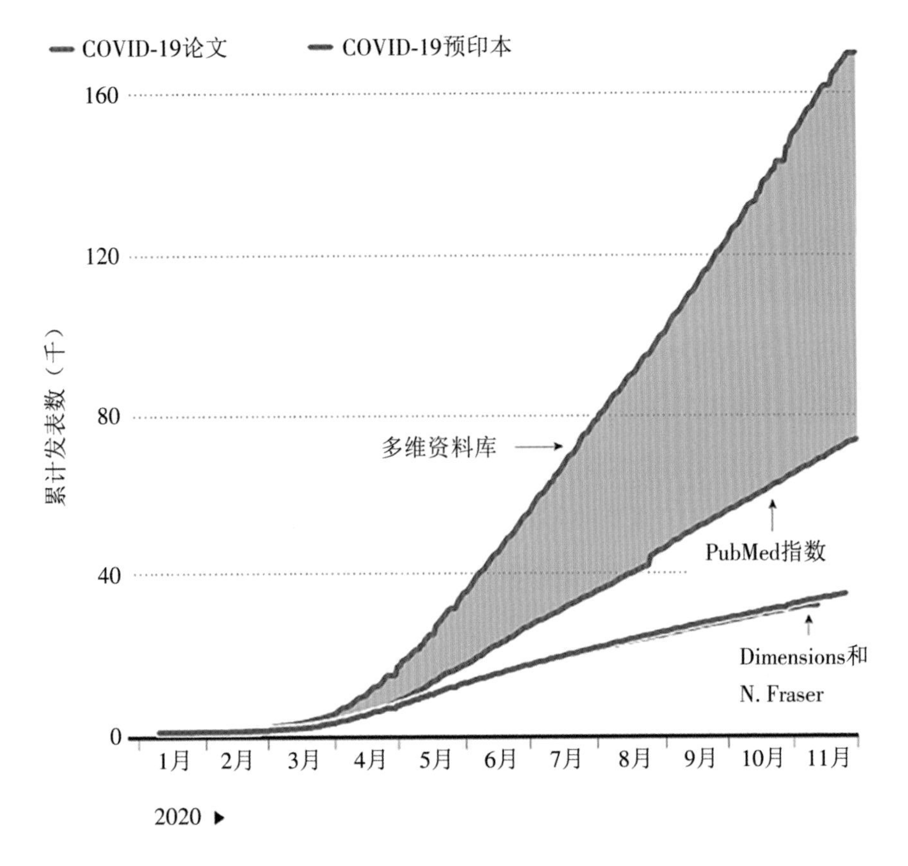

图9 围绕新冠病毒和疫情知识的累积速度

这意味着在过去一年内,全世界的生物学家、医学家等,都或多或少地把自己的精力和资源投入到了新冠病毒疫情这个全人类共同的敌人身上,而且取得了有目共睹的效果,也是人类科学共同体一个很了不起的成就。

同时还有一条很重要的,就是信息传播带来的破坏力也是史无前例的。过去一年内大家可能已经在互联网上接触不知道多少和新冠相关的谣言了,我就不用一一列举了,特别是在互联网时代信息传播带来的破坏力,也确实是传统的工业时代、农业时代没法相比的。

接下来讲讲我的一些个人的反思。反思的目标不是批评谁或者指责谁，我觉得特别对于在座的你们，下一代的科学家、工程师或者说科技事业的领导者来说，特别重要的是我们意识到问题才能赶上。我们找到问题在哪，也就意味着我们可能离解决这个问题已经成功了一半。这是我为什么想讲一些反思的原因。有些反思不仅仅是科学界的。关于反思这件事，我们知道咱们中国人是很喜欢反思的，李世民就讲“以史为鉴，可以知兴替”。他特别希望大家要从历史中学到教训。听起来很正面，我们中国人也确实特别喜欢从历史上学习经验和教训，但是反过来讲也有人特别不相信这个，比如黑格尔说“人类从历史学到的唯一教训，就是没有从历史中吸取任何教训”。他是很悲观的，觉得人类是一个很短视的动物。那真实世界发生的是什么？在我看来可能是这两者之间，一方面我们在不停地学习教训，但是同时我们又不停地遗忘历史上的教训，所以最终得到的结果可能比较接近马克·吐温说的“历史不会重复，但会押韵”。什么意思呢，就是讲我们人类不会再重蹈覆辙犯一样的错误，但是我们很有可能会犯比较类似的错误。所以当我们反思历史的时候，我觉得这几句话对大家有警示意义，大家可以想想我们从过去一年发生的事里到底能学到什么，对未来我们自己的学习工作和我们未来的人生规划可能会产生什么样的影响。

第一个反思就叫国际合作，这个事本身和咱们科技工作者可能关系不大，但是它是实实在在存在的。我们知道新冠从一城一地的一个疾病快速地发展成全世界的流行病，背后一个很重要的原因就是全球化。在今天世界各地之间的人员和物资流动是以一个史无前例的速度在开展的，这保证了信息、人员、物资的流动，同时也让病原体的流动速度变快了。既然如此，这个已经没有什么办法能够被限制在一城一地了，一个地方面临的威胁很有可能很快就会变成全人类的威胁。

这也就意味着，当我们要面对一个问题的时候，我们大概率需要全球化、全球合作才能真正对抗它，如果你要以邻为壑，很有可能是解决不了这个问题的。我举一个例子，在现实中已经应验了。这是在欧洲做的一个研究。这个研究很有趣，是一个数学模型，通过追踪大家手机使用的位置，还原了一下欧洲各国之间的人员流动速度。

你可能会问，人员流动不是查一查海关信息就知道了吗？但是你要知道，欧洲各国之间没有海关，人员流动是很自由的，实际上你没法追踪国与国之间到底有多少人进出，所以他们只能先用手机信号的数据来还原一下各国之间人员的流动速度。

为什么要这样做，他们是为了回答一个很重要的问题。这个问题是什么呢？我们知道在2020年春天的时候,因为疫情的蔓延,欧洲各国或多或少、或早或晚地都采取了一些封城的措施,比如限制大家流动,让大家不要出门等。所以那个时候你可以认为整个欧洲大陆和英国都陷入了封锁的状态。这些科学家想我们不可能永远封锁,一定有一天要解封的,但是可想而知,欧洲那么多国家是不可能步调一致的,所以他们就想到一个问题,就是如果欧洲有一个国家先解封,它忍不住了,不管是经济不行,还是老百姓不同意了,它先解封会给疫情的控制带来什么样的影响。他们根据这些人员流动的数据做了一个数学模型,导致的结果是很悲观的,发现欧盟二十几个国家,只要有一个国家提前解封,不管是不是法国、德国还是意大利这样的比较大的国家,只要有一个国家提前解封,所有国家的封锁的努力都白费了。

这篇文章发表在《科学》杂志上,我看到那篇论文的时候,当时就觉得心里一凉,因为从逻辑上讲,虽然科学结论是欧洲国家必须步调一致,但实际上这件事是绝对做不到的。欧洲国家一定会因为各自不同的利益考虑,因为自己人民的呼声采取不同的管控措施,最终结果就会导致欧洲的疫情实际上长期没有得到很好的控制,其实从数学模型中我们已经可以看得到。

我们也可以把这个模型推广到全世界,欧洲几国之间有密切的人员流动,所以他们一定要步调一致才能控制疫情,那全世界不是一样的吗?我们全世界就是一个大号的欧洲,从这个研究上你也可以得出一个结论,就是全世界也需要步调一致,即采取某些相似的防控措施才能保证疫情得到很好的控制。

但我们知道做这件事是需要极其强大的国际领导力的,在今天的世界秩序下,特别是在美国"退群",在逆全球化的大背景下,实际上是很难做到这一点的,也就意味着仅仅从这个研究出发,相对来说比较悲观地认为,尽管咱们中国做得很好,但是全球范围疫情的结束实际上可能需要非常漫长的时间。也可能意味着全新的世界秩序需要一个全新的领导者,才有可能让全世界重新步调一致地对抗某种比我们人类还大的敌人,包括新冠肺炎、气候变化、核武器、外星空间的威胁等。这是第一个反思。

第二个反思和大家现在关系不大,但是你们或早或晚会遇到这个问题,这个问题挺有趣的,我就列在这。所谓的科学出版。你们肯定还没发表过论文,所以这个话题可能对你们来说有点陌生。实际上论文发表在今天可能是世界上各个行业里净利润率最高的行业之一,你可以看到科学出版这几个巨头,包括斯普林格、爱思唯尔,利润率达到了30%多甚至40%,超过了你能想到的所有互联网巨头,阿里、腾讯的净值率只有

30%。科学出版有一个长期被人诟病的问题是什么呢?

我给大家讲讲论文发表的流程,你们就知道大致是什么样。我作为一个科学家,我要发表论文,要把论文投给某个杂志,这个杂志审稿同意接收之后,一般情况下我会给他一笔钱,就是所谓的出版费,几千元上万元都有可能。然后出版费用来维护杂志的编辑部的人员,包括排版需要用的钱等,这个也算合理,但是问题在于在论文出版了之后,全世界的科学家需要订阅或者购买才能看到这篇论文。比如说科大的学生可以从图书馆看到大量的学术论文,但是并不意味着那些论文是免费的,实际上图书馆花了很多钱买论文,所以这就产生了一个悖论,就是说实际上科学家的研究是各国政府、纳税人一起支持的,但是做完这项研究发表出来之后,你还得再掏钱去看,这个好像不合常理。它应该属于全人类的财富,为什么要掏钱去看。所以在过去十几年内,一直有科学家在倡导所谓的开放获取(open access),这个概念就是说你出版的时候交钱也就罢了,但是出版之后要保证所有人都能看到才合理,知识要免费分享。

但实际上这个事一直推广得不是特别顺利,到目前为止也只有百分之十几的论文是按照开放获取的方式来发布的。大家比较熟悉的,比如像《自然》《科学》上面的论文大部分都不是开放获取的,但是新冠疫情反而以某一种意想不到的方式对这件事产生了一个催化剂的作用。因为新冠疫情是一个人类百年仅见的公共卫生危机,使人类对和新冠病毒相关的研究成果的分享的诉求达到了一个极高的水平,这个时候谁再说你写篇论文之后,你还要交钱才能让大家看到,别说科学家不同意,老百姓都不会同意。所以在这一波浪潮中,我们会看到有大量的科学家没有把论文投给期刊,而首先放在了一些能够开放获取的数据库上,让大家可以随便下载,有些期刊也主动宣布你可以来发表,发表完了之后我就不再收钱了,所有和新冠相关的论文是可以被所有人免费看到的,这也算是舆论压力的一个结果,所以有一个统计数据我们要放在这里,就在过去一年里有超过40%的新冠相关的论文,实际上都是从开放获取的渠道先发表出来的,让全世界的人可以较早地免费看到。

在我看来,这可能会成为科学出版这个行业的一个变革的催化剂,在未来可能有更多的人会意识到,人类科学知识的积累和传播是需要有一个机制来保障它能够惠及全人类的,不应该成为某些人专属的知识特权。

第三点反思我其实刚刚留了一个尾巴,就是关于人际传播的问题。一个病毒,能不能人际传播是一个关系重大的话题,它对于如何防控疾病,如何进行社会管制是非常重要的，但是在科学上要得到这个结论，能够依靠的证据又是非常薄弱的，只能通过传统的流行病学调查，通过访谈、对话收集一个人的行为轨迹来做出间接的推测，用一些不精确的证据得到一个非常重大的决定，这中间当然会给人以巨大的心理压力了。

实际上如果我们从基因组学的角度来思考的话，会意识到我们确实是有可能利用基因组学的技术，来更早地帮助我们推测出一种病毒能不能在人和人之间传播。有一个历史性的原因：新冠病毒不是人类世界出现的第一种冠状病毒，是人类世界出现的第七种冠状病毒，有两种我已经讲过了一个SARS、一个MERS。另外还有4种是引起感冒的一些冠状病毒，进入人类世界至少有半个多世纪了，所以我们现在已经不知道它怎么来的，已经很久了。但是有一个很有意思的特点，就是前6种冠状病毒都可以在人和人之间传播，所以这个可能本身就能说明一个问题，就是冠状病毒一旦进入人类世界，它就可能会具备人际传播的能力。从比较基因组学的角度研究，可以能帮助我们得到得出一个推论。

另外一个角度，我们该如何利用全新的技术，特别是基因组学。你可以想象如果你在两个患者体内测出的病毒的序列是完全一样的，比如说刚才我们讲过一家三口都得了新冠肺炎，如果你用基因组学的方式测量他们体内的新冠病毒的新序列，发现这三个人体内的新冠病毒有一个先后传承的顺序。实际上在那个时候就可以辅助对流行病学的调查来得出一个判断，就这个病毒是不是可以人传染人。在未来新技术如何介入社会管理，可能是一个我们很多人需要面对的问题，就是新技术如果没有真正指导我们的人类行为，它的应用空间就比较有限。在今天技术爆炸的时代，我们应该用一种更开放的心态来主动把新技术应用在社会管理的过程当中去。

还有一个值得反思的地方，和刚才我们讲过的疫苗有关系。我们中国的疫苗开发在这次新冠疫情当中实际上是做得非常好的，毫无疑问是世界第一梯队，而且还能把疫苗生产出来，免费提供全民，是一个非常了不起的工作。同时在科学技术的层面，我们也需要意识到一些差距，我们用传统的方法来开发疫苗，就是灭活疫苗的路线、重组蛋白疫苗的路线等。但是我们至少在mRNA疫苗的开发路线上确实落后了，mRNA疫苗的技术路线上的落后是需要我们奋起直追的，但是这个弥补显然也不是一朝一夕能做到的。为什么这么说呢？因为mRNA疫苗这种技术路线的开发，它作为一种破坏性的科学研究的路线，也不是美国或者说德国一年之前才愿意做的。我们就拿美国公司为例，你怎么把一种mRNA疫苗真正从技术原理上设计出来，开发出来,把它用一种东西包裹起来就可以注射到人体中,保证人体相对安全,又不会特别容易被降解,还让它能够持续地发挥功能,实际上这背后至少有20年的技术积累。我们可以看到有大量的研究围绕这个东西在进行,因为大家可能不是学生物的,我就不多展开背后的技术细节,但是有非常多的研究实际上是在过去30年就已经完成了。可以说是新冠疫情给这些革命性的新技术提供了一个快速应用、快速展示的舞台。

我们就从这个角度来反思,那也就意味着,我们中国虽然在新冠疫情中的表现非常优秀,但是在科学技术的领域,我们是不是需要投入更多的精力,更多的资源,更多的支持,甚至是更多的包容,允许进行这种革命性的、破坏性的科学研究?因为我们知道破坏性的科学研究,意味着在开始的时候很有可能是离经叛道的,是不讨人喜欢的或者是看不到前途的,看不到很有价值的应用方向的。但这种研究也有可能在你一个完全无法预想的场景里,比如说新冠疫情当中发挥非常重要的作用,这可能是我们需要注意的一个点。

第五点反思是一个从科学技术能够延伸出来的话题,就是说我们除了需要在科学技术的层面容忍、允许、支持更多破坏性的、革命性的研究之外,我们的产业政策也好,我们的监管政策也好,是不是足够包容、足够开放,允许这些破坏性的技术能够快速地进入产业,快速地进入应用,可能也是一个值得我们讨论的问题。

最后一个反思我想稍微讲两句,因为我自己是一个科普作家,我也特别关注这个话题。在过去一年内,我们所有人,特别是你们这种习惯于接受社交媒体的新一代,可能会特别感同身受,就是当一个重大事件出现的时候,虚假信息的传播可能也会产生不亚于疾病本身的破坏力。对于这个现象社会组织还给它起了一个专有名词,叫信息流行病(infodemic)。我猜想你们在过去一年内看到的谣言、假消息都不知道多少了,甚至可能对你们的情绪、世界观、生活方式都产生了重要的影响。

我们应该怎么办?因为就像全球化可能是不可逆转的一样,互联网上信息的高速流动,大概率也是一个不可逆转的世界潮流。在这样的局面下,我们怎么防止这种信息流行病的出现,怎么保证正确的信息能够传播给更多的人呢?我觉得这可能是我们新一代人特别需要重视的一件事情。咱们科大好像还有一个专门做科学传播的系叫科技传播系。我在其他学校从来没有听说过,我觉得是科大很了不起的一个创举,对于接受很好的科学和技术训练的人来说,这可能是你们除了做好自己的研究和产业推广之外,一个特别重要的社会责任,因为你们既然掌握了科学信息,在今天的互联网时代，你就天然具有一个使命，就是把正确的信息传播给更多的人。

新冠后时代，人类需要什么变化？我们能做点什么？

2020年人类真正进入了一个全新的历史时期，进入了百年未有之大变局，进入了一个人类历史发展的深水区，在这个时代，我们人类需要面临很多革命性的变化，很多历史性的变化，就像1918大流感之后发生的那些变化一样，可能我们今天还没有意识到，但是很有可能对我们人类世界产生几十年、上百年的长期影响。

在这些影响当中我们应该做什么？我觉得这是我们每一个现代人，特别是年轻人需要考虑的问题。对于你们来说，18岁是成年的标志，那等于你们是新冠后时代成年的第一批人，而且是第一批中国的社会精英，你们能坐在科大的讲堂上，就注定你们要担负着比大多数人更沉重、更光荣的历史使命。所以对于你们这批新冠后时代成长起来的第一批中国的社会青年来说，你们应该做点什么？不管是在推动国际合作的问题上，推动破坏性的科学技术发展的问题上，还是在去除虚假信息的问题上，你们应该做点什么？我作为一个勉强算是你们前辈的人希望你们能把这个问题带回去，自己好好想一想，能做点什么事情，对得起这个伟大的同时充满希望和危机的时代。

好，我就讲到这里，谢谢大家！

尹志尧

中微半导体设备(上海)有限公司创始人、董事长兼首席执行官

1967年获得中国科学技术大学化学物理学士学位,1984年获得美国加州大学洛杉矶分校物理化学博士学位。先后任职于英特尔公司中心研发部、应用材料公司和LAM研究所,其间担任LAM研究所刻蚀设备研发部主管,应用材料公司等离子体刻蚀设备部首席技术官、公司副总裁及等离子体刻蚀事业群总经理。是98项美国专利和426项其他国家专利的主要发明人,参与并领导集成电路设备业界一半以上成功的等离子体刻蚀设备的开发,是几代等离子体刻蚀技术及设备的主要发明人和工业化应用的推动者之一。曾获国家科技重大专项突出贡献奖、上海市白玉兰纪念奖、首届浦东经济人物十强、感动上海年度人物等荣誉。2018年被评为国际半导体产业十大领军明星,也被福布斯中国评选为50名中国最佳CEO之一。获得2021年中国“安永企业家奖”,作为中国大陆唯一代表参与“安永全球企业家奖”的角逐。

微观加工设备在数码产业中的战略重要性及挑战

尊敬的校领导、各位老师，亲爱的同学们，非常荣幸，也非常激动，在离开学校50多年以后，有这个机会向这么多年轻的同学介绍半导体微观加工领域的一些产业特点和发展趋势，以及我对新一代工业革命到来的解读。

大家看到，前面这个讲台上写的是1958，就是因为在1958年中共中央、国务院颁发了一个红头文件，要建两个学校：一个是中国科学技术大学，归中国科学院管理；还有一个是哈尔滨军事工程学院，归国防科学技术工业委员会管。1958年入校的是第一届学生，我是在1962年算是第五届入校的，这是近60年前的事了，我还有两年半就80岁了。

非常感谢母校让我进入了化学物理系。我从1962年到现在，一直做的都是化学物理或物理化学，主要的看家本领是"化学反应动力学"，到现在仍然在研究化学反应动力学。

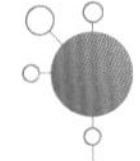

数码产业和传统产业已成为现代社会的两大支柱 数码产业的基石是微观加工设备和技术能力

首先我给大家讲两个基本观点：数码产业和传统产业已成为现代社会的两大支柱，这是第一个观点；第二个观点，数码产业的基石是微观加工设备和技术能力。我

本文根据尹志尧博士于2021年6月9日在中国科学技术大学"科学与社会"课程上的演讲内容整理。

们人类存在已经有300万年的历史了。针对工业革命的划分,有各种各样的说法,我在科大读书时当时的系主任就讲,人类已经进入了第四代工业革命。德国提出了工业4.0,说人类现在进入了智能生产、智能制造的时代,这是第四代工业革命。我认为这些说法都不太准确。

第一次工业革命是从英国开始的,这是一个延续了500年到600年的工业革命。这次工业革命的特点是使生产从手工劳动变成机械化,就是造出机器来代替人手,所以我们称这一代革命为机械化时代,或者叫传统工业时代,它是以宏观加工为核心的一场革命。它须具备三个基本要素。第一,要加工的话必须有材料,如钢铁、陶瓷、塑料、木材等;第二,必须有加工的母机,有六七种床子:车床、铣床、刨床、钻床、镗床、磨床等,后来就演变成五轴联动加工中心,就是把一个板材、块材、铸材加工成各种各样的形状;第三,必须有动力,所以就有了蒸汽机、内燃机、电动机等一系列的能源的演变和革命,这就是第一次工业革命。

我们国家改革开放40年在做的一件最重要的事,就是把第一次工业革命的"课"补上,现在中国在世界上从传统工业角度来看已经走到最前列了,比如我们可以很快地建一个600米甚至800米高的大楼,可以建一个50千米的跨海长桥,所以机械化时代的特点是越做越大。

但是就在最近的五六十年,从美国硅谷开始,新一代的工业革命出现了。这一代的工业革命,实际上就是从机械化变成智能化,用电脑来代替人脑,到现在为止已经不限于做电脑代替人脑,而是做出各种各样的微观的、看不见、摸不着的器件,可以代替人的一切感官,包括视觉、味觉、听觉、触觉、嗅觉等。像无人驾驶汽车,它相当于车里没有驾驶员,但是车子具有人的身体上的一切感官功能。这一代工业革命大都是数码化的,叫数码时代,也有人说是人工智能时代。它的特点是以微观加工为核心的微器件工业,集成电路只是微器件工业的一部分;还有很多泛半导体微观器件,如大面积显示屏、发光二极管LED、太阳能电池、MEMS、功率器件等,所有的微观器件都可以归在这一类。

微观器件的产业也须有三个基本要素。首先要有微观材料,比如化学的薄膜、物理溅射膜、电镀膜,这种高纯度的导体、绝缘体和半导体。第二个需要能微观加工的母机,要制造微观器件一定要有精雕细刻的设备,主要是光刻机、等离子体刻蚀机和化学机械抛光设备,后者也就是磨床。

如果说蒸汽机的发明是一代工业革命,那可以说内燃机的发明更应该是一代工业革命了。因为内燃机从发明到现在仍然是主要的动力来源，而蒸汽机则极少用了。所以我们应该把能源和动力的革命与工业革命分开来断代才对。德国工业4.0的说法也有问题。因为人工智能并不是新的东西。全球第一届人工智能大会是在1956年召开的，当时已经有了电子管计算机，已经开启了数码时代。数码时代就是人工智能时代。量体裁衣，智能生产也不是新的东西。在集成电路大生产上早已实现了很多不同的微观器件在同一条生产线上混合加工，早已实现了量体裁衣。所以德国工业4.0只是数码智能时代——第二代工业革命的一个插曲。

第一代工业革命是越做越大，第二代工业革命是越做越小，而这两次工业革命都从根本上改变了人们的生产方式和生活方式，这两代革命都是伟大的革命。例如，从2007年起上市的智能手机iPhone，就把很多人都变成"低头族"了，使我们的生产、生活方式发生了巨大改变，这只是一个产品，其实数码产业的产品还有很多，每一个都在改变人类的生产方式和生活方式。

说一个具体的例子使大家有个体会，也是我的亲身经历。1947年，人类发明了半导体晶体管，到了50年代后期，美国就有能力做容量为128KB的电子管计算机。这个技术在70年代，我在北大读研究生的时候，北大也已经有这样的电子管计算机了，有两栋5层的大楼，中间隔一条街道，里面全部是电子管，容量大概就是128KB。经过30年的演变到1985年，那时我在硅谷的英特尔工作，我们当时把128KB这样容量的微观器件做到一个指甲盖大小的板上去了，是属于1.5微米的技术。大家想一想，两栋的5层大楼，把它的面积缩小到一个指甲盖大小，面积缩小多少呢？是100万分之一，尺度缩小到1000分之一。这就是80年代的微米技术。

又过了30年，到了2015年，日本东芝公司首先宣布做出了128GB的Flash Memory，就是闪存，它已经把1280亿个微观器件集成在一个指甲盖大小的板上去了。这30年，微观器件的面积又缩小到了100万分之一。

所以在这60年里，随着数码时代的发展，行业研发人员最核心的事就是怎么把微观器件越做越小，小到多少呢？不是1万分之一，也不是1亿分之一，是缩小了1万亿分之一！一个手机大概有256GB的容量，如果没有微观加工的设备和能力，这个手机如果在60年前得有多大？我算了一下，相当于200万栋5层的大楼里面全部是电子管，而现在缩成一个巴掌大小了。这个革命汇聚了成千上万人覆盖很多国家60年的努力，才发展到现在这种程度。

这里起到核心作用的微观加工的机器，一个是光刻机，一个是等离子体刻蚀机。现在的光刻机、等离子体刻蚀机组合到一起能做出多小的东西呢？举两个例子，一个是我们可以在人的头发丝的万分之一这么小的单位上来钻一个孔，刻出一个线条、一个台阶，它的基本尺度是人的头发丝直径的万分之一。现在最高精度的已经做到四万分之一了。另外一个例子就是在米粒上刻字，大家知道在一个米粒上能刻多少个字吗？现在在一个米粒上用刻字机至少能刻1亿个汉字，甚至10亿个汉字。所以有了这两个设备和技术，才能制造出集成电路，也才能有手机、电脑等各种数码产品。刚才讲数码产业有五六十年的历史，这个过程实际上根本研究的内容就是怎么把东西越做越小。

那么这个数码产业到底有多大？去年美国有人统计，全世界数码产业的产值相当于全球企业总产值的41％，我估计再过15年，到2035年这个数据就会超过50％。这是什么意思呢？就是世界的经济有两个大的支柱，一个支柱是传统工业，就是刚才我说的机械化时代的产物，另一个就是数码产业，而发展最快的，其实是数码产业。所以一个国家要成为一个强国，如果没有数码产业作为基础，就没有领先的地位，也就不可能成为强国。

数码产业的结构可以用倒置的三角形做个形象的解释，一共有4个层次（图1），最上面的层次叫上层建筑，包括软件、网络、电商、传媒、大数据、无人驾驶汽车、VR和AI等一系列的都属于应用（applications）。这些应用的产品因为是公司或普通老百姓都需要买的，所以市场巨大，如阿里巴巴、Facebook、Google这些每年千亿元产值的大公司。但这样的一些应用必须建立在硬件的系统上，如果没有全世界联网的计算机系统，就没有阿里巴巴。阿里巴巴不是做芯片的，也不是做网络系统的，但是它可以利用我们做出的芯片和系统来做商业模式。

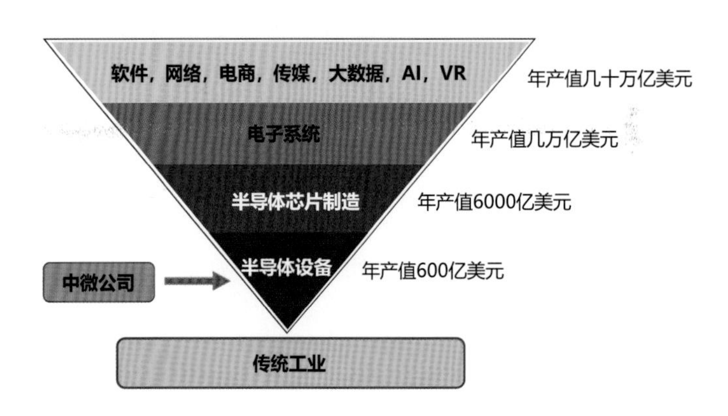

图1　以微观加工为基础的数码产业的4个基本层次

电子系统每年的产值我估计有几万亿美元。现在打开任何一个电子系统，除了芯片就是导线接头了，所以电子系统的基础工业就是芯片的设计和制造。这个产业去年的销售额是6000亿美元。

图2展示的是目前台积电（台湾积体电路制造股份有限公司）最先进的芯片生产线。生产线上基本都是设备。那么一条大的生产线里有多少台设备呢？如果是以每个月生产5万片12英寸的晶圆为生产能力的生产线，要投资100亿美元，其中60%～70%的投资是买设备，大概要买3000多台设备。芯片在设备里加工是就一层一层地往上叠加，像盖楼房一样，在一层里面做出微观结构，再做下一层，做到5纳米的时候要50～60层的结构，每一层都要十几个步骤，要1000多个步骤才能把5纳米的芯片做出来，所以制造芯片的核心的东西在芯片生产线上，也就是设备。中国有句话叫“工欲善其事，必先利其器”，如果没有这么多设备去做的话，是根本做不出芯片来的。

图2　台积电的某条芯片生产线

我们再把刚才的倒三角形正过来（图3），从图中右边列出的一些数据可以看出，全世界有多少个公司可以做这个事，能够做软件、网络、电商、传媒应用的公司全世界大概有几千万个，中国估计都有上千万个。能够做电子系统的公司大概有几百万个，可是做芯片设计和制造的公司，全世界能够站住脚的就几百个，做芯片设备的公司只有几十个，所以从数量上讲就知道最难做的东西就是高精尖的设备。

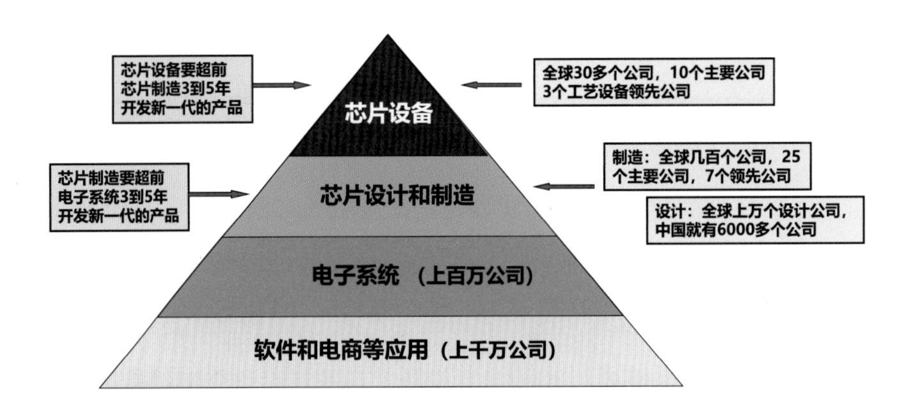

图3 半导体微观加工设备现代信息产业概况

从图中左边这条线来看它的时间表，比如要使用14纳米芯片的手机的话，芯片的设计制造公司至少提前3～5年就要开始开发。做芯片制造设备的公司，又要超芯片制造3～5年来开发出这些设备，所以必须在用户用到14纳米手机之前7年左右的时间开发这种设备。

刚才讲到一条大的生产线上有3000多台设备，这些设备如果分大类的话，一共就十大类，包括光刻机、等离子刻蚀机、化学薄膜、物理溅射膜、电镀膜、化学机械抛光、离子注入还有洗相机等。每一类里面又有细分的设备，一共有大约170类设备；如果再分设备的型号，有300多种设备型号。所以这是一个非常复杂的产业链，不是说有两三个设备就可以把芯片做出来了，而现在每种设备在国际上只有两到三家能够做好，甚至有些关键的设备只剩下一家或者一家半了。

比如先进的14纳米及以下的光刻机就只有荷兰的ASML公司可以做，日本的佳能和尼康已经落伍了；做单晶硅和锗硅沉积的这种设备，原来一直是应用材料公司一家独大，最近ASM公司赶上来了，也占领一定的市场，所以形成了这样高度垄断的一个局面。那么在中国要建一条生产线，大概要从美国买50％以上的设备，从日本买17％的，从荷兰买16％的，中国自己本土的芯片制造生产设备大概只有10％。

在美国要建一条生产线，美国自己也只能提供50％的设备，另外50％的设备也还是靠日本、德国等其他国家的公司做。所以这个产业的特点第一个是高度集成，另外一个就是高度垄断。下面从另外一个角度来理解这个设备产业为什么这么关键、这么重要。最近两年，从特朗普政府开始，美国商业部和国防部对中国的集成电路产业、高科技产业进行了限制和打击，一连出了八招，几乎几个月就出一招，全是限制半导体设备对中国的出口。

第一招在2019年，美国政府通过长臂管辖，迫使荷兰政府不许ASML公司给我国最先进的芯片生产公司提供最先进的EUV（极紫外光刻机），本来机器已经确定了运出时间，但最后说不能运了。从那开始，美国制裁我国最先进的5G技术公司——华为，只要有美国一台设备的生产线生产的芯片就不能给华为提供，后来干脆整个就不允许给华为提供芯片；然后又来制约我国第一流的芯片制造公司，把它列入实体清单，它就买不到14纳米及以下的设备……最后今年年初又把我国领先的半导体设备公司列入了所谓涉军企业名单，就是限制其发展。所以美国政府出的所有的科技战的招数，全部是通过卡设备来限制我国芯片行业的发展，因为这是一个咽喉要道。

讲了这么多，希望大家能够理解微观加工的设备和能力，是整个数码时代最重要的基础，如果这个问题不解决，就没有数码时代，没有集成电路，也没有各种应用。这个半导体设备领域，也是我国现在和美国进行科技博弈的最核心的领域，所以请大家特别关注这个领域，来参与这个领域的工作。

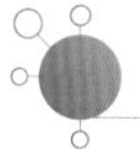

微观加工设备产业的十大挑战性

这个设备产业为什么只有凤毛麟角的公司能做呢？我们先看看微观器件是怎么回事。

在图4中大家看到的是一个28～32纳米的CMOS逻辑器件的剖面结构，像楼房一样一层一层的，但每一层都由不同的结构组成，在28纳米的时候大概也就20～30层，现在做到5纳米要有50～60层的复杂结构。

每一步的做法可能还有很多人会糊涂，一会说是光刻机，一会说等离子体刻蚀机，到底这一层是怎么做出来，我给大家解释一下。用最简单的方法理解，很多女孩子小的时候剪过窗花，剪窗花你要准备一张红纸，然后用铅笔在上面画上花纹，再用剪子把不要的部分剪掉。其实这个过程就类似做集成电路一层的结构，红纸就是一层材料。机器在真空情况下，通过表面沉积做出一种导体或绝缘体材料，先在上面涂一层光阻（见光就分解的聚合物），然后用光刻机曝光表面就形成条纹了，经过洗相，没有被曝光的光阻就留下来了。最后用等离子体刻蚀机把光阻没有覆盖的部分给刻蚀掉，就像用剪子把不要的红纸剪掉一样，这样一层的结构就出来了。一层一层加上去,就制造出了多层楼房式的结构。所以,薄膜设备、光刻机和等离子体刻蚀机缺一不可。

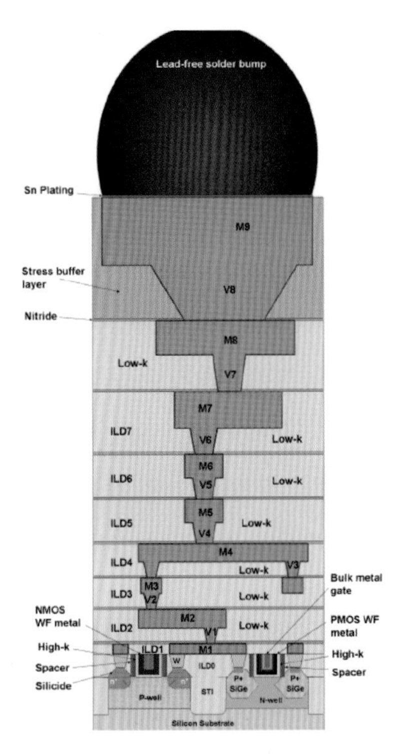

图4 CMOS逻辑器件的断面结构

芯片的上层结构实际上是金属连线,金属连线立体交叉,把信号传来传去,图5展示的是一个十几年前做的较简单的金属互联结构,只有两三层结构,现在金属连线最多做到17层了。信息高速公路就是把信息快速传输比喻为"高速公路",其实把芯片放大几百万倍、上千万倍以后,看到的确实就是一条条"高速公路"。

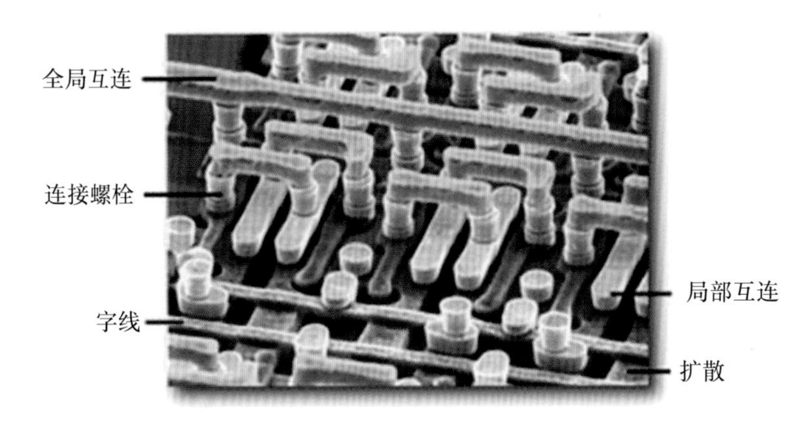

图5 简单的金属互联结构

我现在讲讲这里的“高速公路”中，这两个柱子和上面横杠是怎么做出来的。

如图6所示，首先是在硅底物上铺一层薄膜，一般来讲是氧化硅、碳化硅这种绝缘体膜，在上面再涂一层光阻，然后用光刻机把这些圆形的孔曝光出来，再经过洗相过程，就在光阻上留下了一个个孔，这些孔还不是薄膜里面的孔，只是在上面的光阻里。然后再用等离子刻蚀机按照这个打开的孔刻下去，把底下的薄膜打出同样大的孔，通过表面的化学反应使刻蚀的气体产物跑掉，最后再用强力除胶机，把上面剩余的没有曝光的光阻也去掉，就完成了这些孔的加工。

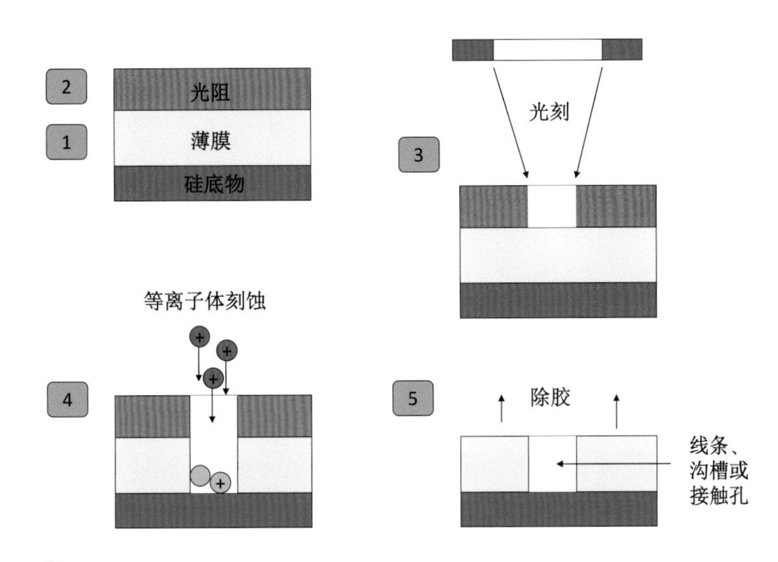

图6　芯片加工的基本步骤(1)

然后通过离子溅射靶，将打下来的铜原子落在孔里和表面，形成铜的薄膜电极(图7)。再把这样一个硅片放在一个电镀槽里通上负电，铜的正离子就镀上去了，里面的孔也就填满了，多填的溢出来了就成了镀层，再用一个化学机械抛光机把上面多余的东西磨掉，这样一个铜的柱子就形成了。

这是一个循环，内层做完就有很多孔，孔里都填上铜，下一层换一种方法，就在这两个柱子上面用光刻机再做一个沟槽的图形；然后再经过铜的溅射和镀铜，将沟槽里也填上铜了，这样的话就得到了一个高速立交的“桥”。

集成电路就是这样一步一步做出来的，所以说和盖房子没什么区别，只是盖一个微观的楼房。现在做的柱子已经达到人的头发丝的几千分之一到上万分之一那么小，难度很高了，因为这个尺度太小。所谓数码产业的基础就是微观加工，所谓微观加工的基础就是把东西越做越小。

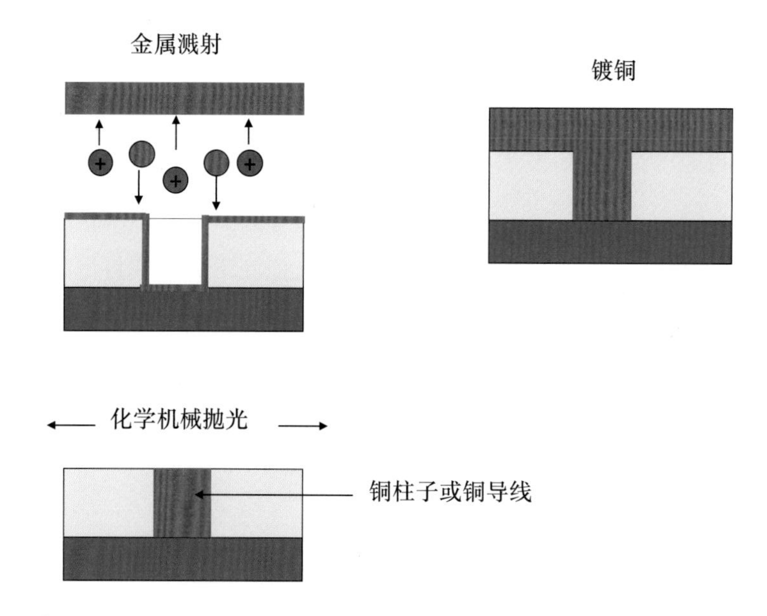

图7 芯片过程的基本步骤(2)

在集成电路的历史上,有一个很著名的人,他提出了一个“摩尔定律”,他就是摩尔(Gordon Moore),曾是英特尔的董事长。我是1984年到英特尔中心研发部工作的,他当时还是董事长。他在1965年就朦朦胧胧地提出一个观念,是说在一定的时间段(两年左右),芯片微观结构的堆积程度会增加一倍,运算速度会增加一倍。意思就是芯片的面积缩小一半才能堆积起来,他讲的就是越做越小的概念。

但是在后来的10年里他的说法经常变,到最后大家解释所谓摩尔定律就是:每18个月微观器件缩小一半,即堆积密度提高了一倍,运算速度也会增加一倍,就把这个固化成摩尔定律了。其实摩尔定律并不是一个自然界的定律,只是一种伟大的猜想,就像是格德巴赫猜想,它的真正的含义,就是数码产业的本质,还是把微观器件越做越小。

下面来看看时间表(图8),这上面的IC-1讲的是国际最先进的逻辑器件的晶圆厂,它的每一代逻辑器件进入大生产的时间用蓝线表示,非常有意思的是,两条蓝线的距离几乎就是18个月。这很奇怪,其实并不是因为摩尔40年前讲了,就按照摩尔定律来做,是因为我们每一代开发需要一段时间,经过统计,就是你要做14纳米的开发,一定要在5~7年前就开始。10纳米的开发在前几年就已经开始了,它们是错期开始的,只有积累了14纳米的一定的生产线经验,10纳米的才能进入生产线。所以进入生产线的时间差,正好差不多是18个月。3纳米实际上在台积电已经进入试生产了，估计今年年底或明年初就要进入大生产。

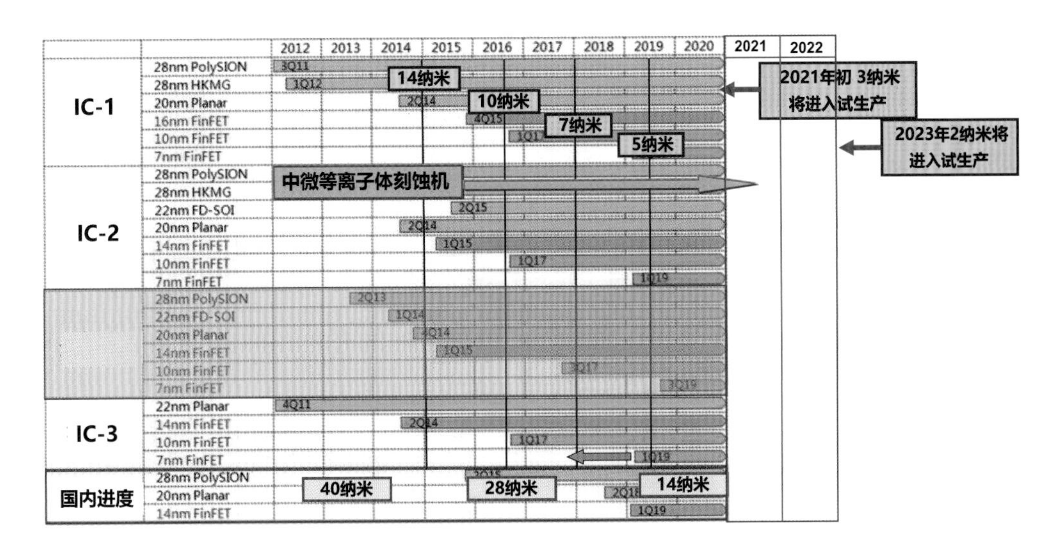

图8 集成电路领先企业先进制程进入大生产的时间表

在网上最近有传说中微掌握了3纳米技术，这是个误传。中微公司并不是设计芯片的，也不是制造芯片的，不能说中微掌握了3纳米技术，只能说中微开发的刻蚀机可以去刻蚀这种更微小的器件。刻蚀虽然重要，在1000个步骤里面有150多个步骤是刻蚀，是芯片制造中最大的应用，但是毕竟还只是占到20%左右，还有很多其他的步骤，所以不能说中微掌握了3纳米的技术，只能说我们提供的刻蚀设备，参与了3纳米芯片的制程。其实在市场上，就不存在5纳米的刻蚀机或3纳米的刻蚀机。每一代的刻蚀机，一般可以覆盖3个以上的期间加工换代，甚至更长，不存在某种刻蚀机只能刻蚀一代器件。

另外，从现在台积电宣布的时间表看，2023年2纳米就可以进入试生产了，现在正在紧锣密鼓地开发，而且据说基本的技术路线已经打通了。相对台积电，大陆公司的进度就是40纳米—28纳米—14纳米，大概至少三年一代，所以其实大陆的集成电路的发展形势挺严峻的，要奋起直追。

光刻机一直是一个龙头设备，如果没有光刻机就形成不了图形结构，刻蚀、薄膜就没法做。光刻机重180吨，要运输的话需要40个集装箱，如果用波音747运的话，需要3架半的飞机才能装完。荷兰的ASML公司是目前世界上唯一可以做14纳米及以下芯片的光刻机的公司。它用了20年的时间开发极紫外光刻机，差不多花了200亿欧元，相当于1500亿元人民币，据说其中好几次非常困难，结果后来还是咬牙坚持下来，把它做成了(图9)。

图9 荷兰ASML公司生产的光刻机

光刻机有三个基本的亚系统，第一个是13.5纳米的激光光源，实际上刚开始很多做激光的公司都在研究开发，最后只有一个美国公司Cymer成功了。第二个就是移动台，硅片在台上面，对50层的硅片进行曝光而且每一层都要对得非常准，差一点都不行，它的机械对准的准确度要2纳米以下才行，现在在往1纳米做。这种移动台只有日本和奥地利两个国家可以做。第三个更重要，就是反光碗，加工这么精密的反光碗，要用世界最先进的五轴联动加工中心，而且只有一个公司能做出来，就是德国的蔡司公司。

其实光刻机最后卡脖子的不是高技术，是工匠精神，是传统工业的发展。图10左边两个老工匠拿着的就是他们加工的反光碗，右边讲的是光路，光路上不用镜头，而是用反光碗，因为波长太短了，用一般的光学镜头是不行的。

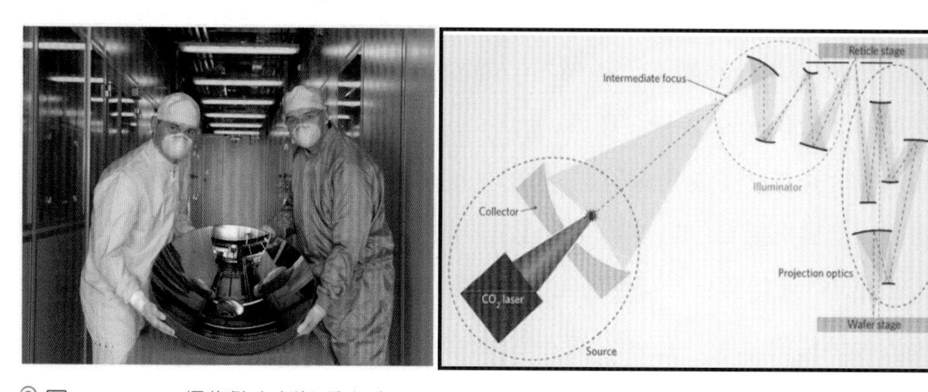

图10 ASML极紫外光刻机反光碗

等离子体刻蚀机大概十几吨到二十吨重，最多可能有四十吨重。这个机器需要30万瓦的功率，有6个反应器，1个反应器要5万瓦的功率，就是高频的射频功率。因为它要使离子具有非常快的速度，将一个离子流像钻床一样一直钻下去，可以钻出孔或者深沟来，所以它的能量要求很高，这就叫高能的等离子体刻蚀机。做这样的一个刻蚀设备需要多少“兵种”呢？我估算了一下，涉及50多个科学技术及工程领域，包括物理、化学及数学几乎所有的领域，工程技术也是大部分领域，还有特种工程技术，包括分子泵、高精度的真空气压计、气流计等。在国际上只有两三家公司能做出来那么精准的等离子体刻蚀机，所以这也是一个基础工业的问题，没有过硬的基础工业，也谈不上做高精尖的微观加工设备。

等离子体是在真空下产生的，要靠外界施加的交变电场引发。有两种引发形式。一种是用两个平板的电极，产生正反方向的电场变化，这就叫CCP（Capacitively Coupled Plasma），就是电容性耦合产生的等离子体。电子在里面上下打来打去把分子打散就变成等离子体，反应器外面的导线里电流往上走的时候，在真空里的电子也在往上走，也即外面往下走，里面也在往下走，所以这个叫同步的电容性的耦合，是高能等离子体。还有一种是把上面的平板电极去掉，用一个感应线圈代替，像变压器一样横向地产生等离子体。线圈里的电流方向和真空里的电子方向正好是反的，这属于电感式的等离子体，这种等离子体产生以后可以用很小的偏压射频来控制离子打到表面，所以被称为低能等离子体刻蚀机。我在80年代从英特尔转到Lam Research的时候，就帮助Lam Research公司比较成功地开发了平板电极的CCP高能等离子体刻蚀机，叫“彩虹号”（Rainbow）；后来又和美国的一位射频工程师合作，发现用电感线圈可以产生另外一种等离子体，就开发了ICP的刻蚀技术。做到90年代初，Lam Research成为国际上做刻蚀设备最好的公司。后来我又转到应用材料公司，用不同的反应器设计，成功地开发了一系列ICP刻蚀机。到2000年应用材料公司成为了国际等离子体刻蚀机最领先的公司。

直到现在，Lam Research和应用材料公司在刻蚀设备领域，还是最先进的公司。还有一个就是东京电子，在80年代东京电子和Lam Research有合资公司。Lam Research把CCP Rainbow刻蚀机的图纸都给了东京电子，教日本人怎么做刻蚀机。结果东京电子对Lam Research教的CCP（电容性等离子体刻蚀机）一直进行改进，越做越好，现在CCP刻蚀机反而是东京电子站在领先地位，而Lam Research是在ICP

刻蚀机占领先的地位。

刻蚀机市场是集成电路微观加工设备最大的一个市场，在2020年是年销售额120亿美元的市场，还在高速增长。其中电感性的等离子体刻蚀机在2010—2017年市场占有率不断地增长，而电容性的刻蚀机在下降，电感性的刻蚀机原来是46%，后来最高到64%。原因很简单，因为器件越做越小、越做越薄，高能等离子体刻蚀机对器件的损害就比较大，所以需要低能等离子体刻蚀机。

另外，低能等离子体刻蚀机可以刻得非常均匀，现在已经做到原子水平的控制，所以ICP的发展很快。但是，最近5年情况又有了很大的变化。在逻辑器件上，金属互联的层次一再增加，需要更多CCP刻蚀的步骤。特别是存储器件从2D到3D的转化，极高深宽比的刻蚀更需要大量的CCP高能等离子体刻蚀机。所以CCP的市场占有率又回升到接近50%。

等离子体刻蚀机的硬件开发比光刻机的要容易很多，但是它的工艺过程却是最复杂的。举个例子，世界上的微观器件成千上万，我们只拿2种器件来分析一下，就是逻辑器件和存储器件，存储器件包括动态存储器和闪存，那么它里面的刻蚀步骤有多少呢？我算了一下，大约有465个步骤，每个步骤都要刻蚀不同的材料、不同的形状，都需要一两年时间的开发和进入大生产线核准，都要找到不同的合适的化学气体等条件，要达到微观加工结构的很多项要求。所以使用刻蚀机是慢工出细活的事，不只是把硬件做出来，更重要的是开发工艺过程，实际上都是真空下的表面化学反应过程，所以科大学化学物理、物理、化学和材料科学的，最适合进入这个产业。

现在最难的就是做能刻蚀60∶1深宽比的深孔的等离子体刻蚀机，深孔的深度是7.2～8微米，宽度为100～200纳米，这是最难加工的一个工艺环节，我们已经在技术上有突破，可以做出来。但是这个设备还是要经过两三年的努力，才能真正成为在生产线上可靠、好用的设备。这个设备一年要钻10^{18}个孔，就是100万万亿个孔，每个孔都需要达到大约15个指标，包括宽度、长度、厚度等很多的指标都要达到才行，所以加工这样一个高深宽比的孔是目前整个集成电路研究领域中最具有挑战性的一个课题。

另外一个具有挑战性的课题就是对于刚才说的低能等离子体机要刻到什么精准程度？这么大一个晶圆（图11）里面要刻大概上万亿个线条，每个线条的宽度从任何地方去量，它的差别基本上不能多于两个原子，就是一个σ要做到0.25纳米，几乎是一个到两个原子，所以这是刻蚀精密加工最难的一点。不是说刻出几个东西差不多就行了，而是成年累月地刻几百万万亿个结构，而且每一个结构都要达到要求。

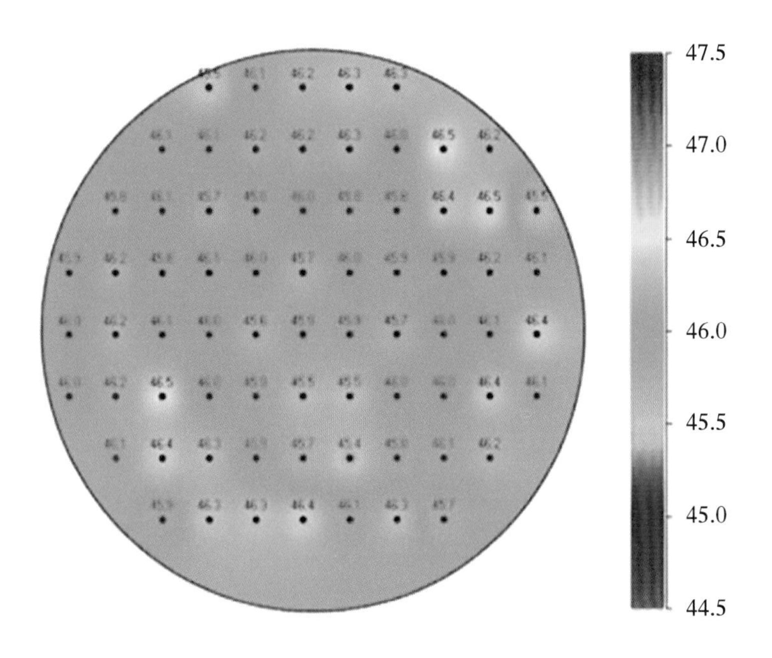

图11　等离子体刻蚀微观结构的均匀性已达到3σ<1纳米水平

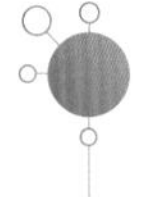

存储器件和逻辑器件的发展以及光刻机的波长限制给等离子体刻蚀机和薄膜设备带来更大的挑战和机会

世界上每年做出的芯片，95％的器件都是存储器，因为大数据需要大量的存储器件，但是它比较便宜，一个芯片最后卖一两美元，虽然只有5％是逻辑器件，占比很小，但是很贵，有的要卖到几百美元一个。摩尔定律讲的是把大量的存储单元挤在一个平面上，挤到大概12纳米是物理极限，就再也挤不下去了，如果想再往下挤，那就得摞起来，做很多层，这样的话就不需要那么挤了。在同样一个芯片里，可以堆积更多的存储元件，所以最近5年芯片从2D就变成3D的了。

做非常深的结构，芯片的平面尺度就放松很多了。一般光刻机在存储区域需要加工的最小尺度是50纳米，最大的有150～200纳米，所以用老的光刻机就可以了。但是对等离子体刻蚀和薄膜的要求就高了，化学薄膜要做得非常均匀，而刻蚀机要刻得非常深。从前刻一个2D的器件，大概两三分钟就刻完了，现在128层的结构要刻1～2个小时。这样就需要多很多的薄膜设备和刻蚀设备。

那么逻辑线路有什么新问题呢？因为极紫外光刻机目前只能做到14纳米，它的波长是13.5纳米，如果波长比加工的尺度小，它会产生驻波效应，所以刻出的光阻上下会是弯弯曲曲的，不直。

要加工更小的微观结构，是要用等离子体刻蚀机和薄膜的组合拳，叫二重模板和四重模板技术，把尺度成比例地缩小。简单来说，一个20纳米的线条是一个氧化硅的墙，这是靠光刻机、等离子体刻蚀机做出一个20纳米的墙。在上面铺一个10纳米的氮化硅的薄膜，然后再用刻蚀机把上面的盖刻掉，底也刻掉，从中间的图（图12）可以看出两个边墙的宽度是10纳米，然后再换一种刻蚀机的化学气体把中间的氧化硅给挖掉，这时氮化硅挖不掉，因为刻蚀有选择性，最后就加工出两个10纳米的边墙，尺度就缩小了一半，这就是二重模板技术。然后重复这个过程再铺回去氧化硅，这次只要铺5纳米的厚度，然后再刻两次就出了4～5纳米线条，这叫四重模板技术。所以现在小于14纳米的几何形状，不是光刻机做出来的，而是靠等离子体刻蚀机和薄膜组合拳——二重模板和四重模板技术加工出来的。现在这个技术已经工业化了，所以利用这个技术就可以把尺度越做越小。

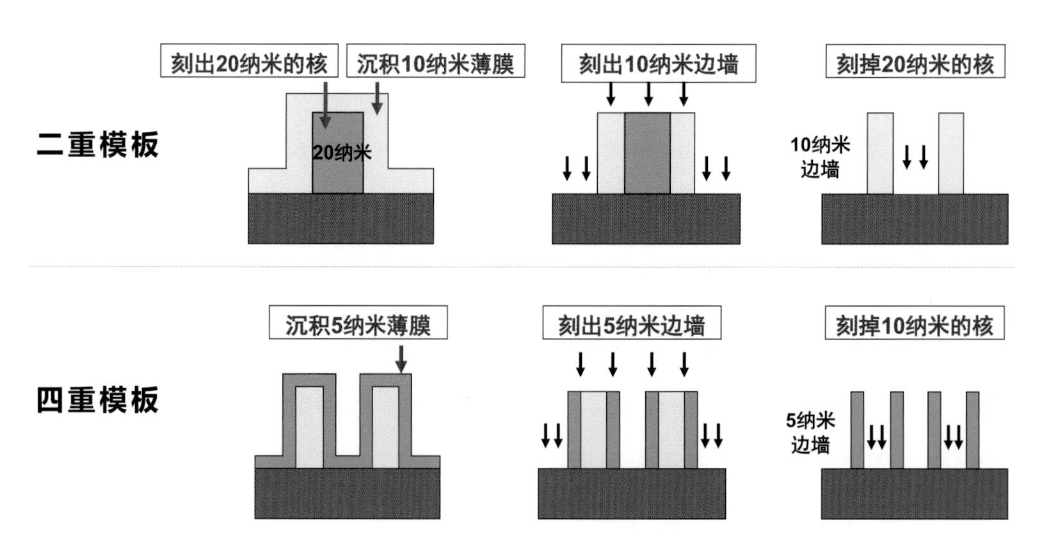

图12　通过多重模板等离子体刻出的是光尺度的1/2到1/4的微观结构（示意图）

在没有二重模板和四重模板技术时，加工的步骤是1次薄膜、1次光刻和1次等离子体刻蚀。用这个新技术，现在的实际过程是2次光刻、3次薄膜，但要5次等离子刻蚀，才可以把20纳米缩小到5纳米。大家想想，这样又需要有更多的刻蚀机和薄膜设备了，而且要求更高了，要刻得非常精准。所以等离子刻蚀机和化学薄膜设备每年销售的增长率是所有设备中最大的，在2015年到2017年这三年中，以每年16%～17%的速度增长。到2020年一直长到120亿美元，而且很快会长到150亿美元以上。原因就是刚才我说的两个。过去做一个2D的存储器，刻蚀设备相当于所有购买设备的20%，最多不到25%，现在几乎40%以上的设备投资都要买刻蚀设备。

我们中微比较有幸的是专注做刻蚀和薄膜设备，现在这两个设备的市场需求增长得最快，那么如果拿钱买设备的话，其中四大类设备的第一类就是等离子体刻蚀机，占20%～25%；第二类是光刻机，占18%～21%；第三类是化学薄膜，占15%～17%，然后是检测控制设备，占11%～13%。

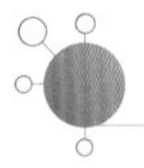

集成电路设备市场的分布和垄断局面以及我国的设备产业的情况

中微的策略是半导体刻蚀机设备要全面覆盖，都是自己开发，而化学薄膜设备是我们和专门做化学薄膜的公司分工合作，化学薄膜公司主要开发介质薄膜设备，我们主要开发导体薄膜和单晶硅的沉积设备。关于检测设备，我们最近投资了上海比较先进的睿励科技。所以现在中微可以覆盖40%左右的关键设备，将来可能到50%甚至更高。

在工艺设备里面，除了光刻机和检测设备外，工艺设备是最重要的和最大宗的。国际上三大家就是美国的应用材料公司、泛林公司(Lam Research)和日本的东京电子，这三家公司都主要是做等离子体刻蚀机起家的，现在都做到年销售额100亿美元以上。

如果在国内建一条生产线，要从美国买50%的设备，从日本买17%的设备，从荷兰买16%的光刻机，我们本土的设备只占7%，最多到10%左右，这是经过16年的努力做成的，所以我们还要在设备研发上面加油，如果不加油的话，我们真的能做的设备就更少了。

现在国内做了十几年的相关企业有52家，前面讲的18家设备公司都是做半导体前端的，就是加工纳米水平的设备。另外还有34家是做微米级的各种封装加工所用的设备。所以我国的设备产业已经有一定的基础了。

对集成电路和集成电路相关设备的研究在五六十年代就开始起步，后来沿途下蛋，出现了几个新的产业，我们统称它为泛半导体产业，不是集成电路产业。那什么叫泛半导体呢?

第一个就是从阴极射线管的电视机衍生出来的LCD液晶显示屏，液晶显示屏其实也是一种微观器件加工；第二个是太阳能电池，通过太阳能电池的微观结构，直接把太阳能转化成电能；第三个是发光二极管(LED)，它取代了所有的照明，原来都是钨丝灯或节能灯，现在都是LED灯，而且LED做到Mini-LED到Micro-LED，要成为显示屏的新技术，它的应用大到马路上的广告牌，小到手机和智能眼镜，正在经历一个技术突破的阶段；第四个就是传感器MEMS，它也是在微米水平上加工出来的，主要是单晶硅材料上做出各种各样复杂的形状，还有功率器件等很多新的领域。所以泛半导体的领域也是从集成电路的设备和技术延伸出来的。

泛半导体设备加工的是微米级器件，要比纳米级大1000倍，比较好加工。它的困难在于反应器要做得很大，比如说太阳能和大面积显示屏的十代线，要100米长的生产线，每一个反应器都很巨大，两三米长，所以也有它的难处。但是说到底还是用薄膜设备、光刻机、等离子刻蚀机等相似的设备，还是微观加工设备。

把我前面讲的做一个总结，就是数码产业越来越变成大国的一个标志性的产业，如果数码产业不能发展，国家就不能成为强国。而数码产业本质上就是在做微观加工，做出的微观器件有各种各样奇妙的功能。而微观加工的设备、关键零部件材料，就变成了这个产业的基石，必须要把我们的重点放在这个基石上。在过去的五年里，在政府的大力推动下，形成了发展集成电路产业的热潮，到处在建芯片生产线，大概现在计划中的和在建设的有30多条大的生产线，但是问题在于绝大部分的设备都是买美国、日本和欧洲的设备。如果遇到各种各样的风吹草动，设备买不进来，我们所有的生产力都会出问题，所以设备产业是一个重中之重。我非常强烈地建议科大要把微观加工设备和技术作为一个新工科的重要学科，而现在中国和美国还都没有这个学科。这是一个边缘科学，要综合几十个学科的知识。要做出这么高精尖的设备，包括光刻机、等离子体刻蚀机、薄膜设备，需要有这么一个非常重要的标杆性的专业，就叫“微观加工设备和技术”专业。

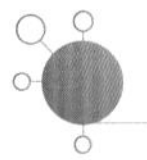

中微公司设备产品及“四个十大”

刚才我讲的是整个产业情况，下面我快速地讲一下中微公司。中微公司是在2004年启动的，到现在有900多人，做了16年了，在2019年7月有幸赶上了科创板第一期上市，在整个的16年里面，政府在各方面都给我们非常大的支持。

我们在十几年里开发了4种非常成功的设备产品（图13），总的来讲，这4个产品在性能和性价比上都进入国际三强的地位，有的甚至进入一强和二强的地位。

ICP 电感性刻蚀机
• 有6个单台反应器和3个双台反应器系统
• 单台机已核准进入生产线，迅速扩大应用范围
• 双台机也已进入生产线

图13　中微开发的四类设备均达到国际领先水平

我们做的CCP刻蚀机已经在5纳米的大生产线上成功运转，市场占有率还在提高。我们开发的深硅刻蚀机已经进入了德国的Bosch和ST Micro意法半导体的生产线，这是两家目前在国际上做得非常好的传感器公司，也用我们的设备加工先进的传感器。用中微的深硅刻蚀机刻出来各种各样的传感器，包括汽车和手机用的传感器，可以刻出非常漂亮的形状。这种刻蚀机已经进入大陆和台湾地区的不少生产线，市场占有率一般都在30%～40%，已经进入三强地位。

MOCVD是制造蓝光、绿光的照明LED用的，现在已进入Mini-LED显示屏领域。

中微开发的MOCVD设备已经成为国际氮化镓基蓝光、绿光的LED生产线的首选设备。中微新开发的ICP电感性等离子体刻蚀机——Nanova已进入市场，在过去的两三年之内以每年销售额高于100%的速度增长，所以这4种产品都是比较成功的。

十多年来中微之所以能够高速、稳定和安全健康地发展，是因为我们不断总结经验和教训，也吸收国内外管理公司的成功经验和失败教训，总结出中微的“四个十大”。

第一个“十大”，是产品开发的十大原则(图14)。其中最核心的就是我们不是研发一个在实验室里面偶尔可以得到好的结果的样机，而是要在生产线上，每天每一台机器都可以做到完全一样的、加工性能高、设备可靠、占地面积小、输出量高而且容易升级的产品，要给客户带来实际的价值。我们的产品开发原则最重要的就是要创新和差异化，不能抄袭别人的产品，对每一种产品的开发，我们都有独特的专利和独特创新。

01. 为达到设备的最高性能和客户最严要求而开发
02. 为技术的创新、设备的差异化和IP保护而开发
03. 为实现加工的重复性和反应器一致性而开发
04. 为确保设备的可靠性和耐用性而开发
05. 为达到极少的微粒和避免器件损害而开发
06. 为设备容易制造和容易维护而开发
07. 为设备模板化、同制化、容易改进和升级而开发
08. 为设备安全性和环境保护而开发
09. 为设备的高输出、低成本、低消耗和高利润而开发
10. 严格遵循五阶段的产品开发管理流程（PDP）

图14　中微公司产品开发的十大原则

第二个“十大”是战略销售的十大准则(图15)。前五条讲的是公司的发展战略，是大框架，如三维发展战略、有机生长和外延扩展战略等。后五条讲的是销售的具体策略。我们公司要坚持三维的立体成长，而不是一维的单打。第一维就是集成电路设备，从刻蚀机到薄膜到检测机。但是由于市场是有限的，而且浮动非常大，所以为

了稳定发展，我们又开发了第二战场，就是泛半导体设备市场，如MEMS刻蚀机、LED制造的MOCVD设备、太阳能电池设备、显示屏设备、功率器件设备等。除了这两维以外，我们又在努力地开发第三战场，也就是利用我们的核心技术——物理化学系统集成和软件开发能力，寻找国民经济里的新的机会。

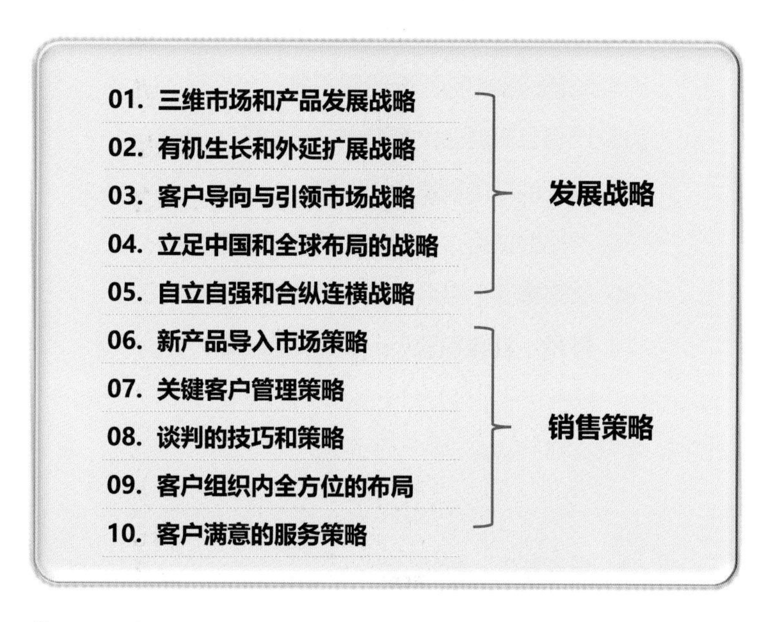

图15 中微公司战略和营销的十大准则

我们采取了两个途径发展三维的业务：一是通过有机生长，自己组建团队，自己开发产品；二是寻找标的技术和标的公司，通过投资、培育和并购，横向扩大业务范围。我们已成功地投资了不少企业和项目，为今后的外延生长打下了很好的基础。

第三个“十大”是营运管理的十大章法（图16）。包括目标管理MBO、指标管理KPI、民主集中制的管理、全员持股制度、严格的生产管理和供应厂商管理制度、质量管理体系、知识产权管理制度等。在公司已经长大的过程中，有效的管理是发展的关键。

第四个“十大”是精神文化的十大作风（图17）。前面五条讲的是每个人要自强不息，后五条讲的厚德载物，团队要合作共赢。一个公司能够长治久安，必须有自己独特的作风，有正气，有正能量。要是公司能实现总能量的最大化，减少内耗，也能做到对外竞争的净能量最大化。

01. 目标管理制度（MBO）
02. 指标管理制度（KPI）
03. 民主集中制的决策机制
04. 全员持股的股权期权激励制度
05. 跨部门合作的矩阵管理制度
06. 严格且智能的生产和供应链管理
07. 系统的三全质量管理制度
08. 严格的法务，合规和知识产权管理制度
09. 季度审查总结会制度 （QCR）
10. 环境，社会和公司治理的体系（ESG）

图16　中微公司的营运管理的十大章法

自强不息：

1. 自立自强，主动积极
2. 志存高远，进取不息
3. 诚信务实，说到做到
4. 大胆建言，勇于创新
5. 智慧决策，全力执行

厚德载物：

6. 看人长处，认己不足
7. 换位思考，善于倾听
8. 厚德载物，乐于助人
9. 严守机密，纪律严明
10. 大局为重，合作共赢

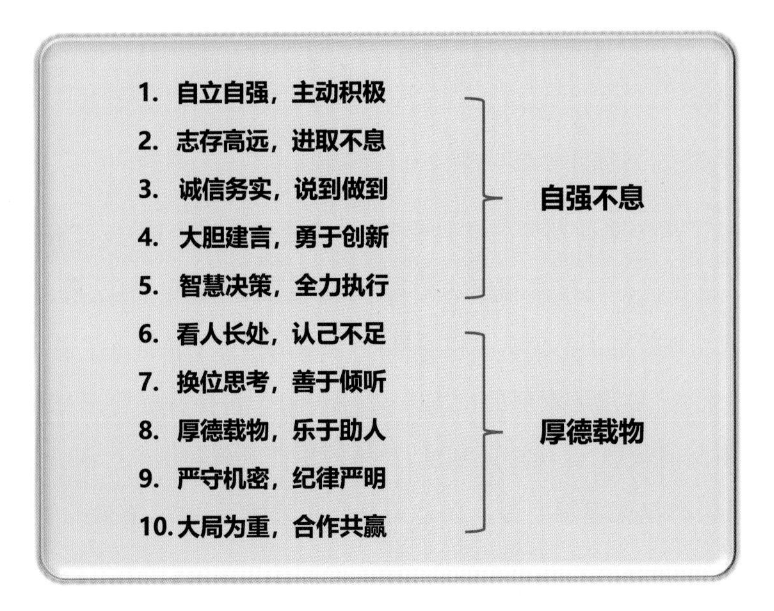

图17　中微公司的精神文化的十大作风

这四个“十大”确保我们在过去17年里高速、稳定和健康地发展起来了。这个四个“十大”也将为今后中微的大发展保驾护航。

对科大年轻一代的期望

我觉得科大的学生一定要有情商,也要有智商,不能只有智商没有情商,情商是德,智商是才。

情商其实很简单,我悟了70多年,最后悟出一个道理来,做人要有两条。第一条叫“自强不息”。“自强”指的是要自信、主动积极、自省、自责,总之要自立自强;“不息”指的是不断提高,不断改进,不断地往前走,不要认为今天自己做得好了,就故步自封,明天还要做得更好。另外一条叫“厚德载物”。要和周围的人团结合作,当你走在前面的时候,千万不要歧视、打击走在后面的人,而是要帮助他们,让他们跟你一块走,就这么简单。所谓“德”不是说空喊一些口号,“德”就指这么两条,一个是自强不息,一个是厚德载物,《易经》在4000年前都讲得很清楚了,我白白悟了一辈子,最后还是这两句话。

这个“自强不息”和“厚德载物”就是我们中微精神文化十大作风的核心内容。

“智商”也很简单,第一个要学习前人所有的精华的东西,第二个必须要挑战前人,绝对不能认为前人讲的都是对的,每一个东西都有客观的历史环境,有一定的局限性,所以我们这一代一定要创造出比前人更好的理论、更好的技术、更好的解决方案,就要勇于创新。

这里讲个最典型的例子,是个发生在以色列的故事。一个妈妈,她儿子从学校回来,她跟他的说第一句话是:你今天在课堂上问老师问题了吗? 实际上就是问他挑没挑战他的老师。为什么以色列那么小的一个国家,只有几百万人,而诺贝尔奖获得者总人数居世界第一呢? 就是因为他们整个的教育气氛和学术气氛是一个开放的、不断挑战前人的、不断发明创造的氛围。

我有一个窍门,就是用50%的时间去记忆,考好成绩,用另外50%的时间挑战老师和课本,悟出自己的逻辑和道理。

这次来校访问,我跟校领导也在讨论这个问题,有什么办法能给学生创造一个新的学习环境和氛围,真正鼓励学生能够学会逻辑思考,培养学生的创新性思维,将来能够有大的发明创造,或能创业成功。我举几个例子。我在初中二年级时学牛顿三定律,后来到大学又学这个牛顿三定律,虽然它们是一个力学的基础,但是在初二的时候我就有想法，我觉得不对呀！牛顿三定律间一定有内在联系的，应该是一个定律。怎么可能是独立的三定律呢？当然，大家都知道，第一定律是第二定律的特例，从第二定律很容易推出第一定律。但是没有一个老师、没有一本书说第三定律是依附在第二定律上的，它们之间有什么关系？我就一直思考这个问题，从12岁悟到了50岁，最后用一个很简单的逻辑把它证明出来了。

如果总是按照传统的逻辑，去思维，去做事，就不会有真正的创新和创造。一定要先学懂前人创造的知识，而且要常常挑战他们的逻辑和知识，不断地加深我们对自然界和社会的认识，创造出新的、更正确、更深入的理论，而不断地把这些理论转化为科学技术的生产力，和解决社会问题的方案。

第二个例子。“矛盾论”是我受益最深的一个理论，就是讲辩证法，实际上就是对立两方面：敌我、黑白、男女。事情发展就是两个对立面斗争的结果，而且要抓主要矛盾的统一性、特殊性等，这些理论对我影响特别大，指导了我做科研和做人。但是我一直在挑战这些想法：难道每件事情只有两个面吗？经常，我发现只认识两个面的话，就容易走极端、搞对抗，就容易出问题了，比如说为什么一个普遍的社会现象是两种政治势力的斗争，甚至是战争？这是因为两方都有一个固定的成见叫冷战思维，认为这个世界上只有对和错，我是对的，对方就是错的。这个世界上有敌人和朋友，我们要划清界限，敌人要坚决斗争，朋友要团结友爱。这种思维是一种简单思维。经过50年的感悟我发现，任何一个事物或一个体系都是复杂的，不仅要看到两个面，至少要看到7个面，要把7个面都看清楚，你就真正知道这个体系是什么了。所以我在创建中微的时候，就多次给所有的员工讲解“七因子定律”，这是一个很有意思的思维定律。

再举个例子。宇宙到底有多大？网上说，宇宙现在能观察到从一端到另外一端要走140亿光年甚至更远，这么大的一个宇宙，银河系的直径是10万到18万光年，宇宙“总星团”里面有2万亿个银河系，银河系里面有2000亿到4000亿个恒星系。

爱因斯坦说光速是极限。第一天学了光速是极限，我就认为这个不对，为什么光速要有个极限？如果光速是极限，那么“总星团”从一端发射光走到另外一方端要走200亿光年，那这个“总星团”能够变成一个同步运转的东西吗？不可能，力要传递那么长时间,“总星团”早都散掉了。那么后来新的理论说找到了暗物质,世界上70%的物质都是暗物质,认为暗物质的速度是和光速一样的,而且说暗物质可能就是引力场。我一直认为引力场的传递速度一定要比光速快几亿倍,它瞬间就可以从宇宙一端传到另外一端,才能把整个的“总星团”给转起来,否则的话,“总星团”早就散掉了。这个想法对不对我不知道,至少说我敢于挑战爱因斯坦的光速是极限的理论。

我讲了这么多,对大家的期待就是:第一个要注重德育,德育就是你怎么和别人相处。首先对自己要求要自立自强,要不断努力,一直往上走,千万不要以为自己了不起,最了不起的人是不断往前走的人。第二个就是要厚德载物,要和周围人团结,特别是后进的同学,一定要帮助他们,千万不要歧视他们。

第三代工业革命——“超人时代”已悄悄到来!

我在演讲一开始就讲到,人类的工业革命只有两代,第一代叫机械化时代,第二代叫数码智能时代,一个是越做越大,一个越做越小。那么现在我们已经到达第三代工业革命的门口了。

第三代工业革命是什么?这是一个很有意思的话题。2014年我在上海电视台就讲了这个话题,但是当时没有引起很大的注意。如果说第一代工业革命是造出机器代替人手,把手工劳动变机械化,第二代工业革命就是造出电脑代替人脑,将机械化变成智能化,那么我认为第三代工业革命就是造出超人来代替人,将智能化变成超人化,开创一个超人时代。这个革命将会在更大的范围、更深刻地改变人类的生产方式和生活方式,彻底改变这个世界。

前两代的工业革命是改造周围环境,让它更利于自己的生存。而第三代工业革命就是要对自己的身体动刀子了,要把你和我改造成超人了。2020年美国在一些文章中,开始提出Superman Age,其实我在2014年开始,就在很多的文章和会议上讲到了“超人时代”,而这里面有一个核心的技术,就是把数码时代、电子时代的最高层的东西和人体科学结合起来,产生了一个新的学科领域,叫“电子生物工程”或者“数码生物工程”。

那么这个时代里面有三个基本的技术路线:第一个路线是把普通人变成超人,长得更漂亮、更健康,寿命更长,脑子改造得更聪明。第二个路线是做一个智能、真正超过人的机械人,现在的机械人都远没有超过人的智能,包括阿尔法围棋(Alpha Go)。虽然它下棋能把世界围棋冠军打败,但其实它就是个大数据,只是它对比分析数据速度快而已,并没有什么超人的智能。那么真正超过人的智能机器人,是一种叫"主动软件"的东西,什么是主动软件呢?你可以写一个复杂的软件包,而它自己就有能力写出人所写不出的超高智能软件。到那个时候就产生人工智能根本的革命,所以机器人的智能就会超过人的智能。第三个也是最奇妙的路径,就是通过生物工程或者生物遗传工程能够把人的器官做出来,而且甚至把整体人给克隆出来。谈这个事情时,常常有点谈虎色变,因为好像违反伦理。

所谓穿戴式的一个芯片,马斯克说只要在人体植入芯片,人就可以用意念开门。美国肯特州立大学的教授贺斌(中国),也已经成功做了一个实验:不需要植入芯片,只要带个头套,头套里面有一个芯片,通过无线传输,就可以利用人的脑神经的意向开门了。他这话音没落,在上海陆家嘴广场的一个商场里面,一个台子上面放一个机械蜘蛛,售货员招呼一个妈妈给小男孩戴头套,然后叫小男孩想着让那个蜘蛛走,结果蜘蛛就走起来了,想着让它停它就停下来了。这在一年多以前就商业化了,这是一场非常深刻的革命,把人体科学特别是最高层的神经系统和数码产业结合起来了。

南加州大学一个教授团队后来又宣布了对一只狗做的实验。在一只狗的脑垂体植入一个芯片,人训练它看30种一对一对的图像,比如一个红球,一个篮球,指示它红球是正确的选择,再比如一个三角形和一个四方形,指示它三角形是正确的选择。经过一番训练狗就懂了,当人拿出一组图像时,它就会冲着正确的图像叫。然后把这个芯片拿出来以后,插在另外一只狗的脑垂体里,那只狗不经过训练就会冲着正确的图像叫了。这是一个划时代的实验,就是脑子里的逻辑和信息可以下载到一个芯片上,然后芯片又可以上传到另外一个脑子里面去。

所以这第三代的工业革命是非常深刻的一场革命。但是这里风险也很大,存在改变传统、改变伦理道德的风险。但在这些发生以前,我最担心的是我们还没有真正进入超人时代,在数码智能时代的后期,也就是以后的十年到二十年会出现的一个大问题。由于人工智能的发展，不单是蓝领工人的工作都逐步被机器人或工厂自动化代替，就是白领工作也会出现大量的替代。70%的医生没工作了，70%的律师也没工作，70%的教师也没工作了，70%会计也没工作了，这些工作都可以由机器人代替了，怎么办？失业率太高了。

作为我今天讲话的结论，第三代工业革命会产生一个“超人时代”，这场革命的核心技术叫电子生物工程或者数码生物工程。所以我建议科大首先把“数码生物工程”作为一个新工科建立起来，它要求老师既要有人体科学的知识，又要懂数码技术。发展好这个边缘科学，我们就可以在第三次工业革命时走到最前面。

感谢大家认真听我的讲话。

张荣桥

国家航天局探月与航天工程中心研究员
中国首次火星探测任务工程总设计师

1966年4月生于安徽省祁门县。1988年毕业于西安电子科技大学电磁场与微波技术专业，获工学学士学位；1990年毕业于中国空间技术研究院，获工学硕士学位。1991年1月开始，先后任航天科技集团五院503所工程师、高级工程师、研究员，研究室副主任、科技处处长、副所长、所长；2004年7月开始，先后任国防科工委月球探测工程中心总工程师、副主任，探月工程副总设计师、深空探测论证工程总设计师；2014年9月起，任首次火星探测任务工程总设计师。中国科学技术协会第十届全国委员会常务委员。

长期从事月球与深空探测工程总体设计工作。作为工程总设计师，提出“通过一次任务实现火星环绕、着陆和巡视”的工程目标，并在国际上首次实现，使中国成为世界上第二个在火星开展巡视探测的国家。主持完成行星探测重大工程实施方案论证，获得国家批准立项实施。组织完成探月工程二期实施方案论证并推动工程立项。先后荣获国家科学技术进步奖特等奖、国防科学技术进步奖特等奖、首次月球探测工程突出贡献奖、探月工程“嫦娥二号”任务突出贡献者称号、中国航天基金会“钱学森杰出贡献奖”、全国五一劳动奖章等诸多奖项，被英国《自然》杂志评为“2021年度世界十大科技人物”。

天问一号——开启星际探测新征程

尊敬的各位老师、同学们，大家下午好。首先，祝贺今天在座的2021级新生，你们是同龄人当中的佼佼者，也衷心地希望并祝福你们通过未来的学习，成为伟大祖国事业的栋梁之材。感谢你们一直以来对首次火星探测工程的关心、关注和支持，使得我有机会在这里向大家汇报“天问一号”的有关情况。

2021年6月11日，国家航天局发布了“天问一号”首批科学影像图，标志着“天问一号”任务“绕、着、巡”三个工程目标圆满实现。到会的领导同志发表了重要讲话，他们称赞首批科学影像图令人震撼，工程全系统研制人员勇于拼搏、追求卓越，获得了可以载入史册的重大成就，谱写了中国人攀登科学高峰的新华章，这是对我们首次火星探测研制队伍莫大的鼓舞和鞭策。

的确，成功来之不易，10年前我们就开展了论证工作，进行了策划。2014年9月，为了确保在第一个百年的关键时刻，让我们中国人的机器人能在火星巡视，国家航天局先期启动了工程研制。2016年1月11日，习近平总书记亲自批准立项，实施中国首次火星探测任务。通过多年的不懈奋斗和研制建设，2020年4月5日，我们按时进入文昌航天发射场。经过了110多天的发射准备和测试后，长征五号遥四运载火箭于2020年7月23日在中国文昌航天发射场成功发射。经过了202天、4.75亿千米的飞行，探测器于2021年2月10日成功进入环绕火星轨道，成为我国第一颗人造火星卫星，开展了为期93天对预选着陆区域的详细探测，为着陆做好了准备。5月15日，“天

本文根据张荣桥研究员于2021年9月29日在中国科学技术大学“科学与社会”课程上的演讲内容整理。

问一号”成功着陆火星乌托邦平原南部。习近平总书记发来贺电，称赞“‘天问一号’探测器着陆火星，迈出了我国星际探测征程的重要一步，实现了从地月系到行星际的跨越，在火星上首次留下中国人的印迹，这是我国航天事业发展的又一具有里程碑意义的进展……使我国在行星探测领域进入世界先进行列。”

探测器着陆火星之后，我们按照原先预定的计划开展了巡视探测工作。直至8月15日，“祝融号”火星车圆满完成了既定90个火星日的巡视探测任务。8月24日已经完成了1千米巡视探测的跨越，到今天为止已经行驶了1.2千米。这些奋斗历程和精彩瞬间历历在目，仿佛就在昨天。接下来，让我们共同回顾“天问一号”的精彩瞬间。

一条短信，一个电话和一段视频

为了今天的成功，上千家单位、上万名科技工作组接续奋斗了6年，一路走来感受至深。今天我想通过跟大家分享的4个故事，把火星探测这项大工程介绍给大家。第一个故事：“一条短信，一个电话和一段视频”。大家都很熟悉孙家栋老先生，他是我国“两弹一星”功勋奖章获得者，也是共和国勋章获得者。在2020年7月23日“天问一号”成功发射之后，他给我发了这样一条短信：“祝贺成功！”栾恩杰院士是我们国家航天局原局长、“嫦娥一号”任务的工程总指挥。在成功发射之后，他给我打了一个电话：“非常高兴！”短短四字，寥寥数语，表达了他们对这次发射任务的深深牵挂。2021年5月15日“天问一号”成功着陆之后，我收到了很多祝贺的短信和电话，其中最让我感动的是一段视频。王希季院士是“两弹一星”功勋奖章获得者，今年刚刚过了100岁的生日，当他得知“天问一号”成功着陆的消息之后，在医院委托他的家人录制了一段视频发给我们，老人颤动的声音和殷切的鼓励，让我泪目。

“一条短信，一个电话和一个视频”，这个故事想告诉大家的是：功之成非成于成之日。首次火星探测工程能有今天的成功，首先是得益于我们航天界一大批战略发展专家的倡导和推动。2010年8月、2014年11月，徐匡迪、孙家栋、王礼恒、张履谦、王永志、龙乐豪、戚发轫、沈荣骏、周济9位院士两次致信中央领导，建议开展深空探测综合论证和深化论证。国防科工局按照中央领导的批示要求，组织全国相关领域专家，持续不断地开展论证工作，历时8年，至2018年形成了我国行星探测发展战略规划。也正是在各界的倡导推动之下，为党中央决策实施首次火星探测工程提供了支撑。

因此，在5月22日，当我们“祝融号”火星车走向火星大地的时候，我一一给当年写信的其中7位院士打了电话，代表我们研制队伍的同志向他们报告：“10年前你们倡导推动的事情，我们已经将它实现。”其实除了这些专家之外，我们还有一大批航天专家，包括大家都熟知的“人民科学家”国家荣誉称号获得者叶培建院士，在立项、论证、设计、试验、飞行的全过程中接受我们咨询、为我们把关。

所以中国航天事业发展取得成功，尤其是火星探测任务的成功，我有三点感受。第一是我们业界发展战略专家“功成不必在我”的精神境界和“下好先手棋”的前瞻意识，这为我们实施工程奠定了基础。第二是主管部门“一张蓝图绘到底”的钉钉子精神和“工程必定有我”的历史担当，这是我们工程成功的重要保证。第三也是最关键的是党中央、习近平总书记的英明决策和正确领导。对于这三点体会，同学们目前或许感受得不是那么深刻，听完接下来的三个故事之后，我相信大家会和我一样感同身受。

记者的祝贺

第二个故事是我纠正了记者的祝贺。在2020年7月23日长征五号成功发射之后，海南文昌发射中心的指控大厅气氛非常热烈，大家都很高兴，有一位记者跟我说：“祝贺你张总！”我“不太礼貌”地告诉他：“你说的不对，此刻应该祝贺我们伟大的祖国。”2021年2月10日，探测器成功环绕火星，特别是在5月15日成功着陆火星的时候，在北京航天飞行控制中心的指挥大厅，那里和当时的文昌几乎是同样的场景，气氛非常热烈，记者同样跟我说：“祝贺你张总！”我再一次纠正了记者，说：“此刻应该祝贺我们伟大的祖国！”

这是我发自内心的感受，为什么这么说呢？第一，这是我们中国人第一次真正走出地月系，进入行星际空间。大家都知道，人类的飞天探索遵循着由近及远、先无人后有人的基本规律。起初在近地空间，我们发射人造地球卫星，在近地轨道进行环绕；随着技术的发展，我们实现了载人绕地飞行。再往远处走，我们到达地月空间，实现了无人的、有人的月球探测。当离开地月系，脱离地球影响力的作用范围后，我们就到达了行星际空间。

从1957年10月4日苏联成功发射人类第一颗人造地球卫星开始，到今天超过了60年，人类的足迹已经到达了太阳系内各种主要类型的天体。同时，通过这60多年的飞天探索，人们获得了许多关于宇宙奥秘的新认知、新发现，扩展了我们的知识，增长了我们的能力，更重要的是促进了人类文明的进步。我们中国也同样遵循这样的发展规律。1970年4月24日，“东方红一号”卫星成功发射，就是我前面介绍过的孙家栋老先生作为总设计师实施的项目；2003年10月15日，杨利伟绕地飞行，这是我们中国人第一次绕地飞行，具有标志性意义；2007年10月24日，“嫦娥一号”绕月探测工程成功实施，这是前面提到的栾恩杰院士作为总指挥组织实施的项目。可以看出来，中国航天的发展跟世界航天发展相比，的确还存在着差距，在这样的情况下走出地月系，就成为中国航天人的梦想和追求，也是中国航天事业发展的必然选择。今天我们走出去了，而且成功了。

第二，当离开地月系到达行星际空间后，我们首次就把目标瞄准了当今世界深空探测的重点——火星。大家都知道，我们的太阳系依次排列着水、金、地、火、木、土、天、海八大行星，火星是我们的近邻，它具有与我们地球最为接近的自然环境，比如说核、幔、壳的结构；跟地球一样，有着春夏秋冬四季之分；跟地球一样，有仅仅长了40分钟的一个太阳日；跟地球一样有大气，尽管大气很稀薄，而且它的温度环境平均-60摄氏度，最高能到27摄氏度。这样一个跟地球最为接近的环境，就使得火星成为人类深空探测的首选目标，具有重大的科学研究意义。中国科大在天文和空间科学研究方面，在国内高校当中是有其独特的地位的，比如地球和空间科学学院汪毓明院长对于行星的研究就有助于我们回答这些问题：今天的地球是火星的未来吗？或者说今天的火星是我们地球的未来吗？这些重大的科学问题，关乎人类的永续发展。

第三，大家都知道我国月球探测走了一条叫作“绕、落、回”的三步走的发展路线，那么同样的，如何去火星也是我们在论证过程当中研究、讨论最多的问题。在论证之初，我们深知去火星很难，技术挑战巨大，我也坦诚地告诉大家，论证之初提出的是一个相对保守的、仅仅实现环绕的方案，但是我们业界的专家、论证组的同志认为，国家提供了强大的资金和技术支撑，如果仅仅实现环绕，心有不甘。在与国外还存在着较大差距的情况下，我们必须跨越发展。实施一项重大工程，不能仅仅考虑风险，还应该对航天技术的发展有所推动，对火星科学研究有所推动，对国家整体能力的提升有所推动，对历史有所担当。经过大家深入研究分析，综合考虑了探月工程、载人航天工程为我们积累的技术和设施设备基础，特别是长征五号运载火箭为我们提供了一次实现“绕、着、巡”的运载能力。最后我们认为“伸伸手，踮踮脚”，一次实现“绕、着、巡"的风险可控。因此，也就有了现在的整体发展路线图，即"一步实现绕着巡、二步完成取样回"的火星探测两步走的技术路线。

一步实现"绕、着、巡"，确实对我们来讲研制难度加大，失败风险加剧，但是通过研制队伍的共同努力，今天回过头来看，这条路线的选择无疑是正确的。从经济上来讲，给国家省了钱；从技术发展上来讲，我们实现了巨大的跨越；从进程上来讲，在尽可能短的时间内使得我们国家的深空探测水平进入世界先进行列，也使得我们国家成为了国际上第二个具备在火星开展巡视探测能力的国家。更为可贵的是，一次实现"绕、着、巡"，是国际首创。

第四，6年前定下的时刻，我们如约而行。2014年9月2日，我们启动工程先期研制的时候就已经确定，将2020年7月23日作为首选时期，经过各方努力，各重要节点按计划圆满实现。我为什么要特别强调"如约而行"呢？大家通过日常的一些资料都能够了解到，去火星并不是一场说走就能走的旅行。由于天体运行规律的约束，从地球发射探测器到达火星，基于最优能量的原则，每隔26个月才有一次机会，每一个机遇期大约半个月，每天大约20分钟，如果错过了这个机遇期，就得等26个月以后再来。在这个难得的机遇期，可靠发射又有什么难度呢？我可以告诉大家几个数据，我们的探测器是由几百台单机、大约15万支元器件组成的一个复杂系统；运载火箭同样由大约15万只元器件构成；最为关键的是，在870吨的起飞质量当中，有780吨是装载的燃料，其中大部分是-183摄氏度的液氧和-253摄氏度的液氢。除此之外，还有测控系统；除了布局在陆地上的若干测控站之外，还有3条测量船，它们要精确部署在太平洋站指定的地点。也就是说，在这发射的短暂时刻，就必须要求我们所有的设备设施状态完好，所有的操作精准到位，还需要风、雨、雷、电等自然天气满足要求。以前，国内外的案例中因为天气原因推迟发射也是常有的事情，所以在2020年7月13日中午12点41分05秒，我们的长征五号遥四火箭能够零窗口可靠发射，实属不易。此外，大家都知道2020年年初，新冠肺炎疫情突发，这使得我们原来非常紧张的研制周期和流程受到巨大冲击，但是我们各个部门超前筹划，精密组织，精心安排，抗疫、工作两不误。大年初四，当大家沉浸在春节的喜悦氛围时，我们主要岗位的研制同志已经吃住在研制现场，所以我感叹，逆境之下，愈显航天精神之伟大。同样由于疫情，飞机停飞、轮船停航、火车停运、人流冻结，但是我们的探测器需要从北京运到海南，我们的火箭需要从天津运到海南，还有几百号人的总装、测试队伍需要到达现场，怎么办？

一纸报告打上去之后，各个部门、各个单位密切协调，通力合作，保证了各个节点准确无误，这说明了什么呢？这充分说明了我们中国社会主义制度优越性的伟大。

所以回过头来说第二个故事，这是我们中国人第一次真正走出地月系，而且是瞄准了当今世界深空探测的重点，一次任务实现了火星的“绕、着、巡”，尤其是在新冠肺炎疫情遭受重大冲击的情况下，我们确保了难得的发射窗口，这不是个人的力量，不是某一个组织的力量，这是国家的力量。所以我说，无论是发射成功还是着陆成功，应该祝贺我们伟大的祖国。

指挥长的一句感叹

这个故事发生在文昌卫星发射中心，在长征五号成功发射后，发射场区的副指挥长毛万标同志拉着我的手，很深情地说了一句话：“从来没有像今天这样渴望成功！”我想，作为一名发射指挥长，每一次成功都是他的目标，为什么他对这次的发射成功如此渴望？经过了一段时间的思考，我终于理解了。2020年是火星探测的“大集之年”，按照计划有4个国家相继要发射探测器。就在2020年初，欧空局宣布其与俄罗斯联合的火星探测项目，由于技术和疫情原因，推迟至26个月以后再发射。因此，在7月下旬的10天之内，先有7月20日阿联酋的“希望”号环绕器，后有7月30日美国预定发射的“毅力”号火星车，而我们在7月23日实施发射，在这样的一种格局下，大家会有什么样的压力？火星探测是一个探索人类未知、举世瞩目的重大项目，我们有祝福和期盼别国成功的气度，但是我们绝对承受不了自己失败的结果。所以“天问一号”发射绝不仅仅是一次发射成功与否的事情，它更多的是为国家荣誉而战，我想这就是毛万标指挥长极度渴望成功的重要意义。

这一次的发射确实非同寻常，从两个方面给大家介绍。一是我们的火箭非同寻常，大家可能从新闻当中都看到过，这是长征五号遥四运载火箭首次执行应用型发射任务。这有什么含义呢？第一，这一类的火箭只生产到了第4发。第二，这是第一次执行的正式发射任务，前面几次都是试验飞行。大家都知道，一型火箭如果没有发上10发、20发，根本谈不上可靠性，更何况长征五号遥二火箭发射失利，所以在这样的情况和背景下，要确保发射成功，风险和压力是巨大的。二是我们的发射场非同寻常，与内地的发射场相比，文昌发射场可以利用更靠近赤道的优势，更多利用地球本身自转的速度，为探测器提供更高的入轨速度。但是与内地发射场相比，它的一个劣势在于易受台风影响。台风影响周期长，路径不确定，对于我们这样的每隔26个月才有15天发射期的一个任务来讲，如果赶上了台风，十有八九就得打道回府。

回到我的第三个故事，3个国家在10天之内相继发射探测器，我们面临的是第一次执行正式任务的火箭，七八月份又恰逢海南天气多变的时节，在这样一个客观和主观要求都十分严苛的情况下，要确保国家重大任务的成功，压力巨大。重压之下，自然更加渴望通过成功来释放。

无声的拥抱

这张照片同学们可能在网络上看到过。5月15日“天问一号”探测器成功着陆之后，探测器系统总设计师孙泽洲和总指挥赫荣伟深情相拥（图1）。这张照片含义何在？前面我说过，一次实现“绕、着、巡”对我们来讲风险是巨大的，更进一步可以说，绝大部分的压力最终落在探测器系统，因此他们所面临的压力和挑战是巨大的。

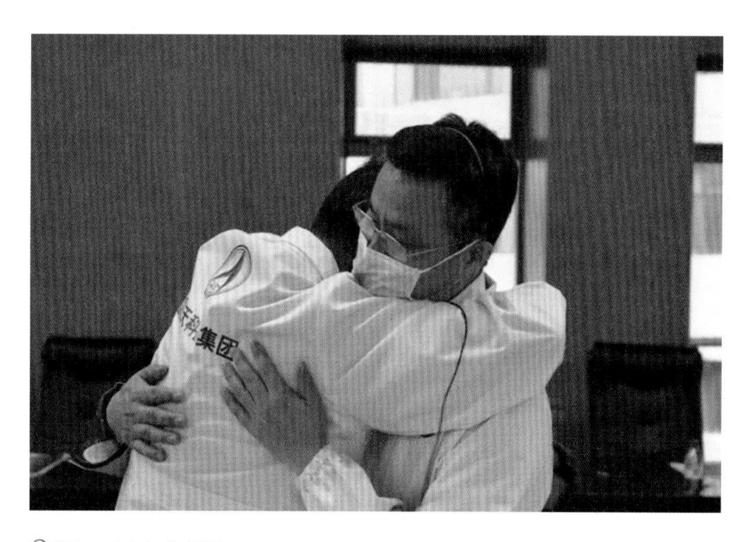

图1　无声的拥抱

第一，固有风险巨大。从1960年10月10日苏联发射了人类第一个火星探测器（很可惜失败了）开始，至今人类一共开展了47次火星探测任务，这47次探测任务形式各异，有的去飞跃，有的去环绕，有的去着陆，有的去巡视。在47次任务当中，完全失败的有22次，部分成功和完全成功的有25次。着陆更是迄今为止难度最大的任务，国外干了21次，苏联9次全都失败，欧空局2次全部失败，美国10次中成功了9次。火星探测的固有风险，对于中国而言，同样需要面对，而我们中国一次便取得了成功。

第二，正是由于要通过一次任务实现环绕和着陆，使得我们这个探测器的结构非常复杂，不可逆的环节非常多。大家看到这张照片，我给它取了一个名字叫“临行前留下的照片”，这是在海南文昌发射场发射前探测器留下的最后一张照片（图2）。此刻，这个底部的环绕器正在距离我们3.9亿千米远的位置环绕着火星运行，顶部锥形结构的银色的部分叫作着陆巡视器，它已经于5月15日着陆火星表面。为了实现一次任务完成环绕、着陆和巡视，因此采用了这样的“两器”结构。

图2 “临行前留下的照片”——探测器

由于火星的环境与月球不同，月球没有大气，而火星有大气，所以着陆火星就需要有稳定的气动外形。因此为着陆巡视器设计了防热大底和背罩伞系这两个部件，把最终着陆火星表面的着陆平台和火星车安装在其内部。这样做的目的是什么呢？就是要确保在着陆火星过程中，着陆巡视器能够稳定飞行；同时利用防热大底与火星大气相互作用产生阻力，从而进行减速。防热大底和背罩伞系在着陆的过程中会抛掉。

这就是最终着陆火星的着陆平台，它的功能是承载火星车降落到火星表面（图3）。它安装了若干台发动机和相关测量控制设备，确保其在着陆过程中能按照我们预定的轨迹行进，同时也为火星车提供了驶离着陆平台的通道。

图3　着陆火星的着陆平台

这是“祝融号”火星车在火星表面的实拍图片(图4)。我们采用了蝴蝶翼形的结构,这样看起来它还是很英俊的。它的重量达240千克,长度为2.6米,展开后宽度为3米,高度为1.85米,比我的个子还高一些。火星车采用了六轮独立驱动的底盘,设置了双目导航、自主避障等功能,能够自主运行。通过配置的一面36厘米口径的定向天线,确保在4亿千米远的时候,火星车跟地球之间可以进行直接通信。火星车配置了6台载荷进行巡视探测,用于获取科学探测数据。

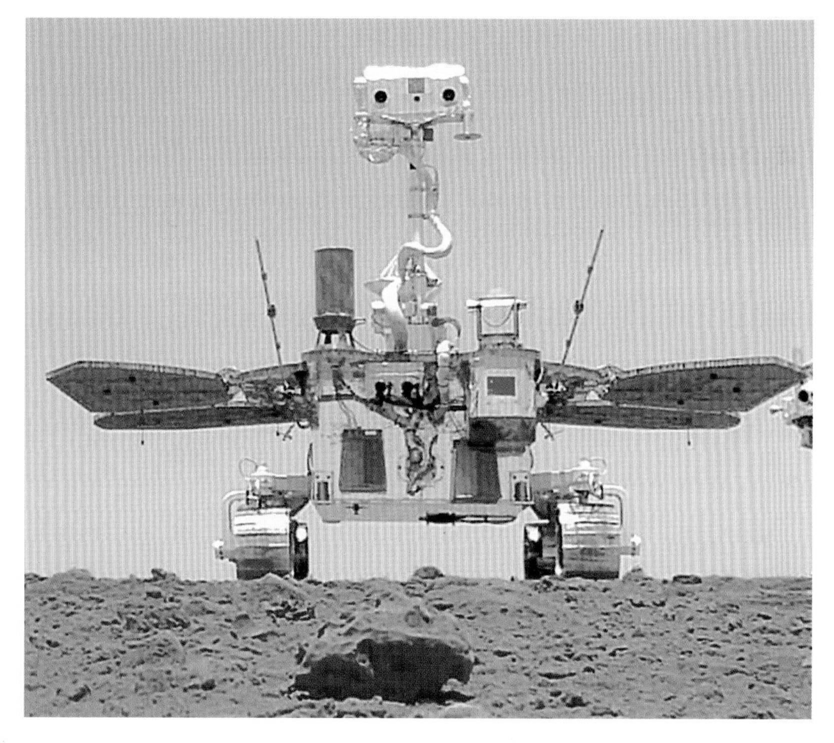

图4　“祝融号”火星车

“天问一号”探测器的结构极其复杂，从发射到火星车走到火星表面有6次关键的解锁、分离动作，240多枚火工品要起爆，每一个环节只有一次机会，可谓“一次不成，满盘皆输”。

第三，飞行时间长，过程非常复杂。“天问一号”从发射开始，经过了4.7亿多千米的飞行到达火星，进行制动，成为环绕火星的卫星。在环绕轨道上经过93天的环绕之后，实施最为关键的，也是最为惊心动魄的着陆火星的过程。着陆前6小时，环绕器和着陆巡视器的组合体要改变原来的环绕轨道，把着陆巡视器送上着陆火星的路径。着陆前3小时，大约在距离火星表面1.8万千米的高度上，环绕器与着陆巡视器分离，分离后环绕器需要迅速拉升调整回到原来的环绕轨道，否则就会撞上火星。环绕器重新回到环绕轨道之后，要监视着陆巡视器的着陆过程，将有关信息及时转发回地面。着陆巡视器经过大约3个小时的飞行，在距离火星表面大约125千米的高度，以4.8千米/秒的速度进入火星大气，真正迎来“生死攸关”的9分钟。在这最后的9分钟里，首先要利用防热大底与火星大气的相互作用产生阻力，称之为气动减速；大约在距离火星表面11千米的高度上，降落伞打开，进行减速；大约在距离火星表面8千米的高度上，要把防热大底抛掉，使得原来包裹在大底内部的各种测量仪器能够对火星表面进行成像、测距、测速，提供相应的控制参数；在距离火星表面大约1.2千米的高度上，要把背罩和降落伞抛掉。伞降结束后，转由着陆平台所携带的发动机进行减速，发动机点火反喷，产生向上的推力从而实现减速；最后在距离火星表面大约100米的高度上，要对最后的安全着陆点进行识别和选择，依靠发动机的控制，最终降落在火星表面。在这关键的9分钟里，每个部分都环环相扣，高度、速度实现了精确的匹配。国外失败的案例当中，多数是在这个最后的过程出现失误。所以说，我们研制了6年，飞行了200多天，工程成不成功，就是看最后的9分钟。

很幸运，我们获得了很多关键动作上的视频影像。第一个是在距离火星表面1.8万千米的高度上，两器分离的动作。环绕器上的监视相机拍到了着陆巡视器分离和远离的过程。这是在距离火星表面11千米的高度上，抛出降落伞，然后降落伞展开，以及伞降的过程。在距离火星1千米的高度上，抛掉降落伞和背罩，这个过程大家看到后面的亮斑不是伞，而是太阳，在太阳光芒里能够看到伞的一部分。接下来是着陆火星最后几秒钟里，垂直看火星的过程。着陆火星之后，5月22日火星车驶离了着陆平台，我们获得了火星车驶离过程中实际拍摄到的声音。

经常有人问我,火星车踏上火星大地,为什么第一步才走了0.522米?我说没有任何原因,就是为了纪念5月22日这个特殊的日子。着陆火星之后,我们在6月1日做了一件事儿,引起了广大网民的热议。我们在火星车的底部安装了一个带Wi-Fi功能的相机,火星车驶离到火星的南边,释放了Wi-Fi相机,然后退回到着陆平台的跟前,Wi-Fi相机很争气,设计说明显示它的工作寿命是40分钟,在这40分钟里,相机拍下了整个行进的影像和火星车与着陆平台的合影。这张“来自火星的自拍照”得到了的大家热议,一个小小的创意得到了很好的效果。

除了探测器本身的难度,着陆点选择也十分关键。这一次我们将乌托邦平原的南部选为着陆点。之所以选择乌托邦平原,主要从两个角度考虑:第一,从工程角度来讲,乌托邦平原相对比较平整,能够实现安全可靠着陆;第二,从科学的角度来讲,这里可能有水冰、地下水的存在,元素、矿物、岩石等物质资源相对丰富。

在图5-(1)上大家能看到除中国之外,美国多个探测器着陆的地点,以及其他国家失败的着陆任务的预选着陆点。图5-(2)是环绕器拍摄到的着陆区高分影像图,图上能够看到我们的着陆平台、火星车以及在着陆过程当中抛掉的大底、背罩以及降落伞,这是我们着陆火星的直接证据(图5)。

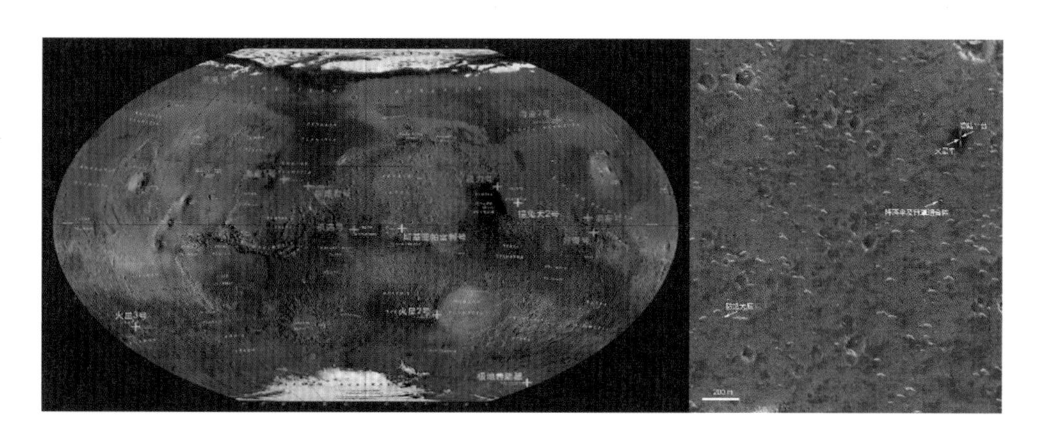

(1) 多个国家的预选着陆点　　(2) 着陆区高分影像图

图5 着陆相关影像

第四是飞行距离远。飞行距离远,带来了两个物理现象,第一个就是电磁波能量的自然衰减。大家都知道电磁波的自然衰减同距离的平方成反比,假设发射和接收设备都相同,那么我们接收到的从火星发射过来的信号能量仅仅是来自于月球的百万分之一。对于这样的自然现象,如何解决?我们建造了亚洲最大的单口径全可动跟踪天线(70米口径天线),这个天线可以精准跟踪火星探测器,同时采用了一系列先进的技术,比如超导滤波器、低温制冷接收机等。除了建造大口径天线之外,在喀什还建造了4面35米口径的天线进行组阵接收。这是什么概念呢?我们将一个个小天线接收到的能量进行合成,这样就能够接收到远在4亿千米外火星的微弱信号。第二个物理现象是时延越来越大,大家都知道,电磁波的传播速度就是光速,在2月10日探测器到达火星的时候,火星距离地球大约1.95亿千米,那时信号的时延是10.8分钟;在5月15日着陆火星的时候,地火距离已经达到了3.2亿千米,信号的时延已经达到了17.8分钟,因此对于探测器环绕、着陆这些重要的事件已经在火星上发生了十几甚至是二十几分钟之后,我们在地球上才知道它的结果。

对于火星探测而言,由于距离非常遥远,这就使得我们在地面对探测器进行实时干预变得不可能,可谓鞭长莫及。所以在这些关键的环节上,都得依靠探测器的自主管理和自主控制,这个挑战前所未有。遥远的距离还带来了一个附加问题——能源问题,大家都知道,火星附近太阳光照的强度只是地球的43%左右,因此就形成了一对矛盾:一方面火星探测器依靠太阳光获取的电能很少,另一方面它需要更大的发射功率以保证更远距离的通信,同时火星车也需要能源维持在更低温度环境下的生存和工作,这些都是巨大的挑战。

第五是我们对火星的环境不甚了解。航天器设计的一般逻辑是先了解或知道要去的环境,再通过各种技术、方法和措施来保障航天器适应这个环境。虽然我们通常说火星跟地球的自然环境最为接近,但那是相对其他行星来说的。从探测器的设计角度看,火星的电、磁、力、热、气、形、尘等环境要素,与地球和月球均有很大差别。比如火星的引力场,如果我们对它的了解有误,或者说如果我们控制的措施有误,那么就有可能导致探测器撞击火星或者飞掠火星;火星的大气风场模型,对降落伞的影响至关重要;火星表面土壤的机械特性、尘暴天气等,对火星车能否安全运行也是至关重要的。

最后一个就是地面模拟试验验证的挑战。这个挑战有两方面:第一,我们有些试验环境模拟起来难度非常大,甚至某个试验本身就是一个巨大的科研项目。比如我们建立了一个"地外天体着陆综合试验场",就是要模拟探测器着陆火星最后100米的过程,虽然它只是探测火星的一个环节,但是单独来看这套设施的设计和建造,本身就是一项高难度的科研项目。第二,因为火星的环境跟地球相差巨大,在地球上如何模拟火星着陆过程的环境，这又是一个新的课题。我们采取了很多措施，比如利用高空弹把降落伞打到距离地球表面35千米的高度上模拟火星表面大气密度；利用直升机把降落伞带到3000米高空，然后抛伞，从而进行各种模拟试验；我们还建立了火星车的室内和室外模拟场，测试火星车在火星表面的行驶、避障、越障、导航与控制能力。现在回过头来看，有些试验的确很难模拟，而那些能够试验模拟的项目，它的真实性和覆盖性对我们来讲都充满着不确定性，因此，地面试验验证对工程来说就是一个非凡的挑战。

虽然风险挑战巨大，但是我们更觉得责任使命光荣，因为我们深知研制的路程当中必然会遇到这样那样的问题，解决问题需要创新，就会得到发展。我们始终抱定这个信心努力前行，最终实现了目标，兑现了6年前我们对国家的承诺：一定要在第一个百年的关键时刻，让中国的机器人在火星表面巡视。

回到前面的故事，探测器总设计师、总指挥无声的拥抱，既是巨大压力的释放，更是兑现了对国家承诺之后的喜悦。

火星探测器环绕、着陆、巡视成功了，但是我们首次火星探测任务还没有结束，还有重要的使命，那就是要去开展火星科学探测，获得科学探测数据。首先是环绕探测，我们为环绕器配置了7台科学载荷，其中有1台是我们中国科大研制的磁强计。通过环绕探测可以获得对火星的整体认知，包括火星表面和地下是否是有水或者水冰存在、表面土壤的类型分布和结构、地形地貌的特征和变化、表面物质成分以及大气电离层和行星际环境。除了环绕探测之外，火星车还携带了6台载荷进行巡视探测，到目前为止，一共行驶了1.2千米，也获得了大量的科学探测数据，包括行驶区域的地形地貌影像和地质构造信息，行驶轨迹上的磁场信息和行驶轨迹路径下的地下结构信息，石块、沙丘等典型地物的成分信息，气温、气压、风速、风向等气象信息等。对于这些火星科学探测数据，我们已经面向全国的科学研究工作者开放申请，我相信这是中国人自己的第一手科学探测数据，它或许不是那么理想，但非常丰富，所以我们期盼能够结出丰硕的科学研究成果。

首次火星探测任务圆满成功了，但是我和我的团队还要始终保持清醒的认识。6年的努力拼搏，每一个环节、每一个过程的精益求精、一丝不苟，都是工程成功的基础。同时我们在难得的发射窗口期，遇到难得的有利于发射的好天气，特别是着陆火星时，一直十分担心的尘暴、大风等影响任务成败的恶劣天气没有出现，风平尘净，遂了我们的心愿，这些都可以说是“天帮忙”。所以我说，“天问一号”任务的成功是“人努力、天帮忙”，成功的必然之中也有幸运的成分，对此我们一定要有清醒的认知。我始终告诫我们的团队，需要再找一找，还有哪些不足、还有哪些差距；多看一看，还有哪些地方值得改进；多问一问，如果下回我们再去，还能不能够这样圆满。同时，我们还要实事求是地看待首次火星探测任务的成功，一次实现“绕、着、巡”，可喜可贺。但与世界先进水平相比，与多次成功探火的国家相比，我们不可能没有差距，因此我们要正视自己的水平，要始终保持战战兢兢、如履薄冰、如临深渊的态度，后续工作，任重道远。

“天问一号”开启了我们中国人探索星辰大海的新征程，后续我们将马不停蹄，要以中国速度续写中国人探索星辰大海的新高度。按照习近平总书记的指示和要求，伟大事业始于梦想、基于创新、成于实干，继续努力绘就国家已经为我们确定的行星探测蓝图。以火星探测为重点，在已经取得成功的基础之上，继续实施任务的第二步，也就是火星取样返回，把它规划好、实施好。火星取样返回对国际来讲都是个难题。美国有位科学家说，如果成功从火星取样返回，那么可以说能够与当年阿波罗登月相媲美，是人类历史的又一巨大成就。接下来的两年中，我们要花更多的力气来解决尚存的空白技术，按照“一步实现绕着巡、二步完成取样回”的发展路线，努力争取在2030年前后实现火星取样返回，达到国际领先水平，实现人类壮举。

小行星探测任务是人类深空探测的热点，具有非常重要的科学意义，中国科大的汪毓明院长也已经参与其中，并做了大量的工作。小行星保存着太阳系形成、演化的原始信息，而大型成熟的行星体已经丢失了这些信息，因此小行星是研究太阳系起源的“活化石”。小行星撞击在历史上多次导致地球环境灾变和生物灭绝，直接威胁人类的生存和发展。通过小行星探测，能够了解近地小行星内部结构，加深对小行星轨道演变的认识，为制定小行星撞击地球威胁缓解策略提供重要知识。实施小行星探测任务，将突破智能化、小型化相关技术，大大推动“精细”航天技术的发展。我们预期在2025年前后实施发射“天问二号”小行星探测器。这次任务对我们来讲也是巨大的挑战，一次任务要完成实现近地小行星取样返回和主带彗星环绕探测，规模、跨度都非常大，但是我们有充分的信心能够达到我们既定的目标。

木星系的探测是我国深空探测的亮点。为什么是亮点？因为人类对木星系的探测较少，获得的认知非常有限，科学家提出了许多与其电磁环境、大气环境有关的科学问题以及可能存在生命的重大科学疑问,蕴含着大量的原创性科学发现的机会。木星系探测将突破远距离、长寿命、新能源、自主管控等相关技术,有力推动"深远"航天技术的发展。这个项目的挑战性更大,因为基本上需要7年左右的飞行时间才能到达木星。我们预期在2030年前后,实施木星系环绕探测和行星际穿越探测任务,争取在第二个百年的时候(2049年),我们的穿越器能够到达天王星,展示中国在行星探测的新高度。

宏伟的蓝图已经绘就,未来困难和挑战巨大。在这里用一句话与同学们、老师们共勉:我们共同仰望星空,更要脚踏实地,共同努力,把中国的行星探测发展蓝图实现好、发展好,不断地续写我们中国人在星际空间的新高度,为中华民族伟大复兴作出我们每个人的贡献。

我今天的报告就到这,请大家批评指正。

曹　臻

中国科学院高能物理研究所高海拔宇宙线观测站首席科学家

1962年9月生于云南省昆明市。1982年7月毕业于云南大学物理系，1994年在高能物理研究所获宇宙线高能物理哲学博士学位。1994年任美国俄勒冈大学物理系研究助理，1998年任美国犹他大学物理系研究助理，2003—2009年任美国犹他大学副教授。2004年入选中国科学院“引进国外杰出人才”，2008年终期评审获“优秀奖”。2004年起任高能所粒子天体物理中心研究员、博士生导师。2013年起任国家重大科技基础设施项目“高海拔宇宙线观测站”首席科学家、工程经理部经理。2015年入选中国科学院特聘研究员，任中国科学院大学岗位教授。2019年起任高能所“天府宇宙线研究中心”主任。享受国务院政府特殊津贴。自1994年起活跃于国内外宇宙线和伽马天文领域，参与多个国际知名宇宙线实验，领导和设计了多个大型实验及其探测装置，并实施了相关探测器的研制。取得多项重要成果，在国际专业刊物发表了130多篇科学论文，总引用率超过5500次。从2007年起任中国物理学会高能物理分会常务理事，2018年任副秘书长。2014—2021年为国际纯粹与应用物理联合会（IUPAP）粒子天体物理委员会（C4）成员、粒子天体物理国际委员会（WG10）成员。2021年获得中国科学院先进个人称号。

四代人追梦——中国宇宙线研究的发展与腾飞

刚才曾长淦处长给大家介绍了我今天报告的内容和标题，这个标题是关于我们中国宇宙线研究的发展和现在取得的一些成就的介绍，今天的话题叫“科学与社会”，我主要是给大家分享一下我们这个领域——一个很小的领域，经过四代人的艰苦奋斗，终于走到世界前列的故事。

引言

现在我们面临这样一种形势：要引领世界科技事业的发展，这件事情已经责无旁贷地落到了我们中国人的肩上。我们通过学习历史就知道，当一个国家或者一个地区，它的经济实力达到了世界领先地位之后，这就是必然要发生的一件事情。

但是我们自己准备好了没有？这是一个很大的问题，是必须要面对的一件事情，是不能退缩的，它关系到我们全人类及整个知识体系能否持续性发展，是一件大事情，但是我相信我们肯定能把它做好，不能在我们中国人手上搞砸了。

现在大家可能会越来越多地感受到，做科研越来越难，必须要有原创性的发现，必须要在科学研究领域里头当第一，当第二就没意思了。

所以现在压力不断地在我们这里积聚。但这件事情也没什么可怕的，我跟大家

本文根据曹臻研究员于2021年11月9日在中国科学技术大学“科学与社会”课程上的演讲内容整理。

说一个相当准确的统计数字，现在在国际上顶级的刊物像*Science*和*Nature*杂志上的发文，我们中科院系统大概就贡献了20%。现在已经进入这样的一个阶段，我相信我们一定会干好的，尤其是我们有这么多年轻的科学家在慢慢地成长，你们就是将来肩负着重任的后起之秀，但是真正要做好一件事情的确是不容易的，必须要有艰辛的、持之以恒的努力，要经过几代人的努力和奋斗。

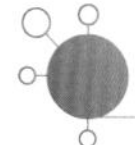

从事宇宙线研究的第一代科学家们

比如今天我要给大家分享的就是一个不大的研究领域，这个研究领域就是宇宙线的研究。

我们首先来看一下第一代的科学家们他们做了什么，给我们留下了什么东西。我这里有几张照片(图1)，是我们第一代的在新中国建立初期从国外回来的科学家们：王淦昌先生，我们高能物理研究所的第一任所长张文裕先生，自德国毕业了之后就从事宇宙线研究的何泽慧先生，还有肖健先生。他们在新中国成立初期回到了祖国，那个时候的条件极其艰苦，但是他们立刻就提出要在高山建立宇宙线观测站。在20世纪50年代初期，那个时候的高能物理研究主要靠宇宙线来提供能量很高的粒子样本。

王淦昌

张文裕

何泽慧

肖　健

图1　从事宇宙线研究的第一代科学家

所以宇宙线实验实际上是粒子物理研究的一个很重要的实验手段，而那个时候采用的技术就是像云雾室或者乳胶室的一些被动式探测手段，用高速闪光灯照，然后用照相机拍下来。

做这个实验必须要到高海拔地区去，当时就选择了云南省东川一个铜矿的山头，这个地方的海拔是3000多米，你看这张照片云雾缭绕的，真实地反映了这个地方的地形地貌(图2)，当时提出来的口号非常响亮，叫作“头顶青天，脚踏云海，胸怀祖国，放眼世界”。

图2 云南省东川

从事宇宙线研究的第二代科学家们

那个时候“放眼世界”这句话可不是假的，当时提出来的大云室计划的确是国际领先的想法，可惜的是，由于各种各样的原因，这个观测站最后建成的时候已经到了70年代，这个时候国际高能物理界飞速地发展，已经不再使用这种技术了，但是他们给我们留下的东西非常重要。

图3 霍安祥

第一就是这种胸怀；第二就是培养了一大批优秀的物理学家，他们成为我们整个高能物理界和宇宙线界的精英，使得这项事业能够继续往前发展，其中有一位老先生，也是我的博士生导师，叫霍安祥老师(图3)，他是最后一任云南站宇宙线观测站的站长。

到了1976年，那个时候还没有开始改革开放，日本的科学家就开始跟中国的科学家有接触，他们一方面要寻找最佳的实验站点，因为宇宙线的探测必须要能够避开空气的影响，那么要完全避开空气影响的最好地方就是天上，到天上去。

刚才听讲，丁肇中先生在这里做过报告，讲过这个事情。丁先生就有一个探测器现在在国际空间站上运行，那个地方是进行宇宙线测量的最好的地方，但是宇宙线有一个特点:它的强度会随着能量的升高迅速地下降,每升高10倍能量它的强度就要降低1000倍。因此,一个小型的能够放到外太空去的探测器,它的接收面积是有限的,不可能测量到更高能量的粒子,要想测量到更高能量的粒子必须要回到地球上来,只有在地球上才能够建很大的探测器。

比如说最早日本人跟我们合作,找到了一个世界上最高的、有人值守的雷达站,就在甘巴拉山这个地方,这个地方风景很优美,往下一看就看得见羊卓雍措,很著名的羊湖电站就在这个地方。这个地方的海拔是5500米,有我们的解放军同志在那里值守,所以我们就可以在那个地方布设这样的一个实验装置(图4)。这个装置是一个被动式的观测装置——核乳胶室,每年把探测器放到上面去,第二年把它取下来,然后就会测到像图5所显示的这样的一个事例。这个事例是非常特殊的,到现在也没有人解释清楚这样的事例到底意味着什么,这在物理上是一个谜。

图4 甘巴拉山(5500米)中日联合实验(1980—1989)

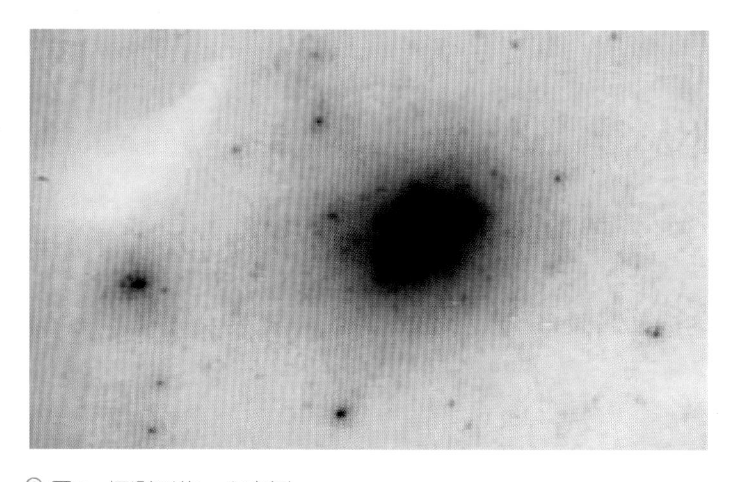

图5 探测到的一个事例

在做这样的实验时，其实我们还跑到了6700米的珠峰北坡上的一个营地去做这样的实验（图6）。青藏高原作为世界屋脊，成为宇宙线观测的一个最重要的基地。

图6 珠峰北坳营地（6700米）75 kg小型乳胶室实验

通过这些实验，我们积累了一些很重要的科学数据，我的博士论文做的就是基于这些数据的物理研究。就这样，我们的宇宙线研究从第一代的科学家那里就传承下来了。

我的老师霍安祥先生，就是在云南站培养起来的第二代科学家的代表。还有我的博士副导师丁林垲先生和硕士导师谭有恒研究员（图7），他们都是在云南站经过了科学的训练，然后做出了一系列物理研究领域的很重要的贡献，最重要的是帮我们把宇宙线研究的事业往前发展了。

谭有恒

丁林垲（右）

图7 谭有恒和丁林垲

在跟日本人的合作中,谭老师一开始就发现我们用这种被动式的、乳胶室的探测方法是一种效率非常低下的探测手段。一年收集一次数据,拿回来了之后要先冲洗照片,然后在显微镜下分析,才能看到刚才我们显示出来的一些事例的样子。这些研究是非常耗时的,而且产出很低,尤其是在科学上还有很多说不清楚的问题,因为它没有时间的信息。你今年放上去,到明年去拿回来,无法知道这个事例是什么时候打上去的、是不是两个事例同时打了一个地方等,那么这个时候就需要有现代电子学作为支撑的科学实验装置,叫作广延空气簇射的探测手段。

他到日本学习了之后,就感觉到我们国家应该利用我们非常难得的高海拔的优势去发展这项技术,他回来之后就推动了这件事情。首先我们就在怀柔——现在的中国科学院大学校园里头开始了这项工作,当时这个校园还属于另外一所学校,叫作干部管理学院,在雁栖湖边上,我就在这个地方开始了我的硕士论文的研究工作。

从1988年到1990年,我就研究了现在LHAASO里广为使用的缪子探测器,那个时候我做了一个20平方米的小型的实验,就是我的硕士论文的内容。很遗憾,虽然没有做成功,但我得到了训练,成为我们国家第三代做宇宙线研究的科学家之一。那个时候,我们在怀柔这个地方练好兵了,之后的目标是要去实现一个所谓的“西藏计划”:要到西藏去建设一个大型的国际合作的项目。当时主要跟日本人合作,其实最早合作的时候还有意大利人,结果意大利人没有得到他们国内的项目经费的支持,中途退出了,所以就变成了中国和日本的一个合作。

到了1990年,ASγ这个实验在羊八井就实现了,这个时候是我们国家真正进入现代的宇宙线科学研究的一个非常重要的阶段,我称之为学习的阶段。

在这个阶段,所有的探测器、数据分析方法技术、文章的写作都是由日本人提供的,我们提供了非常重要的基地和人力。我们把这个探测器建起来,然后开展了实验。到了1991年的时候,第一次开展科学观测的值班人员就是我,这个就是1992年我在羊八井的时候的照片(图8)。那个时候我还是博士生,去做观测的实验,值了第一个班,同时我就开始做我的博士论文。那个时候的研究就是在甘巴拉山,它的成果到现在为止也是世界上海拔最高的地面实验得出来的物理观测结果,然后去分析它的一种叫作双芯的事例。这个事例研究的是非常大的横动量的现象,也是我1994年完成的博士论文的内容。这是当时我在羊八井值班时的照片,那个时候这里是非常荒芜的地方,甚至在地上都可以捡到非常珍贵的羚羊头。

图8　在羊八井值班(1992年3月)

这个地方还有我们国家开发的第一个地热资源电站,这也是为什么我们选址在这个地方的原因,这里有电,而且相当平整,后面这个山峰是非常著名的,是几条大河的起源地之一的念青唐古拉山,后来青藏铁路和青藏公路就从这个海拔5200米的山口穿过去。

从这张照片(图9)可以看出,那个时候我们的探测器是非常简陋的,很稀疏地排列而成,但我们在90年代初期凭此做了落地羊八井后的第一个高海拔宇宙线实验。这个实验给了我们一个非常重要的启示。

图9　羊八井的探测器

那时伽马天文领域最重要的一个科学发现,就是首次探测到了1 TeV左右的伽马射线,美国的Whipple实验在1989年成功探测到了当时最高能量的光子。大概在3年之后我们开始进入观测阶段。

与此同时,美国有一个大型的实验也在进行,是一个非常著名的实验,是一位诺贝尔奖获得者Jim Cronin,也是CP破坏的发现者,他带领的一个很大的团队——芝加哥和密歇根两个大学的团队,在美国的犹他州建设了一个即便用现在的眼光来评价也是一个非常巨大的探测器。很遗憾到1997年这个实验就宣布结束了,因为没有探测到我们现在看到的这种超高能的伽马事例,这就是当时他们去寻找的目标。Jim Cronin是一个非常有远见的人,他瞄准的永远都是最前沿的最重要的物理问题,去找能量在PeV量级的光子就是最前沿的工作。

通过这个实验,他当时得到的结果(伽马射线流强上限)可以允许曲线发展得更高,这两个上限显然与后来观测到的结果(图10右图中的曲线)差得太远,就是因为探测器的灵敏度远远不够,所以没有看到这个事例,而我们一个非常小型的探测器测量出来的结果,也就是在羊八井得到的结果,非常接近后来测量到的结果,这个就是我前面说到的非常重要的启示:高海拔很重要!

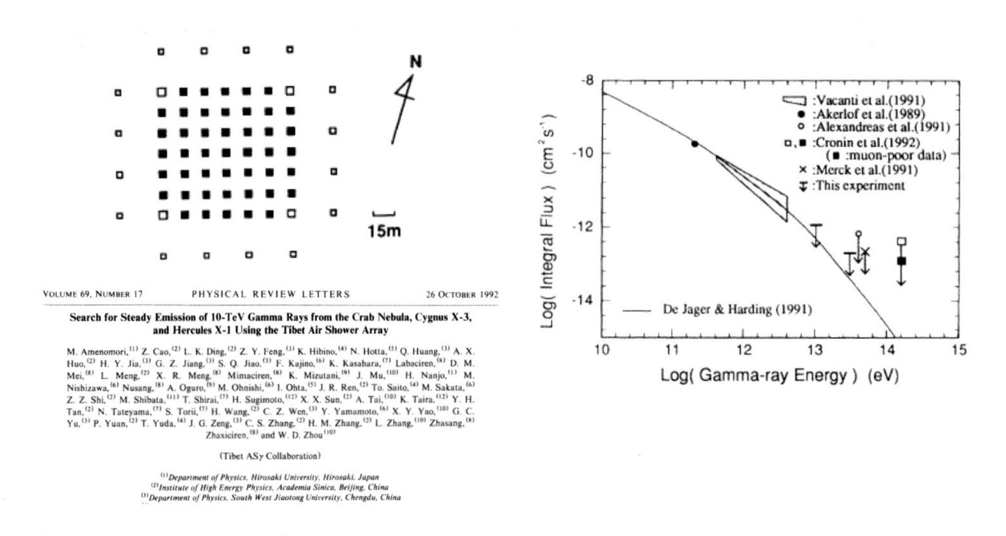

VOLUME 69, NUMBER 17　　PHYSICAL REVIEW LETTERS　　26 OCTOBER 1992

Search for Steady Emission of 10-TeV Gamma Rays from the Crab Nebula, Cygnus X-3, and Hercules X-1 Using the Tibet Air Shower Array

M. Amenomori,[1] Z. Cao,[2] L. K. Ding,[2] Z. Y. Feng,[3] K. Hibino,[4] N. Hotta,[5] Q. Huang,[3] A. X. Huo,[2] H. Y. Jia,[3] G. Z. Jiang,[3] S. Q. Jiao,[3] F. Kajino,[6] K. Kasahara,[7] Labaciren,[8] D. M. Mei,[8] L. Meng,[2] X. R. Meng,[8] Mimaciren,[8] K. Mizutani,[9] J. Mu,[10] H. Nanjo,[1] M. Nishizawa,[6] Nusang,[8] A. Oguro,[9] M. Ohnishi,[6] I. Ohta,[5] J. R. Ren,[2] To. Saito,[4] M. Sakata,[6] Z. Z. Shi,[2] M. Shibata,[11] T. Shirai,[7] H. Sugimoto,[12] X. X. Sun,[2] A. Tai,[10] K. Taira,[12] Y. H. Tan,[2] N. Tateyama,[7] S. Torii,[7] H. Wang,[2] C. Z. Wen,[3] Y. Yamamoto,[6] X. Y. Yao,[10] G. C. Yu,[3] P. Yuan,[2] T. Yuda,[4] J. G. Zeng,[3] C. S. Zhang,[2] H. M. Zhang,[2] L. Zhang,[10] Zhasang,[8] Zhaxiciren,[8] and W. D. Zhou[10]

(Tibet ASγ Collaboration)

[1] *Department of Physics, Hirosaki University, Hirosaki, Japan*
[2] *Institute of High Energy Physics, Academia Sinica, Beijing, China*
[3] *Department of Physics, South West Jiaotong University, Chengdu, China*

图10　伽马天文重大发现3年之后,ASγ实验的发展及其成果

我这里用一张图来对比一下(图11),这是当时我值班的时候探测器的规模,就是红框所反映出来的情况,而当时的CASA-MIA,就是美国大型实验已经做到了这么辉煌的一个大型的阵列,这个是真实的比例。

CASA-MIA含有各种各样的探测器,至少有三种探测手段,结果还输给了这么一个小型的探测器,这就给我上了非常重要的一课,就是高海拔的重要性,一定要到高海拔去！这个实验失败的一个很重要的原因，就是因为它的海拔太低，在1600米左右。后来羊八井的ASγ探测器经过了10年左右的努力，不断更新，不断发展，从90年代初期到90年代中期再到90年代后期，最终2000年的时候就变成了一个这么大规模的探测器（图12），这是一个非常艰苦的发展过程。

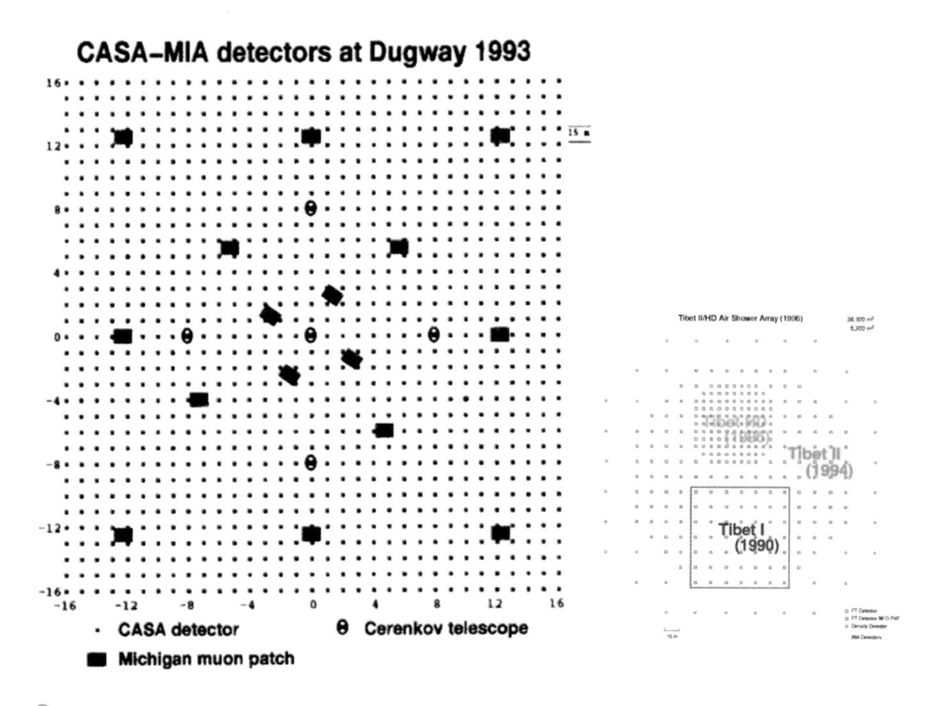

图11 CASA-MIA与ASγ-1（1990）的对比

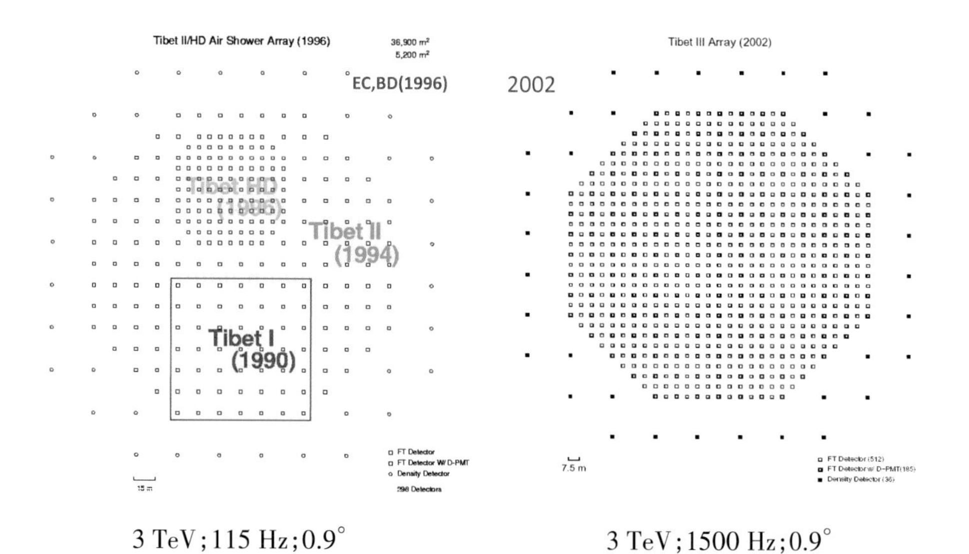

图12 羊八井ASγ实验早期的演化

这个地方的海拔是4300米，我到了那个地方之后，几乎天天都睡不着觉，值班的时候几个月的时间都缺氧，但是我们中国的科学家坚持下来了，把这个事情一直做到了这样的一个规模，最终实现了伽马天文探测的零的突破。

实际上，就是我们第二代的宇宙线科学家们经过了几十年的奋斗，在极其艰苦的条件下，终于把这个事情做到了这样一个相当不错的地步。下面我们再来评价这在国际上是一个什么样的地位。

第二代伽马天文高山探测器

下面介绍一下第二代伽马天文高山探测器。第二代的探测器就先进了很多，这个时候我们开始跟意大利人合作。在第一个阶段我们主要是学习别人，当时跟日本人还是有差距的，但经过了10年的努力，我们已经追上了。

第二代探测器是2000年开始在中国建造的，叫高阻抗板探测器，是当时刚刚发明的一种新探测器。因此我们这个时候就进入一个所谓的并肩发展的阶段——从探测器的研制到实验室的规模，我们跟意大利人的合作是相互学习、相互交流的过程。

那个时候在那不勒斯大学开始做第一阶段的实验，又在羊八井一个大厅里头开展小规模的实验，一直到最后建成一个大型的探测器，这个过程我们的科学家就跟意大利人并肩作战。

这个探索性的建设也得到了我们国家经费的大力支持，它是由基金委、科技部和科学院联合支持的一个大型的国际合作项目。好像到现在仍然是基金委投入的单个国际合作项目中金额最大的，占有相当大的比例。

当然用现在的眼光来看，这个已经不是很大型的探测器了。但“并肩”成了很明显的标志，就是我们跟意大利人的关系一直是保持1:1的，无论是经费的投入，还是我们人员的数目，在合作组里都严格地遵守1:1的原则，充分体现了我们双方并肩作战去做实验的特点。

从2004年开始，我参与了这个实验，与图13中右边的Benedetto D’Ettorre Piazzoli一起共同来负责这个实验，任双方的发言人。Benedetto是意大利那不斯斯大学的著名教授，当时他是意大利国家核物理研究院（INFN）的副院长，他也是ARGO-YBJ实验的发起人。

图13　我和Benedetto(右)

这个实验开始时开展得非常艰苦,但是双方在推进过程中感到非常愉快,意大利人非常友好,而且工作富有成效,最后在LHAASO第一次启动数据获取的时候,曾经合作的意大利团队又来给我们祝贺,来参加了我们这次庆典(图14)。

图14　ARGO-YBJ中意合作者LHAASO现场再聚首(2019年4月27日)

羊八井观测站在这样的一个地方,从远处的山坡上看下去的话,是非常不起眼的一个点(图15),青藏铁路就从这个地方穿过去,这个地方实际上是一个海拔4300米的坝子,非常平整,我们就在这个地方建了占地将近1万平方米的一个探测器,它的中心的探测器的面积达到了5600平方米,全是这样密密麻麻排在一起的高阻抗板探测器(图16)。

这个探测器非常灵敏,每一个宇宙线粒子落上去,都能够被它探测到。由于有好的设备,这个实验就开始有新的物理的发现,我们发现了在银河系靠近天鹅座的地方,有一个非常著名的区域叫作“超泡”,一个由于原来的恒星活动“吹”出来的一个泡泡,现在发现有高能的宇宙线在泡泡里产生,这是我们羊八井实验第一个发现的,并且证实了它是一个有TeV量级辐射的伽马射线源。

图15 羊八井观测站远观

图16 高阻抗板探测器

这个地方曾经被认为是宇宙线起源的一个非常重要的场所,LHAASO的观测提供了重要的观测证据,而且我们还发现如果这个结果是正确的话,那么它原初的质子的能量应该不会低于15 PeV这样一个水平,是能量相当高的质子。

问题是只根据当时的数据没有办法判断有没有谱宇宙线的产生,图17的左边是我们当时记录到的这个源的能谱的情况,右图是后来我们对它进行了分析之后得到的一个预测,如果它是向图中这个蓝色的方向偏移的话,就很有可能是宇宙线的起源。现在看来,我们现在新的LHAASO观测比较支持这个结果。

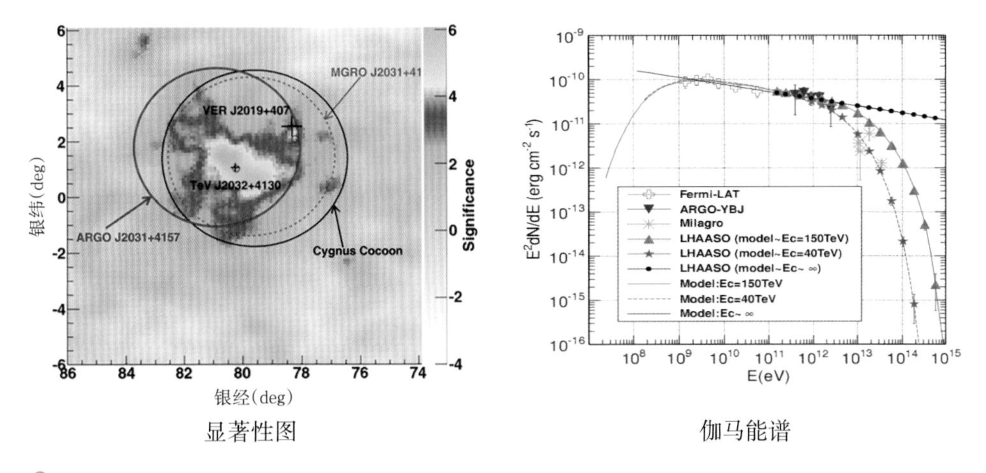

图17 ARGO-YBJ观测到的天鹅座"超泡"(APJ,790,152(2014))

同时我们也对宇宙线的能谱做了一个非常精细的测量,这个时候已经有了LHAASO的原型样机探测器,并且加入了实验,跟放在地面的ARGO探测器一起,实现了复合性的观测,由观测的结果发现能谱跟原来历史上测量出来的结果很不一样,这个是一个非常重要的进展。

现在这个结果还没有完全被认证,要等LHAASO的高精度测量结果出来之后,才会对这个现象有一个比较清晰的结论,现在我们还仍然在积累数据和分析工作的过程中。

日本人一直没有放弃ASγ实验,跟中国人的合作一直在进行,不断地改进这个探测器。一直到了2010年的时候,还做了一次比较重大的投入,并改进了探测器的技术,最终他们成功地记录到当时世界上最高能量的光子,这个能量达到了450 TeV,接近0.5 PeV了,这是一个非常重要的发现。

而同时代美国的HAWC实验只记录到刚刚超过100 TeV的光子。不管怎么说,在蟹状星云这个地方发现了这样一个最高能量的粒子,因此蟹状星云就被认为是银河系里的一个超强的天然加速器,这个加速器可以加速出来的粒子能量,如果是电子的话,那么它的能量至少要比我们现在的人工造出来的加速器产生的电子能量,还要高上万倍,这是非常重要的一个特点。

第三代伽马天文高山探测器(LHAASO)

前两代的探测器的发展(图18)经历了两个阶段:一个是学习的阶段,一个是并肩的阶段。通过这两个阶段的积累,我们国家的宇宙线研究事业基本上就保持在国际上的第一梯队里,虽然没有国际领先,但是我们没有掉队,从甘巴拉山一直到羊八井。在这个基础上,我们得到了一个非常重要的机会,就是我们有了建设一个国家大型科技基础设施的机会,在“十二五”期间,我们终于在稻城海拔4400米的地方建了一个国际上非常重要的探测装置。

图18　我国宇宙线研究的历程和独特优势

这个时候我们的科学家们又得到了进一步的发展,我们第四代的科学家们已经完全成长起来,这张照片(图19)上面可能有一半都是我的学生,或者更多,后来他们都成了LHAASO实验建设的骨干,从望远镜的负责人,到这个非常重要的缪子探测器阵列的负责人、工程办公室的主任、物理分析的主任,还有我的第一个博士生张丙开,他们都是我的学生,是第四代宇宙线研究者,他们现在都发挥着非常重要的作用。这就成为我们新的传承,队伍迅速扩大,能够承担国家的重大任务。

图19　年轻一代全面成长起来（2008.9.15）

下面我们就来看一看LHAASO的情况，阵列现在的规模已经是世界领先的了，从这张图上就可以感受得到，这个阵列面积有1.3平方千米，海拔在4400米，一共由5200多个探测器组成这样一个核心的阵列（图20）。90年代初期在羊八井的时候我们只有49个探测器，跟现在的5200多个探测器组成的阵列相比，可谓是巨大的变化和进步！

图20　LHAASO鸟瞰（2021年8月）

中间还有一个巨大的水池，这个水池跟美国的HAWC实验中的水池是同类型的，但是HAWC实验的只有我们这个实验的1/4这么大，我们占据了在国际上领先的地位。

这张图上看得不太清楚，我们还有18台望远镜组成的阵列(图21)，瞄准更高能量的宇宙线的精确测量。18台这样的望远镜，对着不同的方向把整个天空看满了，这样的话可以记录从各个方向到来的宇宙线的情况。

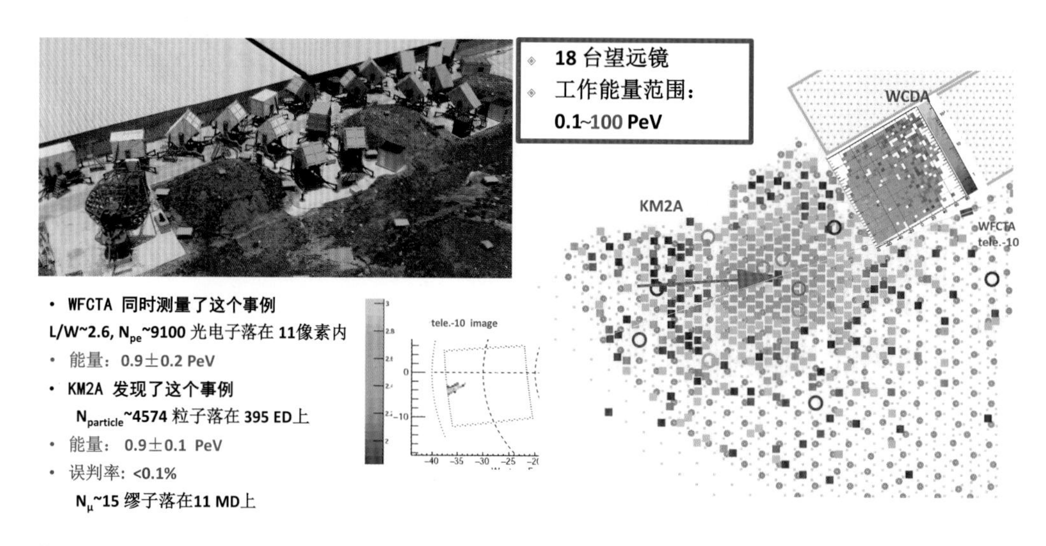

图21 广角切伦科夫望远镜阵列(WFCTA)

特别有意思的是，由于多种探测手段安装在同一个地方，就像当初Jim Cronin的CASA-MIA实验一样，它有3种探测手段，我们现在有4种探测手段进行这样的复合观测，这就提供了一个交叉检验的机会。大家知道，一次科学发现，很重要的就是你有了发现之后，一定要等别人来确认你的结果是正确还是错误的。

如果你用两个实验能够把这个事件重复出来的话，那么这就是一个最好的证明，保证你这个结果是对的。而我们在LHAASO里由于有了两种独立的实验手段，我们就有机会自我检验这个结果。我们就逮着了这样的一次机会：有一个将近1 PeV能量的光子，从蟹状星云过来了，正好就被我们这两种探测器检测到了，地面探测器阵列观测到这样一个事例，同时其中一台望远镜正好也看到了它，这个事例就被记录下来了。

用两种完全独立的方法进行检验之后，我们发现能量完全一样，一个测出来是0.9±0.2(PeV)，另一个测出来是0.9±0.1(PeV)，这就实现了一次非常好的自我验证。

当然，最激动人心的是在今年(2021年)5月份，我们向全世界宣布，在银河系里的12个地方，我们测量到了非常密集的500多个光子，这些光子的能量都远超过原来测量到的能量，在100 TeV以上，这是一个非常了不起的测量结果，尤其是我们发现有1.4 PeV的光子在天鹅座这个方向被测量到，落在了我们的阵列上，被我们记录了下来（图22）。

2021年5月17日，高海拔宇宙线观测站取得重要科学成果刊发*Nature*杂志，图为探测到的**12个**拍电子伏加速器以及最高能量光子示意图

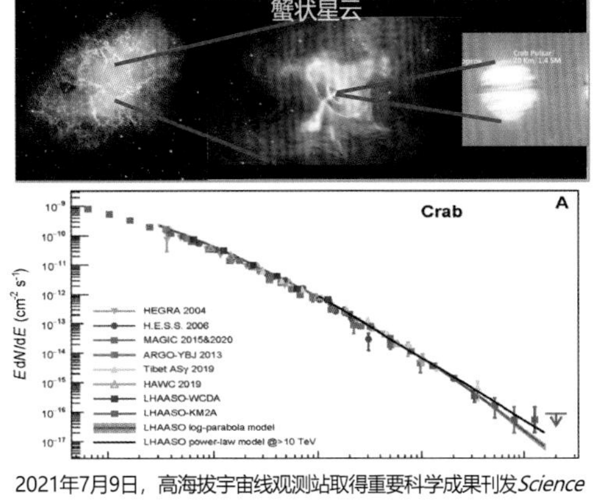

2021年7月9日，高海拔宇宙线观测站取得重要科学成果刊发*Science*杂志，图为蟹状星云伽马射线能谱图，LHAASO探测到破纪录的**拍电子伏光子**

图22　LHAASO在建设过程中取得重大科学成果

到了7月份的时候，我们又有了另一个重要的发现，这次发现来自蟹状星云。蟹状星云是我们国家在宋朝的时候记录下来的“客星”，这在整个天文界的研究里是一份非常重要的历史资料，这么完整的关于超新星爆炸的清晰记录，几乎是唯一一次记录得这么详细。到了900多年之后，我们又进一步地对这个星体进行了非常详细的观测，得到了一个非常漂亮的谱。

如果大家不熟悉的话，也许看不出它的漂亮之处，这个谱在LHAASO和其他几个实验测到超高能光子之前，原来被预言是偏向下方的。LHAASO的实验把谱的形状从这种情况的预言改变成为这个样子的谱，这是一个巨大的变化，由于这个变化为蟹状星云可能会成为一个非常重要的宇宙线的源，提供了一个非常有力的证据。

我们希望进一步观测这些个拍电子伏（也就是最高能量）光子产生的地方，能够把这个光子的产额完全搞清楚，同时就能对高能量宇宙线的起源给出一个比较准确的答案。

这个事情是怎么实现的？为什么LHAASO有这么强大的能力？我给它取了一个比较形象的说法，就是LHAASO实际上有一对火眼金睛（图23），这一对火眼金睛是干嘛用的呢？

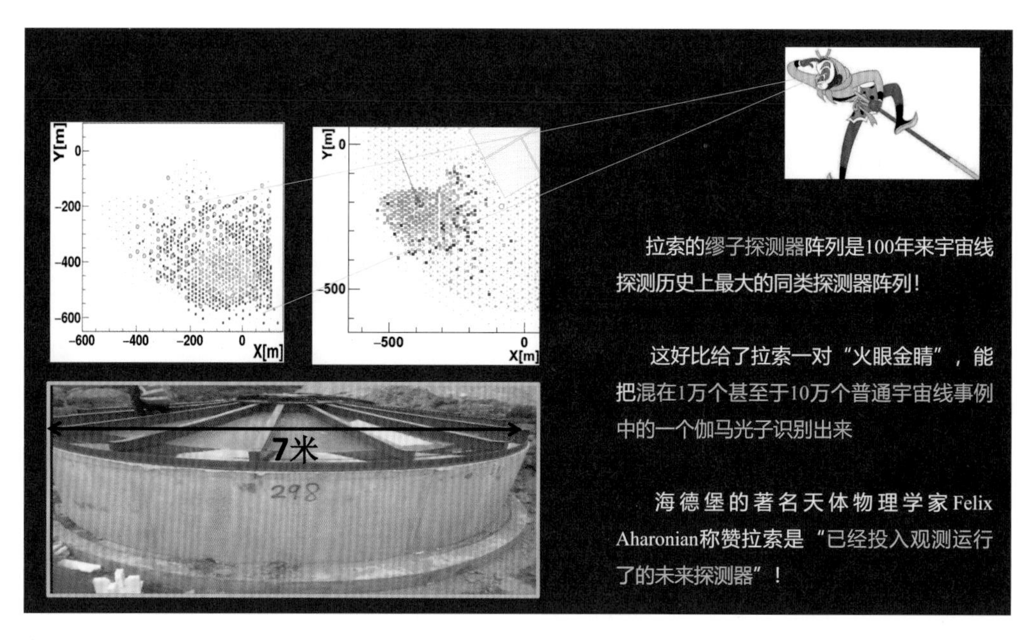

图23 “未来探测器”：大幅领先现有装置

由于我们有1188个这样巨大的“水罐子”，这个“水罐子”的直径达到7米，埋在2.5米深的地下，排成阵列后，它就会记录到叫作缪子的这样一种高能粒子。这张图（图23）上面就有很多蓝色的点点，这些就是由缪子探测器所记录到的缪子的情况。

那么这一对火眼金睛是干什么用的？它能够在大概1万个甚至是10万个所记录到的宇宙线事例里，把其中的一个挑出来，说的这个就是光子而非普通的宇宙线粒子，这就非常厉害了，就像孙悟空一样，他一看就知道谁是妖怪。

LHAASO的缪子探测器阵列就做了这样一件事情，而LHAASO有了这种能力之后，就能够实现非常重要的发现，因为从来没有过这么大的缪子探测器，在世界上我们研究宇宙线已经100多年了，这还是第一次建了这么大的一个缪子探测器。

想象一下当初我做硕士生的时候，只建了一个占地20平方米的实验装置，而这一个探测器就36平方米，我们一下子建了1200个，所以可以想象它的能力非常强大了。

正因为这个探测器有了这样的一个超强的伽马射线辨识能力，海德堡的一个非常著名的天体物理学家Felix Aharonian说，这个探测器实际上是一个现在开始运行了的“未来的实验”，因为它的能力已经远远超过了现在正在运行的探测装置，我们这个项目自然也就引起了国际上的高度关注。

这个成果于2021年5月17日在中科院高能所与Springer-Nature在联合举办的一个发布会上发布。在这个发布会上，*Nature*杂志的副主编，也就是专门负责物理天文科学的专业主编,给我们进行了点评,对科学成果的意义做了非常生动的评价。

同时这几位科学家,包括刚才我提到的Felix,上一代羊八井实验的负责人Benedetto,现在他们两位也是我们LHAASO实验的科学顾问,他们对这个发现和LHAASO都有非常高的评价。

就在前几天,美国人经过了长时间的调研之后,发布了一份21世纪20年代的天文和天体物理研究的研究报告(图24),这个报告就是未来10年的规划,洋洋洒洒一共写了615页,这个文件就未来的天文学和天体物理的研究为美国人画了一张蓝图,要去做什么事情,其中对LHAASO的评价非常高。它说在这个领域里,美国人将来想要成功的话,一定要跟LHAASO以及另外两个实验即CTA和SWGO紧密合作,否则的话可能就有问题。

它在这个图(图24左)上标出来的是:从现在开始起,LHAASO就会在这个领域里扮演一个非常重要的角色,到了10年后很有可能这个CTA和SWGO就会并入到这个重要的研究中来。这就很清楚了,我们对整个伽马天文的研究,已经发挥了一个非常重要的骨干和牵引作用。

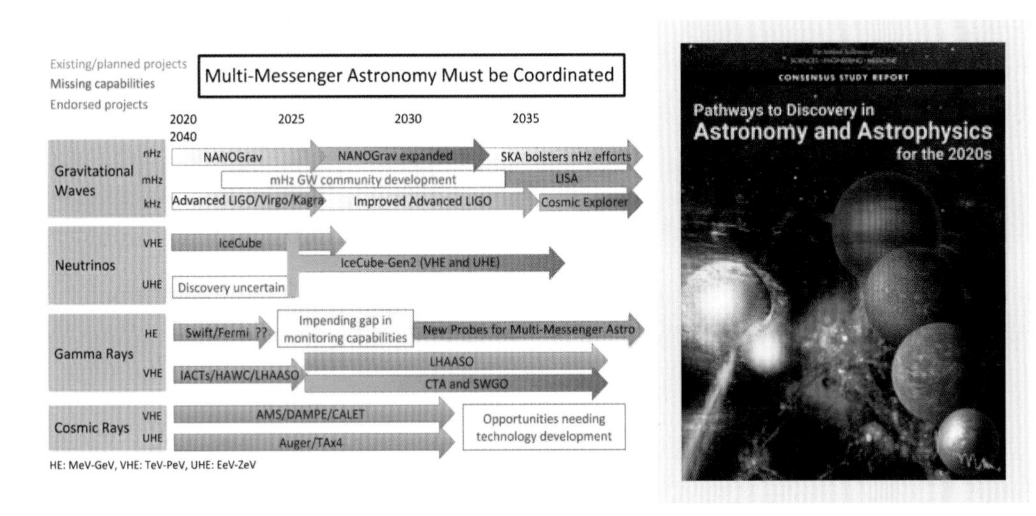

图24　21世纪20年代天文和天体物理研究的报告

我讲几点我自己的一些体会。经过了几十年对于高能物理和宇宙线的研究,大概是在1989年我刚刚开始读研究生的时候,我就跟我的一个师兄感叹:如果我们生在19个世纪20年代的话,那个时候我们随便做点什么工作可能都是最重要的工作,因为那是一个物理学正在大发展的时候。

新的思想和新的理论都在不断出现、不断完善，所以那个时候有点发现的话，就是划时代的发现。但是我们是60年代出生的，那个最辉煌、最快速的发展时期已经过去了，等我们开始做研究的时候，只能默默无闻地做一些非常基础的工作，要不断地积累。

所以从那个时候起，我就对自己有一个要求：在这个时候千万不能着急，这个时候只能做非常基础性的工作，比如说到羊八井去值班、建探测器，后来到LHAASO建探测器这样的一些最基本的工作，一定要稳得住。

后来到了美国，参与了世界一流的实验，跟这些高水平的合作组一起工作，就感受到我们要真正做好一项科学的研究并不容易，一定要从最基础的工作做起，同时还要有远大的抱负。随后回到国内，才真正找到了落脚的地方，有了真正能够去实现一些原来的理想、能够开展这个方面的大型科学研究的一些机会。切身地感觉到，只有这样，我们才能够真正让宇宙线研究的事业持续繁荣下去。

中国人的确可以在这个领域扮演一个非常重要的角色，我们可以迈上一个新的台阶来引领这个领域的发展。回到中国宇宙线的发展这个主题，我感受特别深刻的一点，就是我们第一代的科学家为我们描绘了一个非常远大的理想，真的是高瞻远瞩，给我们定下了一个高远的目标，他们那个时代就可以去挑战世界前沿问题，那我们为什么不能呢？我们为什么不去做呢？

这样就筑起了一个非常高的起点，同时也鞭策着我们要不辱使命，奋力向上。当然，所有的一切都归于人才，人才是根本。

其实我们宇宙线的研究有一个非常艰苦的时期，我的博士副导师丁林垲老师曾经就非常忧虑，那个时候他是我们宇宙线中心的主任，当时就分析过人才的情况，那个时候能够带博士生的老师不多，我们只有两位可以带博士生的老师，霍安祥先生带了8名博士，当时的情况是所有的学生都跑了，8个都不在国内，而且这其中好像只剩下我一个在做宇宙线研究，其他人都改行了。

展望未来

现在我们再看一下，我的学生和我周围的这些老师的学生们，绝大多数都留在国内，都留在了我们宇宙线研究界，而且成为了骨干。他们现在都是LHAASO最核心的人物，而且还有其他许许多多跟他们同时代的年轻人，像科大的杨睿智教授，这些都是跟他们同龄的，在国外学有所成之后又回来了，使得我们整个领域形成了后继有人、人才济济、欣欣向荣的景象。原因非常简单，包括我自己回国来重新开展宇宙线研究，都是因为中国在大力发展基础科学的研究，而且逐渐引领了各个学科的发展。经过了四代人努力之后，发展到今天这样，我认为我们的事业已经进入了一个正循环，未来会更加繁荣。

这个是我们前几天在上海开的合作组大会（图25），你看我们这个里面有多少年轻人，这一个合作组的代表，将近200人，全是年轻的面孔。这是我们的未来，是我们的希望，所以我认为我们这个事业一定会发展下去。

图25　LHAASO合作组大会参会者（上海交大，2021年10月）

最后给大家分享一下我们的未来。

未来是这样的，LHAASO现在已经取得了重大的突破，但它仅仅是刚刚开始，我们的设计能力是可以去探测1％蟹状星云强度这样暗弱的伽马源，现在只看到了类似蟹状星云这么强的第一批源，就已经有突破了，未来还有100倍的扩展空间！但这个时候我们就已经发现：我们的探测装置还需要改进，我们还需要提高我们的能力，这个能力就是我们还需要再来一对火眼金睛，原因是LHAASO这个探测器的空间分辨能力还不够，它只可以看到0.3度里有东西，在0.3度以内还有什么结构、分布它就看不清楚了。

这时候我们需要一个大型的望远镜阵列，我们已经在中国科大和其他几个大学的支持下做了样机，准备要做一个由32台望远镜覆盖的阵列，这样的话又给LHAASO

添了一对火眼金睛(图26)。这个时候就能看得细致,可以看到0.05度的细致程度,能够看到到底是什么在真正产生出高能量的粒子,这是一个发展的方向。

图26 再添一对“火眼金睛”

前两天《文汇报》一个非常著名的老记者,到山上去拍了一张非常漂亮的银河的照片,这是前几天在海子山上拍到的银河系照片(图27),很美丽吧!但在南半球,银

图27 南半球的银河更美丽——SWGO(海子山,2021年11月6日)

河更加美丽，为什么？因为银河的主要部分都在南半球的天空上，所以我们要到南半球去，我们要去进行更加深入、更加广泛的科学探索。

这就是美国人在未来10年规划里提到的，未来要在南半球建立一个类似LHAASO的实验装置，我们要投身其中，我们要去拓展我们在LHAASO已经找到的、非常好的研究前景，努力在这个方面做得更好。

谢谢大家的关注。